おもしろいほど
数学センスが身につく本

橋本道雄 著
Hashimoto Michio

$e^{i\pi} = -1$

Let's Enjoy Math!

講談社

● まえがき

　これは，2011年4月から中部大学で行っている「数学の考え方」と「数学の思考法」というカリキュラムの講義資料を大幅に加筆修正して，講義として聴く形式から教科書として読む形式にまとめ直したものである．

　いわゆる文系・理系両方の学生が受講する全学向けの教科であることを考慮して，本書の題材はなるべく高校までで学んだ内容から始まるようにした．数学的概念が生まれ育ってきた背景やその応用について，易しいところから解説したつもりである．意欲さえあれば，中高校生でも十分に読みこなせるだろう．

　本書のような幅広い読者層を対象とする教科書では，数学の歴史に関することは，コラム等で扱われることが多く，断片的な知識になりがちである．そこで，古代ギリシア数学までの数学史の要約を第I部に記した．古代ギリシア以降の近代数学の発展などについては，紙幅の関係上，主な人物とその業績を挙げるにとどめた．数学という学問の形成と発展を概観する手助けになれば幸いである．

　第II部で扱う内容は，古代ギリシアの数学に由来する図形数やユークリッド互除法，ピュタゴラスの定理などである．古典としての数学を学ぶことが狙いである．ここで言う古典とは，現代ではその意義を失った歴史的遺物ということではなく，価値の高い，いつの時代でも学ぶべき内容という意味である．記号法を含めて古代ギリシアの範疇からは大きく外れる場合もあるが，数学史の教科書ではないのでいちいち断らない．時代に沿った正確な記述等は，専門書を参照されたい．また，方向性としては，古代ギリシア伝統の幾何学的方法ではなく，むしろ古代ギリシアでは軽んじられた発見法や計算法が主体になる．ディベートや論証数学に不慣れな学生には，古代ギリシアの方法論（ひいては，大学における数学の教科書のスタイル）は，とっつきにくいのではないだろうか．ずいぶんと時代は逆行するが，古代バビロニア的あるいは古代中国的な手法の方がわかりやすかろうと思う．例題に対して，計算して答えを導くというスタイルは，中学・高校を通じておなじみでもある．古代ギリシア数学の代名詞である初等幾何学は，残念ながらこの本ではほとんど扱わない．初等幾何学はユークリッ

ドの『原論』に忠実に勉強するより、むしろ、ベクトルなどと絡めて学習する方が現代の学生には理解しやすいのではないだろうか。初等幾何学・ベクトル・座標幾何学・行列については稿を改めて述べたい。

　第III部では応用編として、集合や関数などこれまで学んできた数学をどのように使っていけばよいか、具体的な例題を通して理解を深めていく。以前の講義内容には含まれていた確率・統計は、その重要性にも関わらず、紙幅の関係上どうしても割愛せざるを得なかった。この講義が数学をまとまった時間勉強する最後の機会になる学生も多いかもしれない。「数学は役に立つから学ぶに値する」という考え方はあまりに卑俗的と思うが、「数ヶ苦(スーガク)なんて何の役にも立たないョ！」と放言して憚(はばか)らないままで社会へと巣立って欲しくない。この機会に数学の考え方をたのしく身につけようではないか。

　この本は、高校までの教科書や大学で学ぶ本格的な数学の教科書とは異なり、はじめから1つずつ読んで理解しなければならないという事ではない。興味の沸くところからブラブラと散歩気分で読み進んでいけばよい。もし「難しいなァ」と感じたら、とりあえずスキップして、別の話題に移ってもらって全く構わない。いろいろな題材からおもしろそうなところをつまんで、数学という巨大な山脈（ワンダーランド!?）の見所をいろいろと紹介したつもりである。「へぇー、この先はどうなるんだろう？」と興味を感じてもらえる所が1つでもあれば、大変嬉しい。こういった教科書の性格上、参考にした数多くの文献の中からごくごく一部しか挙げることはできなかったが、それらの文献を地図がわりに、その先は自分の足で進んでいってほしい。自由な発想で、論理に則った自分なりの道筋を発見することができるから数学はおもしろい。おもしろくて楽しいから前に進んでいける。中には、そうは思えない人もいるだろうが、たまに運動すると気分がスッキリするように、時々は数学を楽しんでみるのも悪くはないものだ。

　最後に、執筆の機会を与えていただいた講談社サイエンティフィクの大塚記央さんに感謝したい。本書がみなさんに数楽(すうがく)への懸け橋となってもらえれば、著者にとってこれ以上の喜びはない。

2016年6月　　著者記す

● 目　次

第 I 部　数学史の概略

第 1 章　数学の黎明と古代文明の数学 ……………………………… 2
第 2 章　古代ギリシアの数学 ………………………………………… 33
第 3 章　近代数学の誕生と発展 ……………………………………… 43

第 II 部　数と図形

第 4 章　図形数（多角数）…………………………………………… 50
第 5 章　ユークリッド互除法 ………………………………………… 77
第 6 章　ピュタゴラスの定理 ………………………………………… 100
第 7 章　実数と連分数 ………………………………………………… 145

第 III 部　集合・論理・関数とその応用

第 8 章　初歩からの集合論 …………………………………………… 158
第 9 章　素朴な記号論理学 …………………………………………… 176
第 10 章　初等関数とその活用法 ……………………………………… 196

付録

付録 A　ギリシア文字 ………………………………………………… 233
付録 B　命数法と SI の接頭語 ………………………………………… 236
付録 C　特別な角度の三角関数の値 ………………………………… 239
問題の略解 ……………………………………………………………… 240
参考文献 ………………………………………………………………… 246
あとがき ………………………………………………………………… 247
索　引 …………………………………………………………………… 249

第Ⅰ部 数学史の概略

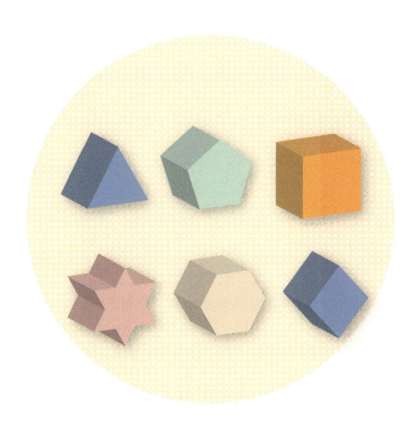

第1章
数学の黎明と古代文明の数学

1.1　先史時代と数学のあけぼの

　わたしたち現生人類（ホモ・サピエンス・サピエンス）は、およそ20万年前に現れたと言われる。では、「数」はいつごろからわたしたちと共にあるのだろうか。

　「数」とは高度に抽象化された概念である。その抽象的思考に繋がる痕跡は遺物として残っているものでもかなり古い時代に遡ることがわかっている。7万年以上前のものと推定される幾何学文様を刻んだオーカー[*1]が南アフリカのケープタウン郊外ブロンボス洞窟で発見されているのだ。[*2]（図1.1）

図1.1　ブロンボス洞窟で発見されたオーカー

　洞窟などに描かれた壁画、骨で作った楽器、ヴィーナス像などの造形表現などは、後期旧石器時代が始まるおよそ4万年前に遡る。これらの遺物は、この時代の人々が豊かな精神文化をもっていたことを示す証左となるだろう。人類文化の「ビック・バン」である。

　アルタミラ洞窟を含むスペイン北東部の壁画群のうち、最古のエルカス

[*1] 黄褐色や赤色の土状酸化鉄で顔料に用いられる。
[*2] 例えば、「早かった象徴表現の起源」（K. ウォン、日経サイエンス2005年9月号）など。

1.1 先史時代と数学のあけぼの

ティーヨ洞窟で発見された赤い点状の絵は4万1千年前、手形は3万7千年前のものと推定されている。フランス南東部で発見されたショーヴェ洞窟の壁画は、およそ3万年から3万5千年前のものだという。ライオンや氷河時代の動物がオーカーで精緻に描かれている。この他、アフリカや欧州で先史時代の洞窟壁画が多数見つかっており、馬、マンモス、バイソン、サイなどの大型動物が描かれたり、手形が残されたりしている。楽器に目を向けると、ドイツのホーレ・フェルス洞窟では、3万5千年から4万年前のものと推定されるハゲワシの骨に5つの穴をあけた"フルート"が発見されている。また、フランスのイストリッツでも、3万2千年前の骨製フルートが出土している。豊穣を象徴するヴィーナス像などの芸術作品も発見されている。ホーレ・フェルス洞窟では、世界最古と言われるおよそ4万年前のヴィーナス像が発見された。マンモスの牙から彫りだしたブラッサムプーイのヴィーナス像も名高い。とりわけ有名なのが、ヴィレンドルフのヴィーナス像である。(図1.2)

図1.2 ヴィレンドルフのヴィーナス像（高さ10.3cm、約3万年前）

数についてはどうだろうか。

数を表す記号法で最も単純な形は、1本の線で1という数を表すことだろう。動物の骨に刻まれた切り傷は、数を数えていた証拠になり得る。[*3] ただし、明らかに意図的な刻み目ではあっても、数や計算とは関係ない何らかの理由（例えば、道具として握ったときの滑り止め）で刻みつけられている可能性には留意する必要がある。

スワジランド（南アフリカ共和国とモザンビークに囲まれた内陸にある

[*3] わざわざ骨に刻み目をいれるまでもなく、指で数えたり、小石や小枝で数えたり、砂や地面に線を書いて数えたりもしていたのだろう。言葉の中にそれらの痕跡はみられるが、残念ながら獣骨やオーカーなどと違ってそういうものは考古学的記録としては残らない。

王国）の国境地帯にあるレボンボ山中の洞窟で発見された「レボンボ獣骨」（およそ 7.7cm）は 3 万 7 千年前のものと推定されているが、29 本の刻み目がつけられている。これは月の満ち欠け（あるいは月経）を表すカレンダーだという説もあるが、骨の片方の端は明らかに折れていて、はっきりしたことはわからない。

コンゴ民主共和国のイシャンゴ遺跡で発見された長さ 10cm ほどのヒヒの腓骨（「イシャンゴ獣骨」）は再調査の結果、2 万 5 千年前のものと判明した。図 1.3 に見られるように、1 本の骨の表と裏に 3 行にわたって刻み目がつけられている。この「イシャンゴ獣骨」が数の概念を理解していた（あるいは何らかの数の計算を行っていた）最古の証拠であると言われ

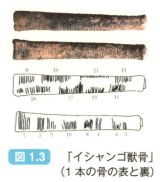

図 1.3 「イシャンゴ獣骨」（1 本の骨の表と裏）

ることが多い。他にも、数を数えていたと思われる獣骨の切り傷は、およそ 3 万年前に遡るものがフランスやチェコなど各地で見つかっている。

地質学的年代でいうと、約 7 万年前は更新世末期の最終氷期がはじまった頃で、4.8〜3 万年前は最終氷期の中では比較的温和な時期、約 2 万年前は最終氷期の極相期にあたる。極相期では、現代と比べて平均気温がおよそ 10°C も低く、海水面は現在より約 120m も低かったと推測される。ベーリング海峡も凍って陸橋（ベーリンジアという）になっていた。カナダとスカンジナビア半島もその全域が拡大した氷床に覆われていた。ちなみに、北海道も大陸と陸続きであり、北海道に産出するマンモスの化石がそれを証明している。（図 1.4 参照。）そして、およそ 1.5〜1.4 万年前頃には氷期が終わりに向かい、気温が急上昇し始める。（ベーリング・アレレード亜間氷期という。）このあたりの時期に人類はベーリンジアを渡ってアメリカ大陸へ進出していったようだ。1.4〜1.3 万年前にかけての遺跡がアメリカ大陸の各地で見つかっている。また、人類がシベリアに進出していった約 5〜4 万年前以降で、幾度かアメリカ大陸へ足を踏み入れるチャンスはあったが、1.5 万年前を遡る証拠は発見されていない。その後、1.3 万年前ごろには温暖化のため海水面が上昇し、陸橋は水没して完全に消滅したらしい。そして現生人類はアメリカ大陸に進出してわずか 1000 年かそこらで南アメ

1.1 先史時代と数学のあけぼの

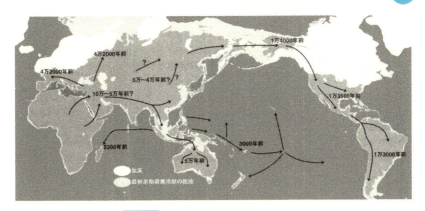

図 1.4　現生人類の推定拡散ルート

（海部陽介著『人類がたどってきた道』（NHK ブックス、2005 年）p.98、図 4-2）

リカの南端にまで到達した。一方、およそ 6〜5 万年前ごろは海面が現在より 80m ほど低かったとされ、東南アジアはスンダ大陸棚を形成し、ニューギニアとオーストラリアはサフル大陸を形づくっていた。この頃に人類がオーストラリアに到達していた痕跡がある。ただし、氷期とはいっても常に厳しい寒さに覆われていたわけではない。この最終氷期の時代には約 10 万年前〜1.17 万年前の間に、わずか数十年で時には約 10°C も温暖化し、その後、千年から二千年かけてしだいに寒冷化するという急激な気候変化がグリーンランドの氷床コアに 24 回も記録されている。（ダンスガード・オシュガー・サイクルという。）北半球だけでなく南半球の海底などにも同様の記録がある。これは天文学的要因によるミランコビッチ・サイクル（10 万年周期の公転軌道の離心率の変化や 4 万 1 千年周期の自転軸の傾きの変化など）では説明できない地球規模の気候変動として知られている。こういった気候変動による地理的環境の変化も大きな要因となって、図 1.4 に示されるように、最終氷期末期の 1.5 万年前〜1.3 万年前の時点では、現生人類は南極大陸を除くすべての大陸に住みついていたことがわかっている。

このように、地球規模で寒暖が繰り返される最終氷期のダイナミックな気候変動の中、文字をもつはるか以前の人類のあけぼのの時代からわたしたちは数と共に暮らしてきたのである。

第 1 章　数学の黎明と古代文明の数学

1.2　古代都市文明における数学

　次に、わたしたちにより身近な数学の始まりをみていこう。例えば、3、4、5 の長さの縄で直角三角形を作ることができるという数学的知識は、ピタゴラスの定理（三平方の定理）としてお馴染みだろうが、この定理の内容自体[*4] は、いわゆる古代四大文明の時代[*5] にまで遡ることができる。ざっと言って、およそ 5000 年前である。日本ではまだ縄文中期だ。身近な数学にも悠久の歴史があるのだ。一次方程式や二次方程式などもこの時代には扱われていた。ただし、現在のような記号法（$ax^2+bx+c=0$ など）が確立するのは近代に入ってからであり、この時代には言葉や幾何学図形で方程式を説明していた。地域によって興味の方向性や発展の差はあるにしても、数学のない都市文明はなかったのである。

1.2.1　古代都市文明のはじまり

　更新世末期のおよそ 1.3 万年前までには、現生人類はアフリカ大陸、ユーラシア大陸、オーストラリア大陸、そしてアメリカ大陸にまで進出していた。この時期、ベーリング・アレレード亜間氷期といって 1 万 4500 年前頃にいったん気温が急上昇しはじめるが、1 万 2800 年前頃にヤンガー・ドリアス期という急激な寒冷化がおこった。[*6] 一度は暖かくなって森林が広

[*4]　「証明」という発想があったかどうかは、また別の話である。
[*5]　古代の文明は 4 つに限らないので、近年ではこういう言い方はされなくなっているようだ。文明を限定的、矮小化して捉えるのではなく、文明の多様性を認めようとする傾向が強まっているのである。例えば、歴史家のトインビーは 26 の文明を識別している。NHK スペシャル『四大文明』（2000 年放送）のチーフプロデューサー井上隆史氏の調べでは、「四大文明」の言葉が使われている最初の教科書は、昭和 27 年（1952 年）発行の『再訂世界史』（山川出版）で地図の図版のキャプションにその語があるという。（吉村作治 他編著『キーワードで探る四大文明』日本放送出版協会、2001 年、p.148）金沢大学の村井淳志氏はさらに山川教科書の執筆陣を検討した上で、江上波夫氏が「四大文明」という語を作ったと断定している。（『社会科教育』46 号、明治図書出版、2009 年 4 月、p.116–121）ここでは、『詳説世界史研究』（山川出版、2008 年）p.14 に太字で「いわゆる世界四大文明」の語があることから、便宜上、この語を用いた。以後、アメリカの古代文明などと区別して、旧大陸の 4 つの地域（メソポタミア・エジプト・インド・中国）の文明に限定する場合は「古代四大文明」と括弧付で用いることとする。
[*6]　ただし、福井県にある水月湖の年縞の調査では、ベーリング・アレレード亜間氷期における地球温暖化は非常に激しいもので、植生がマツ属などの亜寒帯針葉樹からコナラ亜属などの冷温帯広葉樹へと劇的に変化したが、ヤンガー・ドリアス期の寒冷化とその後

1.2 古代都市文明における数学

図 1.5　世界各地に現れた古代都市文明

がっていったが、寒冷化でその豊かな森は消滅し、人類は再び草原へと追いやられた。このあたりの時期に、西アジアや東アジアで小麦や米の自生地が出現し始め、1.2 万年前頃からは、米や麦の栽培が始まった。*7 また、この頃に豚や犬などの家畜飼育も始まったようだ。農耕革命*8 である。地質年代でいうと、ちょうど更新世から完新世（1.17 万年前〜現在）に入った時期にあたる。

そして、人類は狩猟採集生活から定住農耕牧畜生活へと長い年月をかけて徐々に移行し、形成された定住的地域社会はやがて都市へと発展していった。そして人口の集中した社会集団から知識階級が分化することで、文明が急速に進展していくことになる。

これは、地球規模の気候変動とも関わりがあるようだ。

ヤンガー・ドリアス期という寒の戻りの後、再び気候温暖化が始まる。7000 年前から 6000 年前のヒプシサーマル期には、過去 1 万年の間で最も気温が高くなった。この時期には氷河がとけて海水面が上昇し、海が内陸に深く入り込んだ。日本では縄文海進といわれる時代である。サハラ砂漠

　に続く温暖化では、その徴候はみられるものの、植生がガラリと変化するほどではなかったことがわかっている。（安田喜憲 著『一万年前：気候大変動による食糧革命、そして文明誕生へ』（イースト・プレス、2014 年）p.35–39）以下の説明も古代都市文明の萌芽が現れる西アジアや東アジアの一部の地域を念頭におくもので、局地的なものに過ぎない可能性には留意する必要がある。

*7 アメリカ大陸でも、およそ 7000 年前頃にはメキシコでトウモロコシの栽培が行われていたことが考古学的にわかっている。

*8 「農業革命」の語句は『詳説世界史研究』（山川出版、2008 年）では別の意味で使われているため、混乱を避け、多くの文献にみられる「農耕革命」の語を用いる。

も緑に覆われていた。この後、5000年前頃から再度寒冷化が始まり、気候が乾燥化していった。大気の循環が変化して、夏季に降水をもたらす汎地球的な赤道西風が南へ移動してしまい、アジア・アフリカ地域のちょうど「古代四大文明」の発祥地のあたりはみな乾燥帯に変わってしまったのである。それで人々は、ティグリス・ユーフラテス河、ナイル河、インダス河、黄河といった大河の周辺に集まり始め、人口が集中していったという。都市の誕生である。時期は前後するが、古代文明が確認されている長江中下流域でも急激な温暖湿潤化と寒冷乾燥化が起こっていたようだ。

　この都市革命を背景に、5500〜4500年前頃にかけて、メソポタミア、エジプト、インド、中国で「古代四大文明」が相次いで現れることになった。

　広大なアメリカ大陸でも、野生の動植物を狩猟採集する獲得経済から、トウモロコシやジャガイモなどの栽培による生産経済へと大革命が起こった地域が2ヶ所だけ現れた。そして、「古代四大文明」より時期的にはやや遅れるが、およそ3000年前頃から、オルメカ文明が中米（メキシコ湾岸低地南部地域で現在のベラクルス州南部とタバスコ州西部の辺り）で、チャビン文明が南米の太平洋沿岸地域（現在のペルー共和国にあたる）で栄えはじめるのである。この中央アメリカや中央アンデスでは、16世紀の大航海時代に破壊されるまで独自の文明が繁栄した。古代アメリカ文明は、地理的・気候的特徴や鉄器の有無など「古代四大文明」とは異なる点が多い。

　ここで、古代文明と天文学の始まり*9についても触れておきたい。「古代四大文明」だけでなく、マヤ文明など他の地域の古代都市文明でも、天文学が大いに発展していたのはよく知られている。太陽・月・星などを長期にわたって組織的に観測していたのである。個々人の趣味ではなく、社会的集団による業（ぎょう）としての天体観測だ。むろん、農業と暦（天文学）に密接な関係があるのは当然である。適切な時期に種蒔きをして、必要に応じて水や肥料をやらないと、農作物は生育しない。最初期の農耕のような略奪農法では、特にカレンダーを気にする必要はなかろうが、作物が育たなくなったら別の土地へと移動を繰り返すので、定住的地域社会が成立して

---

*9 天文学は古代においては宗教儀式や卜占（ぼくせん）と深く関わっている。ガリレオの例を挙げるまでもなく、近代においてすら天文学と宗教は密接に関係していた。古代文明と天文学の開始は、宗教・社会・経済・気候変動など多方面から総合的に論ずるべき非常に重要な課題だと思うが、著者の能力をはるかに超えるため、ここでは常識的な議論に止めるほかはない。

都市へと発展していくことはない。組織だった農業を行って、計画的に農作物を収穫するサイクルを持続していくには、何らかの時の指標が必要になる。やがては、季節と天体運行の相関に気づくだろう。雨や曇りが続けば、天体観測はできないので、ヒプシサーマル後の気候の乾燥化は好都合だったと考えられる。電灯のなかったこの時代では今よりずっと夜空は暗く肉眼でも星はよく見えたハズだ。いったん、天体運行サイクルと季節循環の関係性を理解してしまえば、あとは悪天候が続こうが、天体の長期観測をやめるいわれはない。雨天でも、その雨雲の向こうに、太陽や月や星が規則正しく動いてることを「知っている」ので、次に晴れたとき天体運行の答え合わせ（と微修正）をすればよいのだ。こうして都市文明の発祥と時を同じくして天文学も始まったのだろう。

　ゆるやかに進行した農耕革命とその後に続いて急速に進んだ都市革命は、同時多発的に古代文明を生み出すことになったが、始まったのは天文学だけではない。親族の寄合所帯のような少人数の社会ならともかく、人口が集中した社会システムにおいて、農産物の収穫予測・管理・分配、その他のさまざまな行政処理や経済活動はカンだけでは賄い切れない。そこには発達した数学が必要不可欠である。農地測量や天体観測には、幾何学的素養が入用になる。大規模な土木工事や暦の作成には、高度な計算技術が必須になる。こうした社会的要請があって必然的に数学や天文学がこの古代都市文明発祥の時代に始まったのだと考えられる。アンデス文明のように文字はなくとも他に情報伝達の手段がありさえすれば、持続的な都市文明を築くことは可能だが、数学なしには都市文明は成立しえないのだ。

　数学・天文学は、このように非常に古くから互いに影響を及ぼしあいながら発展してきた学問なのだ。原初に立ち返ってみれば、ナルホドとうなずける部分が必ずある。「理科離れ」が叫ばれて久しいが、何十年振りの金環食ともなれば、日頃は全く関心のないような人たちをも含めて、非常に多くの人々が空を見上げ歓声をあげることになる。プリミティブな感性に訴えかける何かがそこにあるのだ。数学でもそれは同じだ。数千年もの時を超え、国も民族も言葉も超えて、同じ問題を共有し、解く楽しみを味わえる。これを浪漫と言わずして何であろう。

　それでは、古代文明における数学について概観していこう。

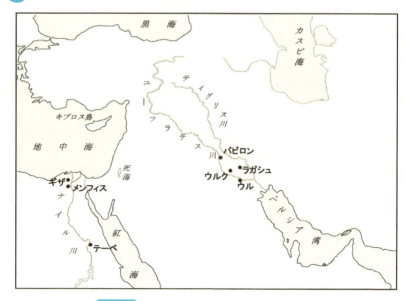

図 1.6　古代オリエント文明の都市と遺跡

1.2.2　古代バビロニアの数学

　今のバグダート以北の北イラクから地中海東岸のシリア、パレスチナにかけて、古くから緑地帯が細長く広がっており、肥沃な三日月地帯と呼ばれる。そこにエジプト北部を含めることもある。その一帯の地域は、古代ローマから見て「太陽の昇る方向」にあたる。そのためラテン語のオリエンスを語源として、西はエジプト、東はイラン高原にわたる、今日では中東や中近東と呼ばれる広い地域を **オリエント** という。この古代オリエント世界で、人類最古の農耕牧畜文明が発祥し、高度な古代文明へと発展していく。これをメソポタミア文明・エジプト文明という。（図 1.6 参照。）

　メソポタミア文明は、紀元前 3500 年頃にティグリス河とユーフラテス河ではさまれた流域で生まれた。河（ポタミア）の間（メソ）という意味のギリシア語が名前の由来である。元々は、北イラク・北シリアの両大河に挟まれた地域を指した。メソポタミアの北部はアッシリア、南部はバビロ

ニアと歴史上区分されている。狭義の古代メソポタミアに南部のバビロニア（南イラク）は含まれないが、古代文明発祥について考える場合は、北部・南部を合わせた広い範囲を対象とする。古代メソポタミア文明における数学は、**バビロニア数学**といわれる。紀元前 3200 年頃には、バビロニアの最南部シュメールで、確認できる中では人類史上初めて文字を使った文明が民族系統不明のシュメール人によって築かれた。主な都市国家はウル、ウルク、ラガシュであり、紀元前 25 世紀頃のウル第一王朝時代に全盛期を迎えた。彼らが用いた粘土板に尖筆（せんぴつ）で書かれた文字は、楔形文字（くさびがた）[*10]といわれる。この文字はいろいろな変遷を受けながらメソポタミアとその周辺で 3000 年以上も使われた。紀元前 19 世紀頃にはセム語系遊牧民のアムル人がメソポタミアに侵入し、バビロンを都とする古バビロン王朝を樹立した。紀元前 18 世紀の第 6 代目の王ハンムラビの時代に最盛期を迎える。「目には目を、歯には歯を」の復讐法はよく知られている。一定以上の報復行為を禁じたこのハンムラビ法典には規律の公平さが窺える。詳細は省くが、メソポタミアでは多くの民族の進入が相次ぎ、様々な王朝が興亡した。

バビロニアでの政治や経済、日常生活の様子は、何十万枚も発見されている当時の粘土板から窺い知ることができる。後に発明されるパピルスなどの紙資料は、傷んだり、戦火で焼失したりしてしまうが、粘土板は火災にあっても逆にしっかりと焼き固められることが幸いした。例えば、「パンのあるとき塩はなく、塩があるときパンはない」という格言めいた言葉や、「快楽のためには結婚、よく考えてみたら離婚」というサラリーマン川柳のような言葉もある。神話や文学も粘土板に書かれており、ギルガメッシュ叙事詩は有名であろう。ノアの洪水伝説の原形と思われる話も出てくる。数学に関する粘土板はそのうちの数百枚である。

バビロニアの数学は、古バビロニア時代に全盛期となり、その後は停滞、退化していった。粘土板も古バビロニア時代（紀元前 20–16 世紀）のものが最も多く、ついで後期バビロニア時代（紀元前 6–0 年）のものが少数知られている。こうして、紀元後にはバビロニア数学は歴史から姿を消し、忘れ去られることになった。そして、1930 年頃になって、ノイゲバウアー

[*10] その起源は、紀元前 8000 年〜紀元前 3000 年前頃の遺跡から見つかるトークンと呼ばれる小石ほどのサイズで粘土を焼き固めたものではないかといわれる。

(1899–1990) らの活躍により、再び古代バビロニア数学が世に知られるようになるのである。

バビロニア数学に現れる数は、正の有理数 のみであり、図 1.7 のように、基本的には 60 進法位取り表記で書かれている。今でも時間や角度を測る際に 60 進法を使うが、それはシュメール起源と考えられる。7 日をもって 1 週とすることもメソポタミア文明の遺産である。バビロニア数学には、整数部分と小数部分を分ける "小数点" にあたるものはなく、文脈で判断する必要があった。また、初期の段階では、0 に相当する空位の記号はなかった。ただし、数字の間に空白をおくことで 0 を表すことはあった。組織的な数表の使用もバビロニア数学の特徴の 1 つである。かけ算表や、わり算のとき使用する逆数表（逆数をかけることでわり算を行う）が使われた。他にも、平方表、平方根表、立方根表、指数関数表、対数表などもあった。等比数列の和の公式や等差数列 の和の公式も知られていた。また、平方数（自然数の 2 乗）の和の公式

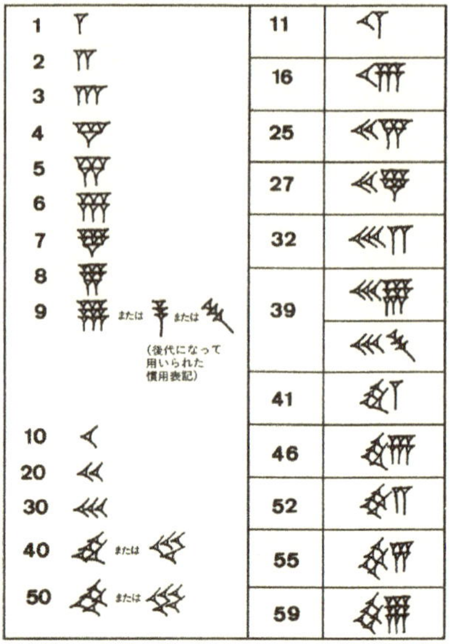

図 1.7　楔形文字での数の表記（60 進法位取り記数法）

$$1^2 + 2^2 + 3^2 + \cdots + n^2 = \left(1 \cdot \frac{1}{3} + n \cdot \frac{2}{3}\right) \frac{n(n+1)}{2}$$

も知られていた。この公式は、第 II 部の 4 章で図形的に導出する。

代数の分野では、一次方程式、連立一次方程式、二次方程式、連立二次方程式、数表を使った特殊な形の三次方程式の解法、連立二次方程式に帰着させる四次方程式の解法、不定方程式、指数方程式の計算を扱った粘土板が発見されている。

二次方程式は、平方完成、すなわち現在の記号法で $(x+y)^2 = x^2 + y^2 + 2xy$ を駆使して解いていたようだ。この等式は図 1.8 のように幾何学的に理解していたと考えられている。例えば、次のような問題がある。「正方形の面積から、1 辺の長さの 4 倍を引いたら*11 780、1 辺はいくつ」現代の記号法でいうと、$x^2 - 4x = 780$ となる。左辺を平方完成すると、$(x-2)^2 = 784 = 28^2$ だから、$x = 28 + 2 = 30$ が答えだ。なお、負の

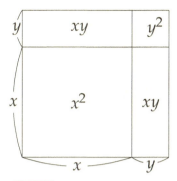

図 1.8 平方完成の幾何学的解釈

根は考えてないので $x = -28 + 2 = -26$ の解は除外されている。むろん、辺の長さに負数はありえないので、これで正解である。

図形問題では、三角形や台形の面積、円・半円・弓形の面積、四角錐の体積の計算がある。また、正 20 面体も考えられていたようだ。

バビロニア数学では円周率が 3 であったと言われることがあるが、必要があればもっと精度のよい近似値を求めることができたようだ。粘土板*12 YBC8600 では、円周率として $\pi = 3.125$ を使って計算をしているという指摘がある。

古代バビロニアでは、素数 についての概念も知られていたらしい。2007 年に公表された粘土板 MS3956 には、素数を認識していた証拠とされる数字が記されている。素因数分解 も古代バビロニア数学にまで遡るのだ。

ここで、バビロニア数学に関する話題では必ずといっていいほどよく取り上げられる有名なバビロニア粘土板を 2 つ紹介しよう。

直角三角形の辺が (3, 4, 5) のようにすべて自然数であるような 3 つの自然数の組をピュタゴラスの三つ組というが、それを表す粘土板が発見されている。プリンプトン 322 (Plimpton 322) と名づけられているこの粘土板（図 1.9）は最も有名なバビロニア数学粘土板の 1 つであろう。最近、室井

---

*11 面積と長さの次元の違いについては考えられていなかったようだ。
*12 粘土板の略号は次の通り。通常、略号の後に整理番号が続く。
　　YBC：エール大学所蔵 (Yale Babylonian Collection)
　　MS：オスロの Martin Schøyen 氏所有
　　Plimpton：G. Plimpton がコロンビア大学に寄贈した粘土板を含む稀覯本の収集品

14 第 1 章　数学の黎明と古代文明の数学

図 1.9　ピュタゴラスの三つ組を表す粘土板（プリンプトン 322）

和男氏によって完全解読された。[*13]

$\sqrt{2}$ の粘土板 YBC7289（図 1.10）も有名なバビロニア数学粘土板の 1 つだ。手のひらサイズの小さな粘土板だが、ここには偉大な数学が隠されている。図 1.7 を参照して数字を拾ってくると、辺の長さに 30、真ん中の対角線上に、1 と 24 と 51 と 10、その下に、42 と 25 と 35、という数字が見える。ノイゲバウアーによる記法で、小数点としてセミコロン (;) を補って考えよう。これは文脈により解釈される。通常は、辺の長さは 30 とそのまま解釈されることが多いが、ここでは小数第 1 位の 30 としておく。[*14]

$$0;30 \quad = 0 + \frac{30}{60} = \frac{1}{2}$$

$$1;24,51,10 \quad = 1 + \frac{24}{60} + \frac{51}{60^2} + \frac{10}{60^3} = \frac{30547}{21600} \simeq 1.41421296\cdots$$

$$0;42,25,35 \quad = 0 + \frac{42}{60} + \frac{25}{60^2} + \frac{35}{60^3} = \frac{30547}{43200} \simeq 0.70710648\cdots$$

解釈はどうあれ、対角線上の数字が $\sqrt{2} = 1.41421356\cdots$ に驚くほど近く、

[*13] 中村滋、室井和男 著『数学史：数学 5000 年の歩み』（共立出版、2014 年）p.67–71
[*14] 例えば、ピーター・S・ラドマン 著、藪中久美子 訳『数学はじめて物語』（主婦の友社、2008 年）p.318

1.2 古代都市文明における数学

 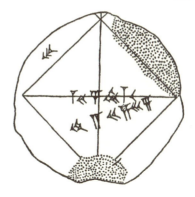

図 1.10 $\sqrt{2}$ の粘土板 (YBC7289)

一番下の数字が辺の長さに対応した対角線の長さ ($\frac{1}{2} \times \sqrt{2} = \frac{1}{\sqrt{2}}$) に極めて近いことには変わりない。この近似値は、相加平均の繰り返し計算（数列）をうまく使って求めたと考えられている。すなわち、$\sqrt{n}$ の近似値は、

$$a_{k+1} = \frac{1}{2}\left(a_k + \frac{n}{a_k}\right)$$

として、順次、a_k の計算を続けることによって求めることができる。いわゆるヘロンの方法と呼ばれる平方根の近似計算アルゴリズムである。例えば、$a_1 = \frac{3}{2} = 1.5$ や $a_1 = \frac{4}{3} = 1.333$ から計算を始めれば、a_3 の 60 進数表記（の近似値）が粘土板の対角線上の数字 $1; 24, 51, 10$ と一致する。同様の計算手順で、$\sqrt{3} \simeq 1.732$ の近似値を求めることもできる。バビロニア数学では、$\sqrt{3} \simeq \frac{7}{4} = 1 + \frac{45}{60} = 1.75$ と近似されるが、$a_1 = \frac{3}{2}$、または $a_1 = 2$ とすれば、直ちに $a_2 = \frac{7}{4}$ を得る。

しかしながら、バビロニアやエジプトでは、$\sqrt{2}$ が正確に分数で表せるかどうかは考えなかったようだ。実用上は、$\sqrt{2}$ の値を小数第 5 位まで知っていれば十分だろう。それで「事足れり」とするのか、「$\sqrt{2} = \frac{m}{n}$ と書けるか否か」を問題にするのか、そこには数学の考え方に大きなギャップが存在する。ギリシア数学では無理数を非通約量と呼んだ。この非通約量の発見によって、初期ギリシア数学は、バビロニア数学やエジプト数学を凌駕することになった。詳しくは、第 2 章で述べるように、現代的な数学のスタイルの直接的なルーツは、古代ギリシアの数学にあるのだ。

推定される古代バビロニアでの平方根の近似計算法

面積が n の正方形の 1 辺の長さ $\alpha = \sqrt{n}$ を求めよう。まず、α に近い値 a_1 を見つける。例えば、$\sqrt{2}$ を求めるのであれば、$a_1 = \frac{4}{3} = 1.33\cdots$ などとすればよい。k 回目の手続きで得られる値を a_k としよう。$a_k < \alpha$ のときは、図 1.11 のように、1 辺が a_k の正方形の粘土に、短辺が ε で長辺が a_k であるような細長い長方形の粘土を 2 つくっつけて不足分を

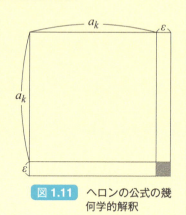

図 1.11　ヘロンの公式の幾何学的解釈

補い、全体で面積が n になるようにとる。面積が n の正方形の粘土から 1 辺 a_k の正方形の粘土を切り出して、余った分を捏ね直し、1 辺 a_k の正方形の粘土の両脇にくっつけるとしてもよい。ε の長さは次の通り。

$$a_k^2 + 2a_k\varepsilon = n \quad \rightarrow \quad \varepsilon = \frac{n}{2a_k} - \frac{a_k}{2}$$

面積の誤差は $2a_k\varepsilon$ である。ここで、新たに正方形の 1 辺を

$$a_{k+1} = a_k + \varepsilon = \frac{1}{2}\left(a_k + \frac{n}{a_k}\right)$$

に取り直せば、面積の誤差は ε^2 になり、明らかに小さくなる。

$a_k > \alpha$ のときは、1 辺 a_k の正方形から $2a_k\varepsilon$ だけ面積を削って全体として面積 n に合わせればよくて、$a_k^2 - 2a_k\varepsilon = n$ と $a_{k+1} = a_k - \varepsilon$ より、結局、上と同じ式を得る。

この方法は、平方完成の応用に過ぎないから、古代バビロニアでも十分可能であろう。

相加・相乗平均の関係式を用いた平方根の近似計算アルゴリズム

相加・相乗平均の関係式を用いれば、よりスマートに先の公式を導出できる。

正数 a, b の相加平均を $A = \frac{a+b}{2}$、相乗平均を $G = \sqrt{ab}$、調和平均を $H = \frac{2}{\frac{1}{a}+\frac{1}{b}} = \frac{2ab}{a+b}$ として、一般に、$A \geqq G \geqq H$ が成り立つ。

$$\frac{1}{2}(a+b) \geqq \sqrt{ab} \geqq \frac{2ab}{a+b} \quad (\text{等号は } a = b \text{ のみ})$$

ここで、$ab = n$ となるように b を定めよう。(念のため、n は自然数に限らず、一般の正数で構わない。) $a = b = \sqrt{n}$ の場合は自明だから除外する。$a > \sqrt{n}$ のときは、$b = \frac{n}{a} < \sqrt{n} < a$ だから、

$$a > \frac{1}{2}(a+b) = \frac{1}{2}\left(a + \frac{n}{a}\right) > \sqrt{ab} = \sqrt{n} > \frac{2ab}{a+b} = \frac{n}{\frac{a+b}{2}} > b = \frac{n}{a}$$

が言える。$a < \sqrt{n}$ のときは、$a' = b = \frac{n}{a} > \sqrt{n}$、$b' = a < \sqrt{n}$ と取り直せばよい。そこで、相加平均の系列を $a_k > \sqrt{n}$ として、

$$a_{k+1} = \frac{1}{2}(a_k + b_k) = \frac{1}{2}\left(a_k + \frac{n}{a_k}\right)$$

とし、調和平均の系列を $\sqrt{n} > b_k$, $(a_k b_k = n)$ として、

$$b_{k+1} = \frac{2}{\frac{1}{a_k} + \frac{1}{b_k}} = \frac{a_k b_k}{\frac{a_k + b_k}{2}} = \frac{n}{a_{k+1}}$$

とすると、$\{a_k\}$ は単調減少列、$\{b_k\}$ は単調増加列であることがわかる。したがって、それぞれ下限値、上限値に収束するから、

$$\lim_{k \to \infty} a_k = \lim_{k \to \infty} b_k = \sqrt{n}$$

が言える。つまり、相乗平均の $\sqrt{n}$ は、相加平均と調和平均の間に挟まれ、それぞれの極限値として表される。(ヘロンの方法)

具体的に計算してみよう。

$\alpha = \sqrt{n}, (n=2)$ を求めるために、まず第 1 近似値として

$$a_1 = 1.5 = \frac{3}{2} = 1 + \frac{30}{60}$$

をとろう。このとき、$a_1 b_1 = n = 2$ となるように b_1 をとると、

$$b_1 = \frac{n}{a_1} = \frac{2}{1 + \frac{30}{60}} = \frac{4}{3} = 1 + \frac{20}{60} \simeq 1.333$$

を得る。したがって、相加平均の第 2 近似値は、

$$a_2 = \frac{1}{2}(a_1 + b_1) = 1 + \frac{25}{60} = \frac{17}{12} \simeq 1.4167$$

となる。確かに、$\alpha = \sqrt{2}$ により近くなった。同様に、

$$b_2 = \frac{n}{a_2} = \frac{24}{17} = 1 + \frac{24}{60} + \frac{1}{85} = 1 + \frac{24}{60} + \frac{42}{60^2} + \frac{1}{10200}$$
$$= 1 + \frac{24}{60} + \frac{42}{60^2} + \frac{21}{60^3} + \frac{1}{1224000} \simeq 1 + \frac{24}{60} + \frac{42}{60^2} + \frac{21}{60^3}$$

であるから、相加平均の第 3 近似値として

$$a_3 = \frac{1}{2}(a_2 + b_2) = \frac{577}{408} \simeq 1 + \frac{24}{60} + \frac{51}{60^2} + \frac{10}{60^3}$$

を得る。これは、粘土板 YBC7289 の対角線上の数字に一致する。

なお、この計算手続き中の数列

$$a_{k+1} = \frac{1}{2}\left(a_k + \frac{n}{a_k}\right)$$

は、$x^2 - n = 0$ の根を求めるニュートン法の結果と同じである。

（$y = x^2 - n$ 上の点 $A_k(a_k, a_k^2 - n)$ で接線 $L : y = 2a_k(x - a_k) + a_k^2 - n$ を引き、L と x 軸との交点を次の点 A_{k+1} の x 座標 a_{k+1} と定める。この a_{k+1} は上の式で与えられることがすぐわかる。）

1.2.3 古代エジプトの数学

「エジプトはナイルの賜物」と言われるように、エジプト文明はナイル河を抜きにしては考えられない。

約7000年前にナイル河流域で農業が興り、紀元前3000年頃にはメネス（別名：ナルメル）によってエジプトに初めて統一国家が現れた。この頃からヒエログリフ（神聖文字）が使われるようになる。メネスによる統一から紀元前4世紀のアレクサンドロス大王によって征服されるまでの期間が古代エジプト王国で約30の王朝が交替した。王はファラオと呼ばれ、メソポタミアと比較すると、国内の統一はよく保たれ、安定した統治が行われた。このうちの重要な時期は古王国・中王国・新王国の3期に区分される。遺跡として今も残るのがクフ王が築いたといわれるギザの大ピラミッドで古王国時代（紀元前27世紀半ば頃からの約500年間）のものである。この時代の高度な土木技術とその根底にある洗練された実用数学が示唆される。数学的に非常に重要な文書である「リンド・パピルス」の原本と「モスクワ・パピルス」が書かれたのが、中王国時代（紀元前22世紀頃〜紀元前16世紀頃）である。紀元前16世紀頃からの約500年間が新王国時代になる。古代エジプト最大の王といわれるトトメス3世（在位、紀元前1479年頃〜紀元前1425年頃）はシリアやヌビアを征服し、エジプト史上最大の帝国を築いたことで知られる。

メソポタミア文明と同様、エジプト起源の文化もいろいろある。一例を挙げると、エジプト人が用いた1年を12ヶ月365日とする太陽暦は、ローマ時代にはユリウス暦となり、その後、16世紀末に修正されたグレゴリオ暦は今日でも使われている。

さて、古代エジプトの数学とは、最初の統一国家ができた紀元前3000年頃から紀元後300年頃までの古代エジプト語で書かれた数学を指すが、その代表的な文書は中王国時代の紀元前19世紀頃〜紀元前17世紀頃のものである。古代エジプト数学はパピルスという一種の紙に書かれたものが大半だが、現存数は極めて少ない。湿気に弱く、壊れやすいため保存には適さないのだ。多くのパピルス文書が書かれたであろう都市部のナイル河流域は湿気が多いことが災いした。これは、バビロニア数学の書かれた粘土

板が数百枚も出土していることと対照的である。そのため、エジプト数学には不明な部分が多い。

　リンド・パピルスは、イギリス人のリンドが 1858 年にルクソール（テーベ）で入手したもので、リンドの死後、大英博物館に寄贈された。アーメスという書記が紀元前 1550 年頃書写したものだが、オリジナルは紀元前 1800 年頃に書かれた。長さは 564cm で幅は 33cm である。現存する古代エジプト数学の問題群の大半をリンド・パピルスが占め、古代エジプト数学といえばこのリンド・パピルスで代表させることが多い極めて重要な文書である。多くの研究者によって、内容はほぼ明らかにされている。

　次いで重要な文書は、モスクワ・パピルスといって、ゴレニシュチェフが 1893 年にエジプトで購入したものである。現在はモスクワの国立プーシキン美術館に所蔵されている。長さは約 540cm で幅は 8cm ほどである。リンド・パピルスほど内容は明らかになってはいない。

　エジプトでは、位取り原理のない十進法で自然数を表した。また、割り算を行うには分数が必要であったが、エジプト人は単位分数 $\frac{1}{n}$ と $\frac{2}{3}$ だけしか考えなかった。ホルスの眼（図 1.12）はよく知られている。また、バビロニア数学と同様に、無理数の概念には到達していなかったようだ。

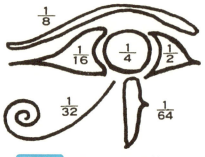

図 1.12　ホルスの眼と単位分数

　文書で確認できるのは、一次方程式、二次方程式、連立二次方程式、等差数列と等比数列である。また、円周率として、$\pi \fallingdotseq \frac{256}{81} = 3.16\cdots$ と解釈できる問題もある。図形問題としては、切頂ピラミッドの体積の計算がある。最近、単位分数への分解の方法について新たな研究の進展があった。

　古代ギリシアの資料によると、ギリシア数学の起源はエジプト数学にあるという。巨大な神殿やピラミッドを建設するには、高度に発達した実用数学が存在していたことは明らかではあるが、現存する資料に乏しく、全容はわかっていない。

1.2.4　古代インドの数学

古代インドでは、インダス川流域を中心とする広大な地域に紀元前 2300〜1700 年頃に都市文明が発展した。これをインダス文明という。発掘された品々から、メソポタミアとの交易を営んでいたことがわかっている。遺跡からは象形文字や動物文様を刻んだ印章が多数発見されているが、このインダス文字は未解読のままである。モヘンジョダロやその他の広範囲の遺跡から、天秤のおもりで、サイズや重さが定まったものが何種類も出土している。また、物差しのような長さを測る道具もモヘンジョダロやハラッパーなどの遺跡

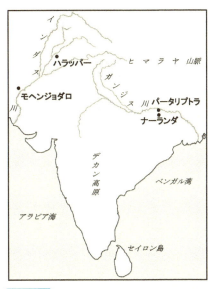

図 1.13　古代インド文明の都市と遺跡

で発見されている。これらは、インダス文明における数に関する証拠と考えてよいだろう。基数に関しては、十進法を採用していた形跡がある。インダス文明以降でも、10 以外を基数にした証拠は見当たらない。

古代インドの幾何学は、その起源が宗教儀式にあったようだ。バラモン教の宗教儀式は主として口承で詩の形で伝えられていたが、紀元前 7 世紀頃からは文字で書かれた文献が現れている。その中で最古とされるのが紀元前 700 年〜600 年頃のバウダーヤナのシュルバスートラで、ピュタゴラスの定理を一般的に証明したもの、2 の平方根を小数 5 位まで求めるための手順、近似的な円の方形化などの記述がある。

紀元前 500 年頃には仏教とジャイナ教が生まれる。数学と関係したジャイナ教の古い経典には、スールヤ・プラィナプティとジャンプードィーパ・プラィナプティがあり、紀元前 4〜3 世紀に書かれたようだ。

第 1 章 数学の黎明と古代文明の数学

巨大な数が現れるのが古代インド数学の特徴の 1 つで、ジャイナ経典にはシールシャ・プラヘーリカという途方もない時間の単位があるという。有名な叙事詩『ラーマーヤナ』には、悪の張本人の羅刹王ラーヴァナに正義のヒーローであるラーマ王子の味方の猿の王スグリーヴァの軍勢が、

$$100 \times 100000 = 1 \text{ コーティ} (= 10^7)$$
$$1000 \text{ コーティ} \times 100 = 1 \text{ シャンク} (= 10^{12})$$
$$\vdots \qquad \vdots$$
$$1000 \text{ サムドラ} \times 100 = 1 \text{ マハウガ} (= 10^{52})$$

という単位で、数コーティ×マハウガという海のような大群で戦いに向ってくるという記述がある。*15 仏教にも巨大な数があり、大方広仏華厳経（華厳経）には、不可説不可転 *16 という $10^{7 \times 2^{122}}$ の想像を絶する数が現れる。日本の命数法（付録 B.1）で一番大きな無量大数は 10^{68} だから、$10^{7 \times 2^{122}} \fallingdotseq (10^{68})^{10^{35.74}}$ となり、無量大数の 5473 溝乗である。（1 溝は 10^{32} を表す。）10^4 までの数の名称しか持たなかった古代ギリシア人から見れば、目の眩む途方も無さであろう。

こうした巨大な数を考えることで、ジャイナ教では早くから無限の概念を持つようになったようだ。現代数学でいう厳密さはないにせよ、無限にも 1 方向の無限、2 方向の無限、平面の無限、あらゆる方向の無限、永遠の無限の 5 種類を考えていたという。無限はすべて等しいという考え方を最初に否定したのはジャイナ教徒だったようだ。これは 19 世紀後半のカントールの業績に 1500 年〜2000 年先んずる。

最後に、わたしたちに身近なインド発祥の数学記号や概念を紹介しよう。

現在わたしたちが使っている数字はインドに生まれ、アラビアを経て、今に至っている。通常、**インド・アラビア式記数法**と呼ばれている。この位取り十進法では体系的な計算が可能となる。それで、算用数字ともいう。

---

*15 ヴァールミーキ 著、中村了昭 訳『新訳ラーマーヤナ』第 5 巻（東洋文庫、2013 年）p.471–472

*16 江部鴨村 訳『口語全訳 華厳経 下巻』（国書刊行会、1996 年）p.49–53 に「百千の百千を一拘梨と名づけ、拘梨の拘梨を一不変と名づけ、（中略）、このまた不可説不可説を一不可説不可説転と名づける」とある。望月信亨編『望月佛教大辞典』（世界聖典刊行協会、1960 年）第 3 巻 p.2293–2294 の十大数の項にはその説明が載る。華厳経の非常に重要な注釈書である華厳経探玄記では「不可説転等を方に数の極と為す」という。

1.2 古代都市文明における数学

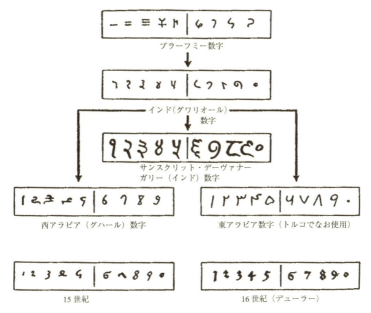

図1.14 数字の変遷（K. メニンガー著、内林政夫訳『図説：数の文化史—世界の数字と計算法—』（八坂書房、2001年）p.321、図202を一部省略）

例えば、ローマ数字での計算を考えてみよう。ローマ数字では、I、V、X、L、C、D、Mでそれぞれ1、5、10、50、100、500、1000を表す。123はCXXIIIと書き、444はCDXLIVというように書く。それでは、CDLXVIIIにDCLIVを加えるといくつになるか。答えは、MCXXIIである。算用数字では468 + 654 = 1122と書けばよいので、位取り十進法が計算する上で如何に優れているかわかるだろう。「壱萬弐阡円」などの漢数字による表記も、計算には不向きだ。これは、変造や偽造を防ぐために領収書や行政書類に書くためのものなのだ。

空位を表す記号（記号としてのゼロ）を使ったのは、紀元前数世紀のバビロニアだが、エジプトでも使われており、マヤ文明でもその記号があった。しかし、数のゼロとして計算に使うようになったのはインドが最初である。6世紀から7世紀にかけてのことであった。これを「**ゼロの発見**」といい、数学史上の大発見である。

図 1.15　古代中国文明のおもな遺跡と都市

1.2.5　古代中国の数学

　中国では、紀元前5000～4000年頃から、黄河流域で文明が栄えるようになった。これを黄河文明という。黄河中流域の河南省の仰韶村では彩文土器（彩陶）を特徴の1つとする遺跡が発見されている。（図1.15参照。）長江流域でも紀元前4000年を遡る古代文明の存在が明らかになっている。長江下流域の浙江省にある河姆渡遺跡からは、高床式住居跡や土器とともに紀元前6000年頃の炭化したイネが大量に発見されており、大規模な稲作集落があったことが証明されている。長江中流域の彭頭山遺跡では、稲作の起源は紀元前6500年頃まで遡るという。彭頭山遺跡にほど近い城頭山遺跡は紀元前4300年頃の都市型集落で中国最古の都市城跡といわれる。時代は下るが、長江上流域の三星堆でも遺跡が見つかっている。

　薄手の黒色の土器（黒陶）が作られるようになってしばらくすると黄河中下流域では、邑とよばれる集落が広く形成されるようになっていった。そして、次第に城郭都市的な形態へと発展していき、やがて王朝国家が生まれるようになった。伝説によれば、三皇五帝の神話時代の後、夏が中国

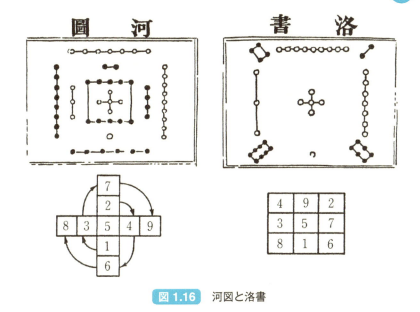

図 1.16 河図と洛書

最古の王朝とされるが、確認はされていない。確認されている最古の王朝は、夏を滅ぼしたという殷(いん)(紀元前16世紀頃〜紀元前11世紀頃)である。殷はしばしば都を移したが、紀元前1300年頃に現在の河南省安陽市にあたる大邑商(だいゆうしょう)に都を定め、滅亡までの以後300年間、都を移すことはなかった。この地では、文字を刻んだ亀甲や獣骨(甲骨文字)が見つかっており、20世紀前半に行われた発掘調査によって、歴代王の墓など大規模な遺跡が発見された。この大邑商の遺跡を一般に、殷墟という。殷の時代の卜骨(ぼっこつ)などの遺物から中国最古の記数法の記録が見つかっている。殷王朝の後は、周(紀元前11世紀〜紀元前256年)、秦(紀元前221年〜紀元前206年)、漢(紀元前202年〜紀元後8年)、新(8〜23年)、後漢(25〜220年)、晋(265〜316年)、隋(581〜618年)、唐(618〜907年)と王朝が興亡していった。王朝交代前後の動乱期が、春秋・戦国時代や楚漢戦争、三国時代などにあたる。邪馬台国の卑弥呼が魏に朝貢したのが紀元239年で三国時代になる。「日出処の天子…」の国書を携えた小野妹子を遣隋使として派遣(紀元607–608年)した聖徳太子の時代は中国では隋の時代になる。

古代中国では、数に対して呪術や易学的な興味があったようで、最古の魔方陣の記録が発見されている。伝説的な夏王朝の禹の時代(紀元前3000年

頃)にまで遡ると言われる河図と洛書の2つの図形が知られている。(図 1.16 参照。) 河図は 1 から 9 までの白丸や黒丸を十字形に配したもので、中心にある 5 個の白丸の周りを方形に囲む黒丸の数が 10 個、その周囲の白丸と黒丸の数が 20 個ずつ配置されている。洛書はタテ・ヨコ・ナナメの数の合計がすべて 15 になる 3 次の魔方陣である。奇数と偶数で陰と陽を表し、2 つが相補い合って調和をもたらすとされたらしい。

　中国で現在確認されている最古の数学書は、紀元前 212 年以前のものと考えられる竹簡『数』と紀元前 186 年頃の墓から発見された竹簡『算数書』である。古代中国で最も優れた数学書といわれる『九章算術』より、200 年以上遡り、類似の問題が多数みられることから、その源流ではないかとされている。『算数書』と同時期のものには『算術』が見つかっている。ただし、多くの文書は秦の始皇帝による焚書（紀元前 212 年）によって失われたとされる。次いで古いのは、周の時代に遡るといわれる暦学・天文書『周髀算経』で、ピュタゴラスの定理を述べた記述がみられる。そして、秦から漢の時代に作りはじめられて、紀元 25 年頃に完成したとみられる『九章算術』が古代中国の数学書を代表するものとして知られている。著者は不明である。多元連立 1 次方程式の解法や開平法、ピュタゴラスの定理の応用などが書かれている。「正負の数」を世界で最も早く導入したのは『九章算術』である。263 年に劉徽が著した『九章算術』の注釈本は有名であり、これによって広く知られることになった。また、劉徽は小数点以下の数を十進小数表記法で処理する現代にも通ずる方法を考え出した。これはネイピアによる小数点表記の発案に 1300 年以上先んずる。そのすぐ後の 280 年頃に成立した『孫子算経』には、中国の剰余定理を述べた問題がある。5 世紀には祖沖之が『綴術』を著し、円周率を 7 桁正しく求め、近似値を約率 $\frac{22}{7} \simeq 3.143$、密率 $\frac{355}{113} \simeq 3.14159292$ とした。この密率は、分母から、奇数を 2 つずつ並べた 11、33、55 で覚えやすい上に、精度もかなり高い。連分数との関係については第 II 部 7 章で述べる。

　中国では十進法が使われた。算木による記数法も紀元前 2 世紀頃から使われている。算木というのは算盤の上で移動させて計算を行うための竹や木で出来た細い棒状のものである。日本の和算でも計算用具として広く使われた。非常に早くから正負の数が使われたのは、算木による計算に由来するのだろうと考えられる。算木には 2 色あり、正の数には赤、負の数に

は黒を使い、何も置かないことで空位の0を表したのだ。また、算盤上の位取りとして、小数も早くから用いられた。

わが国との関係でいうと、古代日本では数学の教科書として『九章算術』などが使われた。702年の大宝律令において算博士が学ぶべきとされた中国の算書9種（孫子算経、五曹算経、九章算術、海島算経、六章、綴術、三重開差、周髀算経、九司）には上に挙げた数学書がみられる。みなさんにおなじみの「正数」「負数」「方程式」などの言葉は、『九章算術』に由来する。第8章の名称が「方程」で連立1次方程式を扱っており、その解法に「正負術」が使われている。和算では、ピュタゴラスの定理を句股弦（鈎股弦）の法と言ったが、これも『九章算術』の第9章の名称による。このように、『九章算術』は中国だけでなく日本にも大きな影響を与えた。

1.2.6 アメリカの古代文明と数学

中南米には、トウモロコシやジャガイモ（南米中央アンデスの高山地帯）を中心にカボチャ・インゲン豆・トウガラシなどを栽培する農耕文化が発展した。「古代四大文明」が発祥した乾燥地域の大河流域とは異なる多様な自然環境の中で、狩猟採集生活から農耕を基盤とする生活へと長い期間をかけて徐々に移行していった。中米では、紀元前4300年頃には穂軸の長さが2cmで50粒ほどの穀粒だったトウモロコシ（メキシコ原産）が、数千年をかけて数百粒の穀粒をつけるものへと「品種改良」され、乾燥・貯蔵が容易な主食になっていく。南米の中央アンデスでは、ケチャ帯と呼ばれる山間地帯でトウモロコシが、スニ帯と呼ばれる高山地帯ではジャガイモ（アンデス高地原産）が栽培され、特に高地ではジャガイモが主食になっていく。標高4000m～4800mのプーナ帯ではラクダ科のリャマやアルパカが放牧された。一方、中米には、牛や馬はおろか大型家畜は全くいなかった。こうして、農耕を基盤とする定住的な農村共同体が数千キロも隔たる中米と南米の2つの地域で現われ、この「定住革命」から急速に社会・経済が発展していった。そして、メソアメリカ（現在のメキシコ中部から中央アメリカにかけての地域の文化史的区分）と南米の中央アンデス地帯に古代文明が現れるのである。この地域にナイル河や黄河のような大河川はなく、土地土地の自然環境を生かして、中小河川、湖沼、湧水を利用した灌漑農業や段々畑、あるいは焼畑農業を行っていた。その意味で、非大河

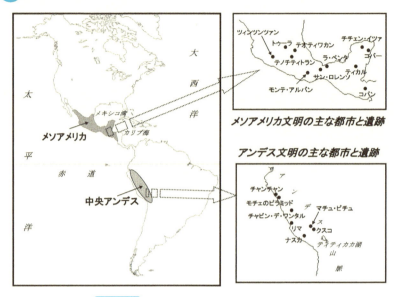

図 1.17 古代アメリカ文明の都市と遺跡

灌漑文明と言ってよい。どちらの文明でも鉄器は発明されず、いわゆる新石器時代の段階に止まったが、高度な都市文明に発展したのである。

メキシコ湾岸低地南部を中心とする地域には、紀元前1200～紀元前400年頃にメソアメリカで最初のオルメカ文明が栄えた。オルメカの文化は、その後のメソアメリカに興るさまざまな文明の母体になったことから「母なる文化」と呼ばれている。タバスコ州西部のラ・ベンタとベラクルス州南部のサン・ロレンソおよびトレス・サポテスで主な考古学的遺跡が発見されている。巨石人頭像など洗練された石彫と大規模な土製ピラミッドや祭祀センターで知られる。ジャガー信仰もオルメカ文明の特徴の1つである。オルメカ文明の中心都市の衰滅後も、その社会・文化・芸術様式はサポテカ文明やマヤ文明などメソアメリカ諸文明に継承されていった。

メキシコ高地南部のオアハカ盆地には、モンテ・アルバンを中心にオルメカ文明を継承したサポテカ文明が紀元前500年頃～紀元後750年頃まで繁栄した。モンテ・アルバンは山上都市であり、農耕以外の目的で建造された、政治・宗教の中心都市であったようだ。モンテ・アルバンの石碑には、王の即位や戦争の記録、260日の神聖暦（祭祀暦）と365日の太陽暦がサポテカ文字で刻まれている。この52年周期の太陽暦と神聖暦の組合

わせは、マヤ文明をはじめメソアメリカの多くの文明で共有されている。

ユカタン半島には、マヤ文明（紀元前1000年頃〜16世紀）が栄えた。マヤ文明では鉄器は一切使われず、牛や馬などの大型の家畜も皆無だった。装飾品に金や銀は使われたが、主要な道具は磨製石器であり、日用品は木・骨・角などで製作された。ここだけを取り上げれば原始的な新石器時代の文化段階に見えるが、有名な「エル・カスティーヨ」ピラミッド（ククルカン・ピラミッド）をはじめとする巨大な神殿ピラミッドから明らかなように必ずしも「古代四大文明」に遅れをとっているわけではない。洗練された石器の都市文明だったのである。これらの特徴は他のメソアメリカの文明にも当てはまる。マヤ文明では象形文字が用いられた。1字で1単語を表す表語文字と、1字で1音節を表す音節文字とから成る非常に発達した文字体系をもっていた。数学に関して言うと、記数法は20進法を用いていた。また、ゼロの概念を知っていたことは特筆に値する。暦は、260日の神聖暦と365日の太陽暦の組み合わせ（52年周期）が用いられた。ただし、うるう年はなかった。日本のカレンダーで今でも見かける、干支（丙午など）と六曜（大安や仏滅など）の組み合わせを思い浮かべるとよい。

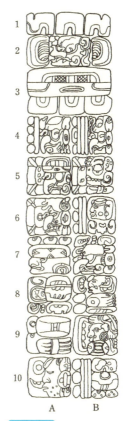

図1.18 コパン近くのキリグア遺跡の石碑に刻まれたマヤ文字（高さ10.7m）

（青山和夫、猪俣健著「メソアメリカの考古学」（同成社、1997年）図33、p.128）

また、暦が一巡する260日と365日の最小公倍数18,980日（うるう年を考慮すれば、ほぼ52年）は日本では還暦に当たると思えばよいと青山和夫氏は言う。長期暦では、グレゴリオ暦で前3114年8月11日から数え始め、5126年余り後の2012年12月21日に一巡し、新たな長期暦が始まった。短期暦もあり、約256年を1周期としている。太陰暦に関しては、149月齢=4400日という公式をマヤの天文学者は発見した。すなわち、平均月

齢は、29.53020 日となり、現在知られている月齢 29.53059 日に非常に近い。さらに、九日周期暦やマヤ文明における神聖な数字、7、9、13 をかけた 819 日を 1 周期とする八一九日暦もあった。ユカタン半島東部の最大の都市コバー遺跡で発見された 7 世紀の石碑には、およそ 10^{31} 日という天文学的数字を 1 周期とする循環暦が記録されている。地球の年齢が 46 億年 $= 1.68 \times 10^{12}$ 日、宇宙の年齢でも 138 億年 $= 5.04 \times 10^{12}$ 日であるから、どれだけ途方もない数字かが分かるであろう。書記を兼ねるマヤの天文学者は、太陽・月・金星およびその他の星を肉眼で精確に観測し、日食や月食を予測した。金星は古代マヤ人にとって最も重要な星の 1 つであり、マヤの天文学者はその会合周期を 584 日と算出したが、これは現在知られている値 583.92 日に近い。また、金星の五会合周期（$5 \times 584 = 2920$ 日）が 365 日暦の 8 年（$8 \times 365 = 2920$ 日）であることも発見した。これらの天体観測の知識は、石碑や絵文書に記録され、マヤの様々な暦や宗教儀式に利用された。このように、コロンブス以前のアメリカ大陸で、文字・暦（天文学）・算術を最も発達させていたのがマヤ文明なのである。[*17]

その他のメソアメリカの文明は手短に述べるに止める。

メキシコ中央高地では、大都市テオティワカンを中心にテオティワカン文明が紀元前 100 年頃から紀元後 600 年頃まで繁栄した。次いで、メキシコ中央には、トルテカ文明（900 年頃～1150 年）が栄え、その後、人口 25 万人の首都テノチティトラン（現在のメキシコシティ）を擁するアステカ文明（1325 年～1521 年）が興亡した。アステカ帝国は、スペイン人侵略時には中央アメリカ最大の軍事国家に発展していた。

メキシコ西部では、スペイン人侵略時に 2 番目に大きなタラスコ王国（13 世紀～16 世紀）が都市ツィンツンツァンを中心に栄えた。

コロンブス以前のメソアメリカに発展したさまざまな文明は、社会・経済・芸術・宗教などに密接な交流をもっていたが、結局、中央アメリカ全体を統べる統一国家に集約されることはなかった。南米の中央アンデスがインカ帝国によって統合されたこととは対照的である。そして、1521 年スペイン人のコルテスによってアステカ帝国は滅亡し、ほどなくしてタラスコ王国やマヤ文明も滅ぼされた。

[*17] 詳しくは、例えば、青山和夫 著『古代マヤ：石器の都市文明（増補版）』（京都大学学術出版会、2013 年）

では、南米の中央アンデス地帯に目を向けてみよう。

ペルーを中心とする中央アンデス地帯には、チャビン文明（紀元前1000年頃〜紀元前200年頃）が栄えた。海抜3150mの高地にあるチャビン・デ・ワンタルにその遺跡がある。大規模な石造神殿を建造し、多数の宗教芸術を残している。ナスカの地上絵で有名なナスカ文化（紀元前100年頃〜紀元後700年頃）は、ナスカ土器でも知られる。ペルー北部では、モチェ文化（紀元前後〜700年頃）が華開いた。モチェはアンデスの初期国家と言われる。メキシコのテオティワカンとともに南北アメリカ大陸最大級の巨大な太陽の神殿と月の神殿が有名である。様々な図像が描かれた美麗な彩色土器や高い技術と造形美を誇る金・銀・銅の装飾品でもよく知られる。そして、13世紀頃にインカ帝国（の前身）が興り、15世紀にはアンデス一帯を征服したインカ帝国は繁栄を極めた。クスコを首都とし、大規模な石造神殿や宮殿が建てられた。しかし、1533年スペイン人のピサロによってインカ帝国は滅びた。その面影は、1911年アメリカ人のビンガムによってアンデス山中に発見された天空の遺跡マチュ・ピチュに窺うことができる。

簡単にアンデス文明をまとめておく。

中央アンデスではメソアメリカ同様、鉄器は知られていなかった。また、家畜としてリャマやアルパカはいたが、牛や馬はいなかった。車輪は発明されず、人力やリャマが荷駄の運搬に使われた。メソアメリカ文明と大きく異なるのは、中央アンデスではついに文字が出現しなかったことである。その中央アンデスの数学は特異な様相を呈している。文字の代わりに、インカ帝国では、キープと呼ばれる結節縄を用いた十進法による計数システムを完成した。そして、キープを様々な記録や人口・農産物などの統計に用いた。それらの情

図1.19 キープ（左下にみえるのはインカのアバクスと言われる計算板）

報はキープカマヨック（キープ保持者）といわれる役人によって管理された。（図1.19）キープは計算の道具としては不向きだが、計算板でトウモロコシの粒を使って加減乗除の計算を行い、その集計結果をキープに記録したようだ。巨大な神殿ピラミッドから明らかなように高度な数学的知識を

有していたハズだが、必ずしも全容は明らかにはなっていない。

1.2.7 日本のあけぼの

福井県の水月湖の年縞の調査から、日本列島には 16500 年前頃から地球温暖化の影響が現れ始め、14980 年前から五葉マツ亜属などの亜寒帯針葉樹が激減することがわかった。それと入れ替わりで、スギ属が増加し始める。コナラ属やブナ属などの冷温帯広葉樹は 16500 年前頃には既に増え始めていた。琵琶湖湖底堆積物[*18]の調査でも、類似の気候変動があったことがわかっている。わが国の縄文文化が始まるのはこの辺の時期である。

日本で最も古い土器は、縄文時代草創期の青森県大平山元I遺跡から発見された無文土器片で 16500 年前頃のものだという。これが世界最古の土器といわれてきたが、シベリアや中国南部でも同時期の土器片が発見されており、わが国の縄文人が土器の"発明者"かどうかはわからない。西アジアで土器が作られ始めるのは 1 万〜9 千年前頃なので、ともかくも東アジア圏が世界最初期の土器文化をもっていたことは確かなようだ。

数に関係した遺物としては、秋田県大湯環状列石（縄文時代後期、約 4000 年から 3500 年前）で発見された数を表現する土版が知られている。（『縄文の力』平凡社、2013 年）図 1.20 のように、土版の前面に 1 から 5 までを表す円形の窪みがあり、背面には $3+3=6$ つの円形の窪みがある。何らかの計算に用いたのではないかと推測されている。この大

図 1.20　縄文後期の「数の標準器」（高さ 6.0cm）

（鹿角市教育委員会提供）

湯環状列石そのものが日時計とも天文観測施設とも言われ、非常に興味深い。今後の研究の進展が待たれる。

[*18] 今は滋賀県にある琵琶湖は、約 400 万年前に生まれた「古代湖」で、現在の三重県上野盆地で誕生してから北へと移動し、約 45 万年前に現在の場所に落ち着いた。現在の琵琶湖の底には、約 45 万年かけて静かにゆっくりと連続的に、花粉や珪藻殻化石を含む泥が分厚く堆積している。シベリアのバイカル湖などと同様、琵琶湖は非常に貴重な湖なのである。

第2章
古代ギリシアの数学

2.1 論証数学のはじまり

　この章では、古代オリエント世界（エジプト・メソポタミア）の数学を継承し、発展させた古代ギリシアの数学（紀元前600年頃〜紀元後450年頃）についてみていこう。世界史の区分では、ギリシア時代からヘレニズム時代を経て、ローマ時代、そして、476年の西ローマ帝国滅亡に至る古代の終末までにあたる。時代により、数学の中心地には変遷がある。主な都市を図2.1に示す。[*1]

　現代まで受け継がれている論証数学は、古代ギリシアにおいて確立した。それ以前の数学は、具体的な例題に対して解法手順を示す（場合によっては検算も行う）という、いわば計算術[*2] としての数学だった。かなり高度な計算テクニックも存在したが、一般化や証明といった発想はみられない。一方、古代ギリシアにおいては、数学的事実を一般的に成り立つ定理として結晶化し、疑問の余地なく証明していくという学問体系へと数学が大転換を遂げたのである。すなわち、基礎となる公理（無限遡及を避けるために証明抜きで承認する根本命題）から演繹的にいくつかの命題を証明して

[*1] 参考のため、ローマの位置を示したが、ギリシア人とは違って、ローマ人は実用（計測・測量）にのみ価値をおき、理論的な純粋数学を軽んじた。ローマ時代の数学の中心地は、ギリシアの伝統を受け継いだエジプトのアレクサンドリアである。

[*2] ある計算において、右辺と左辺を等式で結ぶということは、「論理の連鎖」とみなすことができる。計算間違いは、明らかな「論理矛盾」であるから、そこにペケが付けられる。計算が、論証や証明とは全く無縁のものだと言っているわけではない。

第 2 章 古代ギリシアの数学

図 2.1 古代ギリシア数学の主な都市

いき、最後に結論を述べて「これが証明されるべきことであった」（ラテン語訳では quod erat demonstrandum, Q.E.D.）と締めくくるという現代に至る数学のスタイルが古代ギリシアにおいて決定されたのだ。誤解を恐れずに言えば、テクノロジーからアカデミズムへの質的な大変革である。

　ギリシア文化の特徴は合理的精神であり、対話と弁証が重んじられた。ポリスの公の場で市民が演劇を楽しみ、議論し合うというのがギリシア文化の基本的性格であり特色なのだ。また、ギリシア本土や小アジア（現在のトルコ西海岸地域）、南イタリア地域では多様な思想家が現れてきた。特に、「アキレウスと亀」などのパラドックスで知られるエレア派の論難があり、数学においても、粗雑な説明ではなく、一部の隙もない厳密な証明が必要とされるようになったのだろう。こうして、古代文明においては特異な民主政を実現した古代ギリシアにおいて、証明法が急速に鍛え上げられ、論証数学が成立することになった。

2.2 ユークリッド以前の古代ギリシア数学に関する伝承

　この数学史上の大革命は、紀元前3世紀頃にユークリッド（ギリシア語読みではエウクレイデス）が著した『原論』（Στοιχεῖα、英語では the

Elements）によって完成をみた。しかしながら、それ以前の初期ギリシア数学については断片的な文献しか伝わっておらず、正確な歴史はわからない。「証明の始まり」も、いつなのか推測の域を出ない。どうやら、ユークリッドの『原論』の出来があまりにも良すぎたために、それ以前の文献が書き写されなくなってしまったらしい。そのユークリッド自身の人物と生涯についても本当のところはほとんど何もわかっていない。多少なりとも手がかりとなるのは、かなり後代にはなるが、5世紀のプロクロスが著した『ユークリッド原論第1巻注釈』にあるユークリッドに至るまでの幾何学についての簡単な歴史に関する記述である。これは、アリストテレス（紀元前384～紀元前322）の弟子エウデモスが紀元前320年頃に書いた『幾何学史』（失われており現存しない）の一部を引用したものと考えられている。ただし、明らかにエウデモス以降の事蹟も含まれるので、『幾何学史』を引用した文献（例えば、紀元前1世紀のゲミノス）の引用とする説がある。このように、同時代の確かな資料はなく、伝承の類にはなるが、初期ギリシア数学の歴史を辿るとおおよそ次のようになるといわれている。

幾何学[*3]は、土地を測量するために、最初にエジプト人によって発明されたという。[*4]

最初に登場する人物は、小アジアのミレトスのタレス（紀元前624年頃～紀元前547年頃）であり、エジプトで学び、幾何学をギリシアにもたらしたという。二等辺三角形の底角は相等しいことや円の直径はその面積を二等分することを証明したといわれる。

次に登場するマメルコスは詳細不明で、3番目に登場するのが、小アジアのサモス島出身のピュタゴラス（紀元前572年頃～紀元前500年頃）である。彼は、エジプトなどで学んだ後、南イタリアのクロトンに落ち着き、哲学・宗教の集団を率いたという。これは後世にピュタゴラス派として知られるようになった。いわゆるピュタゴラスの定理で有名だが、実は、その定理をピュタゴラス自身が証明したのかどうかすらわかっていない。「数を万物の根元」として考え、第II部4章で詳述する図形数などを研究した

[*3] 英語ではジオメトリー (geometry) という幾何学の語源は、ギリシア語のゲオメトリアだが、ナイル川の土地測量（「土地」はギリシア語で geo、「測量」はギリシア語で metria）に由来している。

[*4] 古代バビロニアの数学に関する研究から、近年ではギリシア数学と古代バビロニア数学の類似性・関連性が指摘されている。

という。逸話には事欠かないが、信憑性は高くはない。後代の伝承になるほど、逸話がより詳細になる傾向があるのだという。

　繰り返し注意するが、紀元前5世紀以前の話については同時代の資料に乏しく数百年も後の伝聞に過ぎない。以前は、資料から再構成した「初めの数学者は、タレスやピュタゴラスで、証明を開始したのは彼らである」などという解釈が流布されていたが、最近では、原資料をより忠実に解釈しようという方向性に変わっており、論証数学の胎動として象徴的に彼らの名が挙げられているのだと考える人が多いようだ。

　紀元前5～4世紀頃のアテナイを中心とするギリシア数学の発展については、根拠となる資料は比較的たくさんある。プラトン（紀元前429年～紀元前347年）は、アテナイに紀元前385年頃アカデメイアを創設し、ギリシア全土から学者たちを引き付けた。ここでは哲学の他に数学の研究も盛んに行われた。その入り口の門の上には「幾何学を学ばざる者、この門くぐるべからず」の銘が刻まれていたというが、事実かどうかは確認できない。その意味する所は、幾何学を学んでいない者は論理を学んでないから哲学を理解することはできないということであろう。英語で数学をmathematicsというが、古代ギリシアのマテーマティカに起源をもつ。「学ばれるべきこと」を意味していたが、プラトン以降、学問の中でも特に数学を指すようになった。プラトンの時代には、立方体倍積問題、円の方形化問題、非通約量と比の理論に関する問題などについて重要な研究がなされた。プラトンの『テアイテトス』に無理数論が載るのはよく知られている。[*5] 正多面体はプラトンの立体とも言われるが、その研究は年若いテアイテトスに帰せられる。アリストテレス（紀元前384年～紀元前322年）は、数学に関する業績としては、帰謬法や否定式、三段論法など推論の諸原則を最初に体系化した。非通約量（無理数）に関して、『形而上学』には「正方形の対角線が辺で測りえないこと［非通約性］について（中略、誰にとっても、中略、驚異すべきことと思えようから）」とその驚きを述べている。[*6] また、

[*5] 例えば、プラトン 著、田中美知太郎 訳『テアイテトス』（岩波文庫（改版）、2014年）p.28–30 など。

[*6] アリストテレス 著、出 隆 訳『形而上学 上巻』（岩波文庫、1959年）第1巻第2章 p.30. しかし、この語のすぐ後には「すでに幾何学的認識を獲得し所有している者にとっては、もしも対角線が辺で測りうる[通約的である]ということにでもなりでもしたなら、それこそかえって逆に最も驚異すべきことであろう」とアリストテレスは述べている。

2.2 ユークリッド以前の古代ギリシア数学に関する伝承

図 2.2 ラファエロ『アテナイの学堂』（1509 年–1510 年）

『分析論前書』では $\sqrt{2}$ が無理数であることを整数が偶数か奇数のいずれかであるという事実を使って、背理法で証明している。この証明はお馴染みだろう。

これらの数学研究の展開と成果を受けて、紀元前 3 世紀頃にユークリッドが現れることになる。

『原論』に関して言えば、ユークリッド以前に少なくとも 3 人が編集に携わっていると伝えられている。まずは、月形の方形化で有名なキオスのヒポクラテス（紀元前 5 世紀半ば頃）で、次が、レオンであり、3 人目がマグネシアのテウディオスとなる。この他、既に触れたアテナイのテアイテトス（紀元前 417 年〜369 年）らによって、幾何学やその他の数学的学科は学問的体系にまで進んだという。また、レオンより少し後の人でプラトンの下アカデメイアで学んだクニドスのエウドクソス（紀元前 408 年頃〜355 年）は、一般的定理というものの数を増大させた最初の人であるという。そして、ユークリッド（紀元前 3 世紀頃）が登場し、「先行者たちの粗雑な証明を反対の余地のない厳密な証明にまで高めた」とプロクロスは言う。

前述したようにユークリッドのことについても確実な事は何もわかっていないが、プトレマイオス I 世（紀元前 367 年〜282 年）の時代にアレクサンドリアで活躍していたと普通は考えられている。

2.3 古代ギリシア数学の最盛期

　古代ギリシア数学は、ユークリッドの前後に最盛期を迎える。特に、ユークリッドとほぼ同時代か少し後に、ペルゲ（現在のトルコ）出身のアポロニオス（紀元前 261〜190 年頃）とシュラクサイ（現在のシチリア島）のアルキメデス（紀元前 287 年頃〜212 年）という圧倒的な数学者・数理物理学者が現れ、古代ギリシア数学は頂点を極めた。なお、同時代には素数を炙り出す方法「エラトステネスの篩」で有名なエラトステネス（紀元前 276 年頃〜195 年頃）もいる。（通常『方法』と呼ばれるアルキメデスの著作『エラトステネスに宛てた機械学的定理に関する方法』については後述する。）エラトステネスは地球の周長と半径を求めたことでも知られる。アレクサンドリア図書館の第 3 代館長を務めていたという。この頃には、アテナイからアレクサンドリアへとギリシア数学の中心地は移っていく。

　アポロニオス は主著『円錐曲線論』（全 8 巻、そのうち 7 巻まで現存）を著し、現在言うところの 2 次曲線を系統的に徹底して調べ上げ、完全解明した。近現代の代数記号なしでの発見・証明は驚異的であり、特筆すべき偉大な業績である。こうした体系的にまとまった成果というものは、当初は思いもよらなかった分野に多大な貢献をすることがある。[*7] 物を放り投げたときの軌跡が放物線で、惑星は太陽を 1 つの焦点とする楕円軌道を描く。この放物線や楕円は 2 次曲線であり、デカルトの解析幾何を経て、ニュートンによる万有引力（逆 2 乗則）の発見へと密接に繋がっていく。

　アルキメデス は、古代最大の天才と目され、近代に発見される微積分法に肉薄するなど、2000 年も時代を先取りしていたといわれる。てこの数学的モデル構築、てこの原理の数学的証明と重心決定への応用、静止水力学の基本原理である浮力の原理の発見とその応用、放物線を直線で切り取った面積の幾何学的証明、アルキメデスの螺旋の面積、球と円柱の体積・表面積の関係式、などなど驚くべき計算力と天才的創意に溢れている。

[*7] 電気回路による論理演算の際に使われるブール代数は 1 世紀以上前にブール（1815–1864）によって用意されていた。素数に関する研究は、近代的数論の創始者フェルマー以来、オイラーやガウスなど名立たる大数学者によって研究されてきたが、暗号理論に応用され、現代の IT 社会を支えることになるとは如何な天才数学者といえども予想だにしなかったろう。こういう例はいくつもある。

2.3 古代ギリシア数学の最盛期

例えば、『円の計測』命題 1 でアルキメデスは、円の面積 S は円周を底辺とし半径を高さとする三角形の面積 $K = \pi r^2$ に等しいことを証明している。$K = \pi r^2$ を与えられた三角形の面積として、まず、$S > K$ を仮定すると、円に内接する正多角形の辺の数を増やしていくことで $S - T < S - K$ となる面積 T の正多角形を得ることができ、$T > K$ となる。ところが、円の中心から内接する正多角形の各辺の中点に下した垂線の長さは円の半径より小さく、その正多角形の周の長さは円周よりも短いので、$T < K$ である。これは矛盾。$S < K$ を仮定した場合でも、矛盾を導くことができるので、円の面積は $S = K = \pi r^2$ と結論できるのである。このように背理法（帰謬法）を 2 回使う証明法を二重帰謬法という。

より親しみやすい例を挙げると、アルキメデスが円周率を科学にまで高めた。これは『円の計測』の命題 3 である。つまり、円に正多角形を内接・外接させることで、円周と直径の比 ($= \pi$) に関する不等式を求めたのだ。アルキメデス自身は正 96 角形まで計算して次式を得た。

$$\frac{223}{71}(= 3.1408\cdots) < \pi < \frac{22}{7}(= 3.1428)$$

これで、π は小数第 2 位までで $\pi = 3.14$ であることが確定した。あとはどれだけ精度を上げるか根気（とその人の寿命）の問題である。このアルキメデスの方法は、インドで逆三角関数法が、あるいは近代ヨーロッパで微積分法が発見されるまで、以来 1600 年乃至 1900 年もの長きにわたって、円周率を科学的に扱う唯一の方法であり続けた。

軍事技術者としてもアルキメデスは名声が高く、第 2 次ポエニ戦争の最中には、アルキメデスの設計した投石器や起重機によってシュラクサイを包囲したローマ軍に苦汁をなめさせ、パニックに陥れたという。しかし、ついに内通者によって、マルケッルスの率いるローマ軍が侵入し、紀元前 212 年にシュラクサイは陥落した。マルケッルスはアルキメデスを生かして連れてくるよう厳命していたが、陥落にも気づかず図形を見ながら熱心に研究していたアルキメデスは証明を得るまで動こうとしないので、腹を立てた一兵卒によって刺し殺されたと著述家のプルタルコスは語る。

アルキメデスに関しては、最近でも大きなドラマがあった。[8] アルキメ

---

[8] 『解読！アルキメデス写本』（リヴィエル・ネッツ、ウィリアム・ノエル、吉田晋治 監訳、光文社、2008 年）や『アルキメデス「方法」の謎を解く』（斎藤憲、岩波科学ライブラリー、2014 年）や http://www.archimedespalimpsest.org を参照のこと。

デスの『方法』という著作は古代に散逸してしまったようだが、10世紀に作られた写本が、羊皮紙に祈祷書が上書きされた形（パリンプセストという）で19世紀半ばに発見され、1906年に数学史家のハイベアによって研究された。ところが、その後、この『方法』は行方不明になってしまう。そして、1998年になって見るも無残に変わり果てた形でクリスティーズのオークションに現れた。今度は、IT産業で財をなした大富豪が破格の200万ドルで競り落とし（手数料を入れて220万ドル）、最新技術を使って解読されている。その結果、古代ギリシア史が書き換わるほどの大発見があった。現存する古代ギリシアの資料ではほとんどが幾何学を用いた論証数学で記述されており、「どうやってその定理を見つけたか」という発見の方法はわからないが、『方法』では仮想天秤を用いた発見法が読み取れるのだ。また、通常、古代ギリシアでは忌避されたと言われる無限操作が議論の途中で当然のように用いられている。ここに古代ギリシア数学の隠された秘密の舞台裏を覗き見ることができるのである。

　その後のギリシア数学で著名な数学者を列挙していこう。

　三角比の表の作成を開始したヒッパルコス（紀元前190年〜120年）、三角形の3辺から面積を求める公式で有名なヘロン（紀元後60年頃）、その名を冠する定理で有名なメネラオス（紀元後100年頃）と続く。そして、プトレマイオス（英語名はトレミー、紀元後100年頃〜178年）は主著『アルマゲスト』を著し、天動説を唱えた。その宇宙モデルは、実際に天体現象を予測でき、以後1400年以上も影響を与え続けることになる。数論では、新ピュタゴラス学派で『数論入門』を著したゲラサ出身のニコマコス（紀元1世紀後半頃）が活躍した。第II部4章で述べる内容の一部は、ニコマコスによるものである。代数学者で外せないのは、ディオパントス（紀元後250年頃）で主著『数論』はイスラム世界に引き継がれ、強い影響を与えた。近代になってフェルマー（1607年〜1665年）により注意深く研究され、数多くの一般的成果が得られた。よく知られる「$x^n + y^n = z^n \, (n \geq 3)$ を満たす自然数 x, y, z は存在しない」というフェルマー予想（ワイルズによって1995年に証明された）は、この『数論』の余白への書き込みである。パッポス（4世紀頃）は『数学集成』でよく知られている。今日では現存しない多くの数学著作に言及しており、数学の歴史を知る上では欠かせない。アレクサンドリアのテオン（4世紀頃）は、『原論』の重要な校訂版

を作った。『原論』の概要については、次の節で述べることにしよう。そして、テオンの娘で、映画 *9 にもなった女性数学者のヒュパティア（355年頃〜415年）の惨殺をもって、実質的にアレクサンドリアの数学的伝統は終焉を迎えた。

2.4　ユークリッドの『原論』

　ここでは、ユークリッドの『原論』について簡単に紹介する。

　『原論』は全13巻で、幸い消失した巻はない。ユークリッドのオリジナル原本は現存せず、最も古い断片はエジプトで発見された紀元前225年頃の陶器の破片に残されたものや紀元前100年頃のパピルスに書かれたものになる。（図2.3参照）写本はユークリッドの時代から絶えず作られていたようで、様々な編集者によって校訂や注釈も加えられていたらしい。特に重要な校訂版はテオンによるもので、その最も古い写本は888年のものである。19世紀初めまで、知られている『原論』のギリシア語写本はすべてテオン版の系統であったが、19世紀末にハイベアがペイラールの発見した写本を元に、より原形に近いと考えられる新しい校訂版を出版した。現在では、ハイベア版に基づく『原論』が各国で読まれている。*10

　『原論』の全体を概観すると次のようになる。

　第I–VI巻は平面幾何を扱っている。主な内容は、第I巻と第II巻が平面図形で、第III巻が円、第IV巻が円に内接・外接する多角形を扱っている。第V巻と第VI巻で比と比例、相似図形が扱われる。第II巻は旧来「代数的幾何学」と言われてきたが、近年ではその解釈を見直す動きがある。第I巻の最後には、ピュタゴラスの定理が述べられている。これは、本書の第II部6章で扱う。なお、第I巻と第II巻の内容は、ピュタゴラス派の研究によるものとされている。また、第V巻の比例論はエウドクソスによるものとされる。この巻の内容は近代に入ってからデデキントにインスピレーションを与えた。デデキントは切断という概念を導入して実数論を厳密に

---

*9 アレハンドロ・アメナーバル監督の『アレクサンドリア』（2009年、スペイン制作）大ヒットした『ハムナプトラ 失われた砂漠の都』（1999年、アメリカ）のレイチェル・ワイズが主演。

*10 和訳は、『ユークリッド原論 –追補版–』（ユークリッド 著、中村幸四郎 ほか訳・解説、共立出版、2011年）

基礎づけることに成功したのである。

　第 VII–IX 巻の内容は整数論である。ユークリッド互除法などが述べられ、第 IX 巻の最後は完全数に関する命題の証明で締めくくられる。これらの一部が、本書の第 II 部 5 章の内容になる。

　第 X 巻は全 13 巻中で最も分量が多く、全体のおよそ $\frac{1}{3}$ を占める。ここでは、非共測量（無理数）の理論が扱われる。この第 X 巻と第 XIII 巻の内容は、テアイテトスによるものとされている。第 X 巻の内容の一部は、本書の第 II 部 7 章と関係している。

　第 XI–XII 巻では、初歩的な立体幾何と二重帰謬法（取り尽し法）による立体の体積の証明を扱う。この二重帰謬法はエウドクソスに帰せられる。例えば、第 XII 巻の 2 番目の命題では、円の面積が内接する正方形の面積に比例することを二重帰謬法で証明している。

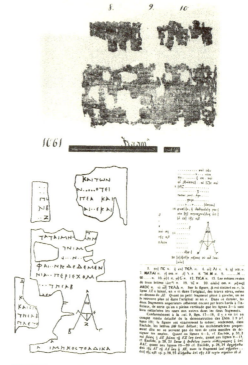

図 2.3　紀元前 100 年頃の『原論』I 巻の内容を一部引用しているパピルス断片 (P. Herc. 1061) とハイベアによる写し (J. L. Heiberg, "Quelques papyrus traitant de mathématiques", in *Oversigt over det Kgl. Danske Videnskabernes Selskabs forhandlinger* 2 (1900), p.164–165.)（転載：D. H. Fowler "The Mathematics of Plato's Academy: A New Reconstruction", Oxford Science Pub., (1990), 口絵 1.）

　第 XIII 巻では 5 種類の正多面体（プラトンの立体）を作図し、それぞれ球に内接できることを示して、正多面体の辺の長さと球の直径を比較する。最後に、正多面体はその 5 種類しかないことを証明して『原論』全 13 巻を終える。

第3章
近代数学の誕生と発展

3.1 中世から近世へ

　ローマ帝国では、数学は国益とは無関係とされ、ほとんど奨励されなかったが、アレクサンドリアのムセイオン（図書館でもあり博物館でもあり研究センターでもある巨大施設、ミュージアムの語源）は50万巻を超えるあらゆる分野の膨大な蔵書を誇り、ギリシア数学の中心地であり続けた。しかし、度重なる略奪と破壊、そして火災により、蔵書は消失し大図書館は実質的に消滅した。また、529年にはアテナイでもアカデメイアが閉鎖され、追われた学者たちはアラビア世界などへ避難していった。

　こうして6世紀ごろからは、コンスタンチノープルやペルシャのシャープール、シリアのダマスクスなどアラビア世界へと古代ギリシア数学は継承され、そこで新たな進展をしていく。ここで作られた多くの写本やアラビア世界での成果が、その後ヨーロッパ世界へと入って行き、ヨーロッパで近代数学が誕生することになる。

3.2 主な数学者とその業績

　ここでは幾人かの業績を挙げて、近代数学の誕生と発展を概観する。

　9世紀初め頃にアル・フワーリズミーが著した『アル・ジャブルとアル・ムカバラの書』はalgebra（代数学）の語源となり、著者名（ラテン語訳でアルゴリスムス）を誤解して、方程式を解く手順をalgorithm（演算手続、アルゴリズム）と呼ぶようになった。ここから代数学は始まる。

　13世紀初めに、ピサのレオナルド・ピサノ[*1]は『計算の書』を著し、初

第 3 章　近代数学の誕生と発展

めて 0 を含む完全な形でインド・アラビア数学とその計算法をヨーロッパ世界に伝えた。「フィボナッチ数」という数列でもその名はよく知られる。

近代ヨーロッパに 300 年ほど先駆けて、インド南部のケーララ地方には、マーダヴァ (1340–1425) が現われ、逆三角関数の級数展開を求め、$\pi = 3.14159265359 2\cdots$ という驚くべき計算を行っている。また、円周率に関するグレゴリー・ライプニッツの公式を発見していたという。

16 世紀のイタリアでは、デル・フェッロ、タルターリア、カルダノらによって、3 次方程式の解の公式が得られ、カルダノの弟子のフェッラリは 4 次方程式の解の公式を発見した。実解でも複素数を必要とする 3 次方程式の解の公式から、戸惑いながらも複素数の使用が広まっていく。

そして 17 世紀のヨーロッパでは知的大革命が起こる。これを「科学革命」といい、近代西洋科学の基本理念が成立する。近代数学の誕生である。

近世哲学の祖・デカルト (1596–1650) は、ヴィエトに始まる記号代数を完成し、解析幾何を創始する。デカルト座標（直交座標）にその名を残す。

初学者は、記号法（2 次式を $x^2 + ax + b$ と書くことなど）といってもそれほど重要なものに思えないかもしれないが、優れた記号法は、思考を簡略化し、概念を一般化するのに重要な役割を果たす。近代における方程式論の発展や微積分法の発見は、記号法の完成を抜きにしては考えられない。

デカルトと同時期に、フェルマー (1607–1665) も独立に解析幾何を始めている。フェルマーは近代的な「数論」の創始者でもあり、優れた業績を多数残している。さらに、フェルマーは確率論でもその名を刻んでいる。古典的確率論は、15 世紀の終わりのルカ・パチョーリに端を発し、16 世紀のカルダノを経て、パスカル (1623–1662) とフェルマーの往復書簡によって、確率論の基礎が固められた。

対数は、デカルトの少し前に、ネイピア (1550–1617) によって始まった。大航海時代に必要となった大規模な天体観測の計算は、対数によって大幅に効率化された。「対数の発見は天文学者の寿命を 2 倍にした」と 18 世紀の数理物理学者ラプラスは断言する。小数の現代的な記号に関しても、ネイピアは貢献している。

17 世紀後半にニュートン (1642–1727) とライプニッツ (1646–1716) に

[*1] 旧来は通称フィボナッチとされていたが、誤解と判明している。

よって独立に微積分法は創始された。微分と積分が逆関係にあることの認識（**微分積分学の基本定理**）をもって、「微積分法の発見」とするが、これは数学史上画期的であり、以後の数理科学を大きく変えた。この大発見の先取権争いには泥臭い人間ドラマがあるのだが、紙幅の関係上、省略する。

ライプニッツと同時代にはベルヌーイ兄弟（兄はヤコープ、弟がヨーハン）がおり、始まったばかりの微積分法の発展に大きく貢献した。確率論に出てくるベルヌーイ試行にもその名を残す。弟のヨーハンは、オイラーを見出し、育て上げる。そのオイラーが近代数学をリードしていく。

18 世紀の大数学者レオンハルト・オイラー (1707–1783) は、始まったばかりの微積分学を体系だった学問分野に高め、解析学の 1 分野である変分法ではオイラー方程式を見出し、数論ではオイラー積など多大な業績を残し、幾何学の分野でもケーニヒスベルクの問題やオイラーの多面体定理など位相幾何学への礎を築いた。オイラーの公式やオイラーの定数、オイラー線など、その名を冠する公式・定理や数学用語は数多い。失明しても口述で論文を書き続け、息絶えるとき「計算することと生きることを止めた」とまでいわれる。膨大な業績があり、刊行中のオイラー全集はいまだに完結していない。なじみ深い例でいうと、「関数」を数学の中心に据えたのはオイラーである。π、e、$\cos$、$\sin$ の記号もオイラーによる。

テイラー級数のテイラー (1685–1731)、マクローリン展開のマクローリン (1698–1746) も 18 世紀に活躍している。数理物理学者のラグランジュ (1736–1813) は解析力学で有名だが、数論では四平方定理を証明した。また、代数方程式論では対称式を研究し、根の置換という後の群論につながる方法論を見出した。数理物理学者でラプラスの悪魔でも有名なラプラス (1749–1827) は、確率論でもよく知られている。確率論では、他にもベイズ (1702–1761) が現れている。ランベルト W 関数にその名を冠するランベルト (1728–1777) は、平行線公準を研究し、この種の研究が 19 世紀に非ユークリッド幾何学の発見へと進展する。π が無理数であることを証明したことでも知られる。

ニュートンやライプニッツとほぼ同時代の江戸時代の日本では、算聖の関孝和 (1645 頃–1708) が現れ、日本独自の数学である和算を大成した。その弟子筋は関流と呼ばれる。関の高弟の建部賢弘(1664–1739) は、オイラーと同時代の人で、1722 年に『綴術算経』を著し、円周率 π を小数点

以下 41 位まで計算（40 位まで正しい）した。$(\arcsin x)^2$ の展開公式も導出している。これはあのオイラーに 15 年先んじる成果である。和算は江戸期を通じて興隆したが、明治 5 年（1872 年）に西洋数学が新しい教育制度に採用され、その幕を閉じた。しかし、完全に忘れ去られることはなく、最近でも和算に関係した本や小説はよく見かける。

19 世紀には、大数学者ガウス (1777–1855) が登場する。整数論、複素積分、微分幾何学、ベクトル解析、確率統計などに夥しい業績がある。ガウスの学位論文が、任意の n 次方程式は重複度を込め複素数の範囲でちょうど n 個の解をもつという代数学の基本定理の証明である。よほど重要な定理と考えていたのだろう、学位論文も含めて、その証明を 1799 年、1815 年、1816 年、1848 年の 4 回もしている。ガウスは正 17 角形の作図や最小 2 乗法の導出でも有名である。ガウス記号、ガウス素数、ガウス平面（複素平面）、ガウス曲率、ガウスの驚異の定理、ガウス・ボンネの定理、ガウス発散定理、ガウス消去法、ガウス分布などなどその名を冠する定理や数学用語は多数にのぼる。ガウスは「建築が落成した後に足場の跡が残っているようではみっともない」という厳格主義で知られており、多くの発見を公表せず秘蔵していたという。そのために生じた悶着が少なからずある。アーベルの悲劇なども含め、その辺の物語は、例えば、『近世数学史談』（高木貞治 著、岩波文庫、1995 年）に詳しい。

19 世紀には現代に直接つながる数学上の進展がたくさんあった。ロバチェフスキー (1792–1856) とボヤイ (1802–1860) は、非ユークリッド幾何学を最初に公表した。悲劇の天才数学青年として有名なアーベル (1802–1829) とガロア (1811–1832) は、方程式論で大きな成果を挙げた。アーベルは、5 次方程式には所謂、解の公式は存在しないことを初めて証明し、長年の懸案を解決した。べき級数に関するアーベルの定理など非常に重要な定理を遺している。「5 次方程式の解の公式」の問題からガロアが創始した群論は数学の一大分野へと発展していく。ヤコビのテータ関数や解析力学のハミルトン・ヤコビ方程式にその名を冠するヤコビ (1804–1851) は、楕円積分論などに非常に重要な業績を残しているが、天然痘に罹り 47 歳で亡くなった。ヤコビアン、ヤコビの恒等式などにもその名を留める。楕円函数論では、短い間ではあったが、散り際のアーベルと熾烈な競争を演じている。熱の拡散に関して、フーリエ (1768–1830) が始めたフーリエ級数は、その後

の数学の発展に多大な影響を及ぼした。四元数のハミルトン (1805–1865) は、光学の研究や解析力学でも有名である。行列の理論は 19 世紀に発展を遂げる。シルヴェスター (1814–1897) やその友人のケイリー (1821–1895) によって行列 (matrix) という言葉が使われるようになった。ケイリー・ハミルトンの定理は有名である。その後、行列の分類は、ジョルダン (1838–1922) によるジョルダン標準形へと結実する。複素解析が、ガウスやコーシー (1789–1857)、ワイエルシュトラス (1815–1897) らによって展開するのも 19 世紀である。そして、19 世紀半ばにリーマン (1826–1866) が現れる。若くして亡くなったが、多くの優れた業績を残し、リーマン積分、リーマン面、コーシー・リーマン方程式などにその名を刻む。リーマン幾何学は 20 世紀に入ってアインシュタインの一般相対性理論に応用された。リーマン予想は、クレイ数学研究所のミレニアム懸賞問題の 1 つであり、100 万ドルの賞金がかけられていることでも有名である。

19 世紀後半から 20 世紀初頭に活躍した数学者の名前を挙げると、集合論のデデキント (1831–1916) やカントール (1845–1918)、大数学者のポアンカレ (1854–1912) やヒルベルト (1862–1943)、微分形式のカルタン (1869–1951)、ルベーグ積分で有名なルベーグ (1875–1941)、ネーターの定理で有名な女性数学者のネーター (1882–1935)、ワイル変換（重力と電磁気力の統一理論への試み）で有名なワイル (1885–1955) あたりになるだろう。集合論の研究者は別にして、これらの数学者は、ポアンカレ群、アインシュタイン・ヒルベルト作用など素粒子物理学ではおなじみである。

わが国の近現代の数学者では、類体論の高木貞治 (1875–1960) を嚆矢として、奇行の天才数学者・岡潔 (1901–1978)、日本初のフィールズ賞受賞者・小平邦彦 (1915–1997)、第一回ガウス賞を受賞した伊藤積分の伊藤清 (1915–2008)、フェルマーの最終定理の証明に大きな役割を演じる谷山・志村予想の谷山豊 (1927–1958) と岩澤理論の岩澤健吉 (1917–1998)、やのけんたろうと矢野健太郎 (1912–1993) や、もりきの愛称で親しまれた森毅 (1928–2010) などなど、既に鬼籍に入る方だけでも枚挙に遑がない。

20 世紀中期以降の現代数学の発展はとてもこの本には収まりきらず、概観するだけでも著者の能力をはるかに超える。そこで、物理・数学の両分野にまたがる話題のみ 1 つ 2 つ挙げてこの章を終えることにしよう。

ディラック方程式で有名なノーベル賞受賞者のディラックによる δ 関数

から、シュワルツ超関数が生み出されたことはよく知られている。大らかな物理的直観から厳密な新しい数学が産み落とされた好例と言えるだろう。近年では、数学のフィールズ賞を受賞（1990年）した素粒子物理学者の E. ウィッテンが 1994 年にサイバーグ・ウィッテン理論を提案し、物理・数学の両分野に多大な影響を与えている。他にも、数学と物理学が相互に影響し合って発展している研究領域は少なくない。

1章〜3章　演習問題

[1] ユークリッドの『原論』について調べよ。

[2] 3次方程式の解法を巡るカルダノとタルタリアの優先権論争やニュートンとライプニッツの論争などの科学論争について調べよ。

[3] 古代エジプトでは単位分数が使われた。p を自然数として、$\dfrac{2}{2p-1} = \dfrac{1}{\ell} + \dfrac{1}{m}$ という形に分けたとき、自然数 $\ell, m (\ell \neq m)$ を p で表せ。$(p \geq 2)$
同様に、q を自然数として、$\dfrac{1}{q} = \dfrac{1}{s} + \dfrac{1}{t}$ という形に分けよ。

[4] $\dfrac{9}{4} > \sqrt{5}$ を示せ。また、$a_1 = \dfrac{9}{4}$ から、ヘロンの方法 $a_2 = \dfrac{1}{2}\left(a_1 + \dfrac{5}{a_1}\right)$ を用いて、$\sqrt{5}$ の近似値を求め、$\sqrt{5} = 2.2360679\cdots$ と比較せよ。

[5] 右図を用いて、$a \geq b$ である正数 a, b に対して、
$$(a+b)^2 = (a-b)^2 + 4ab$$
が成り立つことを示し、
相加平均・相乗平均の関係式
$$\dfrac{a+b}{2} \geq \sqrt{ab} \quad \cdots\cdots \text{①}$$
（等号は、$a = b$ のときのみ成立）
を証明せよ。さらに、$\dfrac{1}{a}, \dfrac{1}{b}$ に ① を適用して、次の不等式を示せ。
$$\sqrt{ab} \geq \dfrac{2}{\dfrac{1}{a} + \dfrac{1}{b}}$$

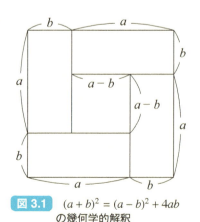

図 3.1 $(a+b)^2 = (a-b)^2 + 4ab$ の幾何学的解釈

第Ⅱ部
数と図形

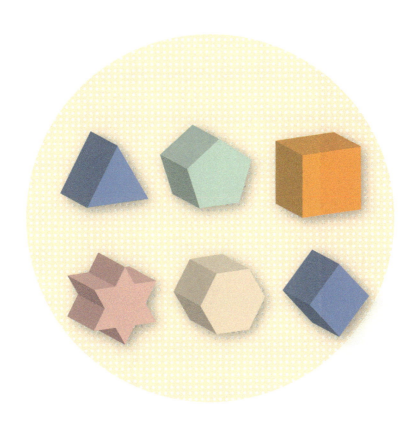

第4章
図形数（多角数）

4.1 数と図形とを関連づけてみよう

　数学とは「数を学ぶ」と書く。まずはモノを数えることが基本であろう。モノを数える楽しみ方として、ここでは数と図形とを関連づけて考える。**図形数**、乃至、**多角数**といい、古代ギリシアの時代から研究されてきた。古の人々は小石などを三角形状や正方形状に並べてあれやこれやと考えたのだろう。みなさんも囲碁セットなどが身近にあれば碁盤に碁石を並べて数えてみるとよい。よく分かっていることでも少し違った角度から眺めてみると新たな発見もある。何よりアタマの体操になって楽しいものだ。

　日本で最初にフィールズ賞を受賞した小平邦彦氏は、味覚や嗅覚などの五感に類似するものとして、人間には数や図形に対する純粋な感覚である**数覚**が備わっているという説を唱えている。[*1] 数学的センスの基礎となるのが数覚だ。図形数を学んで数覚を鍛えよう。

4.2 自然数

　モノを数えるとき、いきなり、みっつ、よっつと数えはじめる人はない。誰でも、まずは、ひとつ、と数え始める。つまり「1」が基本となる。数の世界の"素粒子"とでもいったところだろう。

[*1] 小平邦彦「数学の印象」、赤・前原・村田編『数学のすすめ』（筑摩書房、1969年）p.272–281. もちろん、数学と発音が似ていることからの洒落である。

ひとつ、ふたつと数えるときは、1 に 1 を足し合わせている。ひとつ、ふたつ、みっつと数えるときは、さらに 1 を加えることになる。つまり、1, 2, 3, ⋯ のことだが、こういう数を **自然数** と呼ぶの

$$1 \quad \Longleftrightarrow \quad \bullet$$
$$1 + 1 = 2 \quad \Longleftrightarrow \quad \bullet + \bullet$$
$$2 + 1 = 3 \quad \Longleftrightarrow \quad \bullet\bullet + \bullet$$

図 4.1　自然数のイメージ

はよくご承知だろう。「1」を 1 つの ● で表すことにすれば、図 4.1 のように ● がひとつずつ直線的に増えていくイメージである。

すなわち、1 は自然数であり、自然数 n に 1 を加えた数 $n+1$ も自然数である。こういった性質をもつ数の集まりを **自然数** というのだ。

4.3　三角数

さて、

$$1 = 1 \tag{4.1}$$
$$1 + 2 = 3 \tag{4.2}$$
$$1 + 2 + 3 = 6 \tag{4.3}$$
$$1 + 2 + 3 + 4 = 10 \tag{4.4}$$

という計算を図形的に考えてみよう。前の節で述べたように「1」を ● で表して、

●　●●　●●●　●●●●

と直線的に並べ、● の個数を数えあげてもよい。だが、それでは 2 を 1 + 1、3 を 1 + 1 + 1 とバラバラにして、ひとつずつ数えるのと同じことである。やり方に間違いはないのだが、これでは効率が悪い。別の道を考えよう。

右図のように、1 つ 2 つ 3 つなどと連続して三角形状に点を並べてみる。このときの点の個数を **三角数** という。例えば、ボウリング[*2] のピンの数を思い浮かべてみればよい。1 番ピンから 10 番ピンまで、ピンの数は全部で 10 本になる。この 10 を三角数と

図 4.2　三角数

[*2] bowling であって、決して boring ではないぞ。うんざりするにはまだ早すぎる！

も呼ぶのだ。正確には4番目の三角数である。1番目の三角数は点の数が1つだけなので1となる。2番目の三角数はこれに2つの点が加わるので $1 + 2 = 3$ だ。そして3番目の三角数は $1 + 2 + 3 = 6$ となる。4番目の三角数は既に述べたように $1 + 2 + 3 + 4 = 10$ である。これらの三角形状の点の個数がまさに p.51 の式 (4.1)–式 (4.4) の計算に対応していることに注意してもらいたい。一般的にいうと、n 番目の三角数を t_n として、

$$t_n = 1 + 2 + 3 + \cdots + n \tag{4.5}$$

となる。式だけ眺めると、なんのこっちゃと思うかもしれないが、図 4.2 のような三角形をアタマに思い浮かべて欲しい。

4.4 四角数と立方数

次は、図 4.3 のように正方形状に点を並べてみよう。このときの点の個数を **四角数**（平方数）という。1番目の四角数は 1、2番目の四角数は 4、3番目の四角数は 9、4番目の四角数は 16 などとなる。正方形状の点の個数だから数えるのは簡単で、n 番目の四角数を s_n として、次のようになる。

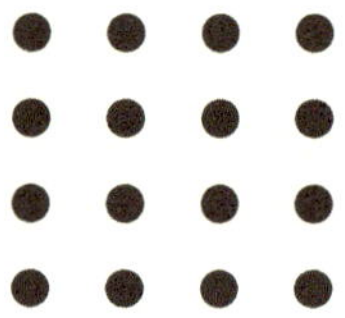

図 4.3 四角数

$$s_n = n \times n = n^2$$

四角数と似たものとして、図 4.4 のようにタテ（ヨコ）の点の個数がヨコ（タテ）の点の個数より1つだけ多いような長方形状に点を並べたときの点の個数を考える。このときの点の個数を **矩形数**（長方数）という。1番目の矩形数は $1 \cdot 2 = 2$、2番目の矩形数は $2 \cdot 3 = 6$、3番目の矩形数は $3 \cdot 4 = 12$ などとなる。一般には、n 番目の矩形数を o_n として、次のように表される。

図 4.4 矩形数

$$o_n = n(n + 1)$$

つまり、矩形数とは、連続する自然数の積となる数のことである。

さて今度は、図 4.5 のように立方体状に点を並べてみよう。角砂糖を立方体に並べたと思ってもよいし、ルービックキューブやルービックリベンジなどを思い浮かべてもらってもよい。このときの点の個数を **立方数** という。1 番目の立方数は 1、2 番目の立方数は 8、3 番目の立方数は 27、4 番目の立方数は 64 などとなる。立方体状の点の個数だから数えるのは簡単で、n 番目の立方数を c_n として、次のようになる。

図 4.5 立方数

$$c_n = n \times n \times n = n^3$$

4.5　三角数と矩形数

四角数や立方数は 2 乗や 3 乗を計算するだけでよかったが、p.52 の式 (4.5) で表される三角数 は、このままだといちいち足し算を実行しなければ求めることができない。これはけっこう面倒だ。電卓で計算するにしてもボタンを何回も押す必要がある。もう少し簡単に三角数を求めることはできないだろうか。

例えば、4 番目の三角数を表す p.51 の式 (4.4) を昇順 と降順 で書いてみる。並べ替えただけだから和の値は変わらない。ここで発想を転換し、ヨコに足すのではなく、タテに足してみる。昇順では 1 つずつ増え、降順では 1 つずつ減るから、タテにみると一定の値になるという規則性が現れることに注意しよう。

$$
\begin{array}{rcccccccc}
t_4 &=& 1 &+& 2 &+& 3 &+& 4 \\
t_4 &=& 4 &+& 3 &+& 2 &+& 1 \\
& & \downarrow & & \downarrow & & \downarrow & & \downarrow \\
2t_4 &=& \underbrace{5 \ + \ 5 \ + \ 5 \ + \ 5}_{4\ \text{ヶ}} & & & & &=& 5 \times 4 = 20
\end{array}
\quad (4.6)
$$

これより 4 番目の三角数 は $t_4 = 20 \div 2 = 10$ となる。確かに、はじめに述べたボウリングのピンの数になった。

ずらずらずらと単純に足していく作業が、かけ算とわり算を用いてスラッと計算できるようになった。計算回数はずいぶん節約できる。実感がわかないだろうか。では、p.52 の一般式 (4.5) で考えてみる。

$$t_n = 1 + 2 + \cdots + (n-1) + n$$
$$t_n = n + (n-1) + \cdots + 2 + 1$$

これをタテに足すと、$(n+1)$ が n 個分となるから、$2t_n = (n+1) \times n$ を得る。したがって、n 番目の三角数 t_n は、次のようになり、n 番目の矩形数 o_n の半分となる。

> **三角数**
>
> $$t_n = 1 + 2 + 3 + \cdots + n = \frac{n(n+1)}{2} = \frac{1}{2} o_n$$

これなら 100 番目の三角数でも 1000 番目の三角数でも簡単に計算できるだろう。電卓のボタンを数百回、数千回と押す必要はないから楽チンだ。

現代に生きる私たちにとっては、このように式で書く方がなじみ深いと思うが、古代においては現代のように + や = などの簡便な記号法がなかった。数を図形的に考えて計算する方法は、古代ギリシアのピュタゴラス派に帰せられるが、私たちにも頗るわかりやすいので紹介しよう。

p.53 の式 (4.6) の計算と図形との対応を考えてみる。図 4.2 では点が正三角形状に並んでいるが、点と点の幅を少し拡げて直角二等辺三角形状にしてみる。点を付け加えたり、抜き去ったりしてないから、このように変形しても点の数は変わらない。この直角二等辺三角形を 2 つ用意して、図 4.6 のように並べて

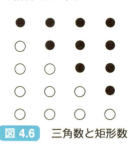

図 4.6 三角数と矩形数

みる。わかりやすいよう点を ● と ○ で表している。碁盤上に黒石と白石を打ったと想像してもらってもよい。するとヨコが 4 でタテが 5 の長方形（矩形）ができる。さて、図 4.6 は式 (4.6) と全く同じことを表していることが見て取れるだろうか。左から右へとヨコに見たとき、● は 1 つずつ増え、○ は 1 つずつ減っていく。これをタテに見ると、一定の数になる。このように規則的に配列されるから、長方形状に点が並ぶのだ。この点の個

数を 矩形数 といった。この場合、$5 \times 4 = 20$ だから、元々の三角形状の点の個数（4番目の三角数）は、4番目の矩形数を2で割って $20 \div 2 = 10$ となるわけだ。これが式 (4.6) の図形的な意味である。同様に考えれば、n 番目の三角数2つ分は n 番目の矩形数に等しいことがすぐわかる。これより、三角数 は 矩形数 の半分という p.54 の三角数の公式が導出できる。

4.6　三角数のさまざまな導出法

中学・高校ではいったん公式を導いたら「ハイ、ここ試験に出るから覚えるように！」でさっさと次に進むが、この節では同じ公式をあれやこれやと考えて、いろいろな方法で導いてみる。このように、自由にいろいろな発想で最終的には正しい式に到達できるのが、数学の楽しさの1つである。ぶらぶらと数学を楽しんでみよう。

同じ三角数2つだと、矩形になってしまったが、1個分だけずれた三角形を使えば、正方形になるんじゃないか。あるいは、対角線上で三角形を重ねてしまえばよい。このように考えても正しい答えに到達できる。

今度は点を ■ と □ で表すことにしよう。右図のように4番目の三角数と3番目の三角数を足してみる。すると正方形が出来上がる。同じことだが、4番目の三角数を2つ考えて、対角線上で重なるようにしてもよい。重なった部分は1つと数えることにすると、全体の数としては、4番目の三角数2つ分から対角線上の点の分を引けばよい。これを一般的に述べると次のようになる。

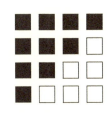

図 4.7　三角数と四角数 その1

三角数と四角数

$$t_n + t_{n-1} = \frac{n(n+1)}{2} + \frac{(n-1)n}{2} = n^2 = s_n$$

$$t_n + t_{n-1} = t_n + (t_n - n) = 2 \times \frac{n(n+1)}{2} - n = n^2 = s_n$$

すなわち、隣り合う三角数の和は四角数となるのだ。

逆にこのことを用いると、$2t_n = n^2 + n$ がわかるから、容易に p.54 の三角数の公式 $t_n = \dfrac{n(n+1)}{2}$ を導出できる。

先ほどは、対角線の分を減らして正方形を作ったのであるが、そんなケチなことは言わず、対角線の分を増やしてみる。三角形状の点を ▲ とし、対角線の点の並びを □ で表すことにしよう。すると、n 番目の三角数 2 つと対角線の $n+1$ 個の点とで、右図のように正方形が出来る。これを式で表すと次のようになる。

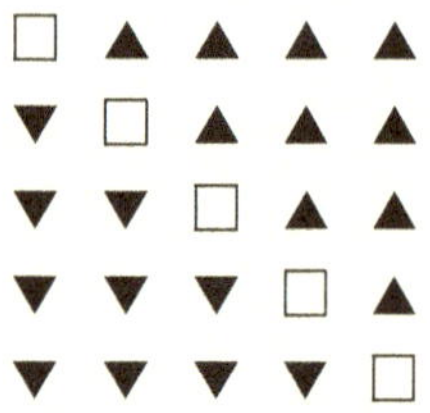

図 4.8 三角数と四角数 その 2

$$2t_n + (n+1) = 2 \times \frac{n(n+1)}{2} + (n+1) = (n+1)^2 = s_{n+1}$$

これより、

$$t_n = \frac{(n+1)^2 - (n+1)}{2} = \frac{n(n+1)}{2}$$

を得る。

図 4.7 と図 4.8 で異なる説明をしたが、実質同じことを言っていると気づいただろうか。前者では $t_n + t_{n-1}$ を考え、後者では n が 1 つずれた $t_{n+1} + t_n$ を考えたにすぎない。図 4.6 と図 4.7 のように異なる計算法で同じ結果を得ることもできるし、図 4.7 と図 4.8 のように実質同じ内容だが表現としては少し異なる説明もできる。このように、図形と式とを組み合わせていくらでもおもしろい関係式を見出せる。また、後で述べるが、組合せの数を考えても、三角数の公式を導くことができる。このように工夫次第でいろいろなことが繋がってくるのが数学の楽しさの 1 つである。

三角数や四角数について、古来よりいろいろなおもしろい関係式が知られている。さらに紹介を続けよう。

2 で割ったとき、1 余る自然数を奇数という。1 番目の奇数は 1、2 番目の奇数は 3、3 番目の奇数は 5 などとなる。一般に自然数を n として、n 番目の奇数は $2n-1$ である。

さて、最初の奇数から順に足していってみよう。$1 = 1^2$、$1 + 3 = 4 = 2^2$、$1 + 3 + 5 = 9 = 3^2$ である。どうやら四角数になっている。これを図形的に考えてみよう。

4.6 三角数のさまざまな導出法

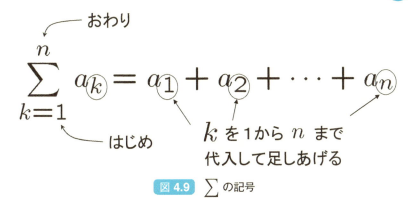

図 4.9　$\sum$ の記号

奇数個の点を考えて、点の並びの真ん中で、図 4.10 のように直角に折り曲げてみる。古代ギリシアではこれをグノーモーンと言った。それを順々に加えていくのだ。すると、ピッタリと正方形ができる。すなわち、最初の n 個の奇数の和は n 番目の四角数となるのだ。

$$1 + 3 + 5 + \cdots + (2n-1) = n^2 \quad (4.7)$$

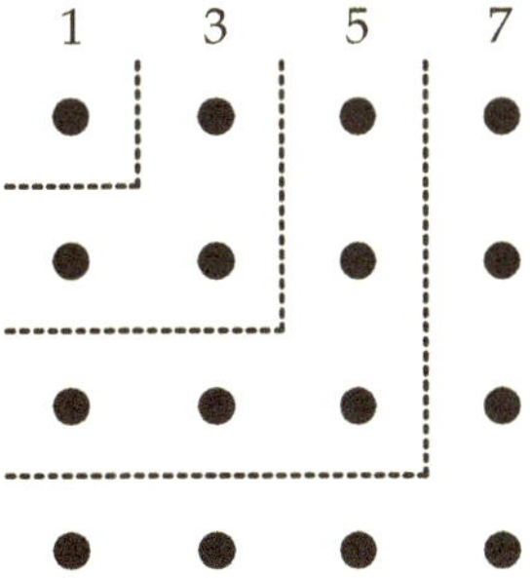

図 4.10　奇数の和と四角数

見方を変えて、次のように考えてもよい。

1 番目から n 番目までの四角数の和を考える。その和から、1 番目から $n-1$ 番目までの四角数を引くと、当たり前だが、n 番目の四角数だけが残る。これを図 4.11 ① のように、1 つだけずらして引いてみる。すると、② のように奇数の和が残るが、これは ③ のように n 番目の三角数 2 つ分から対角線 n 個分の重なっている部分を引いた数になる。すなわち、

$$n^2 = \sum_{k=1}^{n} \left[k^2 - (k-1)^2 \right] = \sum_{k=1}^{n} (2k-1) = 2t_n - n$$

これより、

$$t_n = \sum_{k=1}^{n} k = \frac{n^2 + n}{2} = \frac{n(n+1)}{2}$$

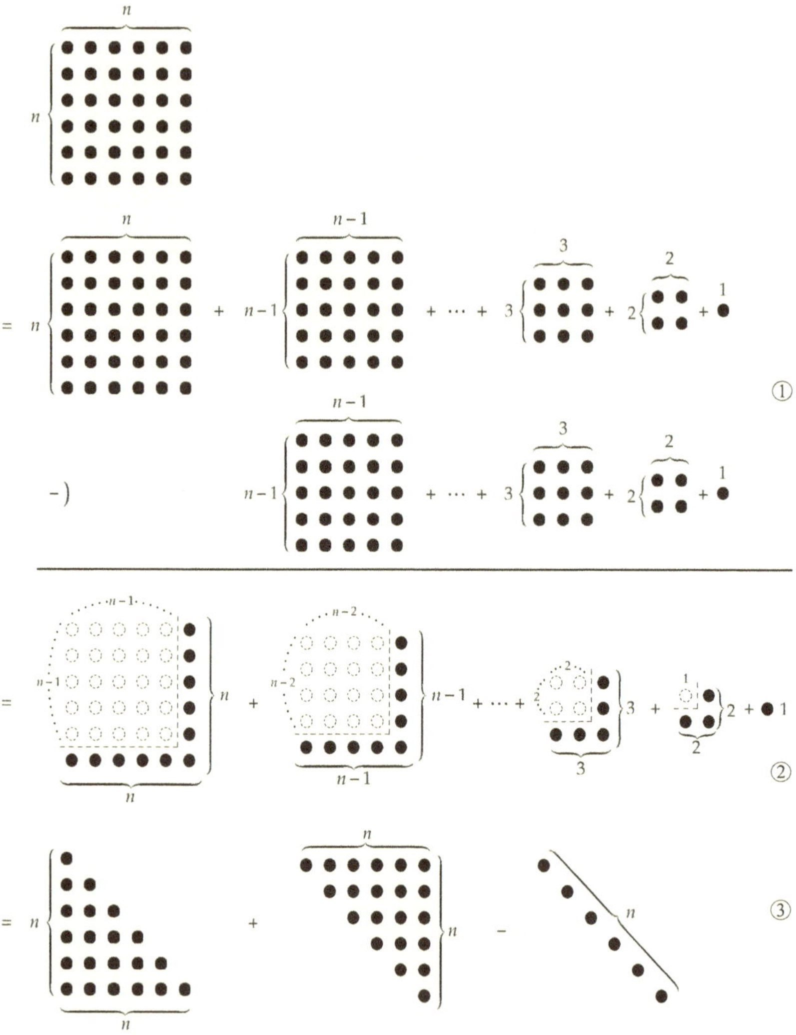

図 4.11 三角数と四角数 その 3

を得る。これは三角数 の公式だ。学校ではこう習ったかもしれない。

　n 番目の四角数は、はじめの n 個の奇数の和といってもよいし、n 番目の三角数の 2 倍から n だけ引いた数ともいえるのである。少し発想を変えてみれば、類似の公式をいくらでも導くことができるだろう。

ここで、話は前後してしまうが、$\sum$ の記号について説明しておく。英語で和を Sum というが、その頭文字 S に対応するギリシア文字シグマの大文字を使って、図 4.9 のように用いる。a_k は整数 k によって定まる数を表す。例えば、$a_k = k$ や $a_k = k^2$ などである。$a_1, a_2, a_3, \cdots, a_n, \cdots$ のように並べたものを数列 $\{a_n\}$ という。$\sum$ の計算では、$k = 1$ からはじめる必要はないし、k の代わりに j や i を使ってもよい。例えば、$\sum_{k=1}^{n} k$ と $\sum_{j=3}^{n+2} (j-2)$ は同じであるし、似ているようでも、$\sum_{k=1}^{n} k$ と $\sum_{k=3}^{n+2} k$ と $\sum_{j=3}^{n+2} (k-2)$ とは異なる。

次は、図 4.12 のように、三角数の 8 倍に 1 を加えてみる。するとその数は四角数になる。同じことだが、4 つの矩形数に 1 を加えると四角数になる。

$$8t_n + 1 = 4o_n + 1$$
$$= 4n(n+1) + 1$$
$$= (2n+1)^2 = s_{2n+1}$$

逆にこのことを用いると、

$$t_n = \frac{(2n+1)^2 - 1}{8} = \frac{4n^2 + 4n}{8}$$
$$= \frac{n(n+1)}{2}$$

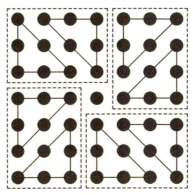

図 4.12 三角数・矩形数と四角数

となって、p.54 の三角数の公式を導出できる。

4.7 さまざまな図形数の和

結婚式などに行くと、シャンパンタワーを目にすることがある。グラスの置き方にはいくつかやり方があるのだが、グラスを三角錐状に並べたり、四角錐状に並べたりすることが多い。

正三角錐状に点を並べたときの点の個数を**三角錐数**（四面体数）という。最初の n 個の三角数の和が n 番目の三角錐数 T_n となる。一方、正四角錐状に点を並べたときの点の個数を**四角錐数**（ピラミッド数）という。最初の n 個の四角数の和が n 番目の四角錐数 P_n となる。

さて、三角錐数を図形的に求めてみよう。

図 4.13 のように、3 つの T_n を並べてみる。三角数 2 つで矩形数を作り、その矩形を並べたときに出来た凹みにもうひとつ三角数を詰めて、タテが $n+2$ でヨコが $1+2+\cdots+n=t_n$ の長方形を作るのだ。これより、三角錐数 T_n は次のようになる。

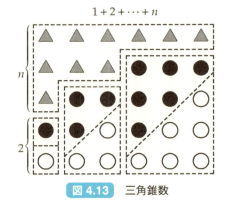

図 4.13 三角錐数

三角錐数

$$T_n = 1+3+6+\cdots+\frac{n(n+1)}{2} = \sum_{k=1}^{n}\frac{k(k+1)}{2} = \frac{n(n+1)(n+2)}{6}$$

次に、四角錐数を図形的に求める。図 4.14 のように、3 つの P_n を並べてみよう。まず、四角錐数 2 つを左右に配置する。そして真ん中に残りの四角錐数を詰めるのだが、四角数は奇数の和に分解できるから、1 を n 個分、3 を $n-1$ 個分、5 を $n-2$ 個分というように集めてくることが出来る。それを真ん中に詰めると、タテが $1+2+\cdots+n$ でヨコが $2n+1$ の長方形ができる。したがって、四角錐数は n 番目の三角数に $2n+1$ をかけて、3 で割ればよい。よって、次式を得る。

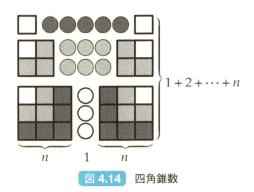

図 4.14 四角錐数

四角錐数

$$P_n = 1+4+9+\cdots+n^2 = \sum_{k=1}^{n}k^2 = \frac{n(n+1)(2n+1)}{6}$$

4.7 さまざまな図形数の和

　三角錐数と四角錐数の関係だが、p.55 に示した三角数と四角数の関係を思い出すと、隣り合う三角錐数の和は四角錐数となることがわかる。隣り合う三角数を足すと四角数になるのでそれらを n 段積み上げたときの全体の数を考えればよいのだ。

$$T_{n-1} + T_n = \frac{(n-1)n(n+1)}{6} + \frac{n(n+1)(n+2)}{6} = \frac{n(n+1)(2n+1)}{6} = P_n$$

このことから、p.60 の三角錐数の公式さえ覚えていれば、四角錐数の公式は簡単に導出できる。

　シャンパンタワーだけでなく、九九の表にも三角錐数が隠れている。$1 \times 9 = 9, 2 \times 8 = 16, 3 \times 7 = 21, \cdots, 9 \times 1 = 9$ を足しあげると 165 となり、9番目の三角錐数 $\frac{9 \cdot 10 \cdot 11}{6}$ と一致している。これは偶然ではない。

　一般に $n \times n$ のかけ算表を考えてみよう。下の表のように、右斜め上から左斜め下の数字は、$1 \cdot n, 2 \cdot (n-1), 3 \cdot (n-2), \cdots, (n-1) \cdot 2, n \cdot 1$ となるが、これらの和は三角錐数になる。

	1	2	3	$\cdots$	$n-1$	n
1	1×1	1×2	$\cdots$	$\cdots$	$\cdots$	$\underline{1 \times n}$
2	2×1	2×2	$\cdots$	$\cdots$	$\underline{2 \times (n-1)}$	$\cdots$
$\vdots$		$\cdots$	$\cdots$	$\cdots$	$\cdots$	$\cdots$
$n-1$	$(n-1) \times 1$	$\underline{(n-1) \times 2}$	$\cdots$			$\cdots$
n	$\underline{n \times 1}$	$\cdots$	$\cdots$	$\cdots$	$\cdots$	$n \times n$

念のため、確認してみよう。

$$1 \cdot n + 2 \cdot (n-1) + 3 \cdot (n-2) + \cdots + (n-1) \cdot 2 + n \cdot 1$$
$$= \sum_{k=1}^{n} k(n+1-k) = (n+1) \sum_{k=1}^{n} k - \sum_{k=1}^{n} k^2$$
$$= \frac{n(n+1)^2}{2} - \frac{n(n+1)(2n+1)}{6} = \frac{n(n+1)(n+2)}{6} = T_n$$

　今度は、立方数の和 $1^3 + 2^3 + 3^3 + \cdots + n^3$ を考えよう。

　図 4.15 を見ていただこう。奇数番目の立方体は 1 段ずつスライスしたものを平面状に並べて、偶数番目の立方体は 1 段ずつスライスして 1 個分だけ半分にしたものを並べればよい。これを真上から眺めたのが、図 4.15 である。ちょうど 1 辺が $1 + 2 + 3 + 4 + \cdots + n$ の正方形になっている。上の

第 4 章 図形数（多角数）

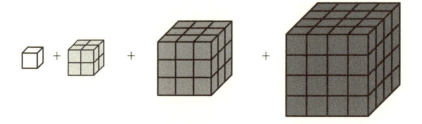

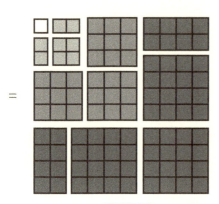

図 4.15 立方数の和と三角数・四角数

辺と左の辺を見れば、これは明らかだが、下の辺と右の辺を見るとパッと見ではわからない。念のため計算すると、n が偶数の場合でも奇数の場合でも確かに 1 辺が n 番目の三角数になっていることがわかる。

奇数 $(n = 2m - 1)$ の場合： $\quad n \times m = n \cdot \dfrac{n+1}{2} = \dfrac{n(n+1)}{2}$

偶数 $(n = 2m)$ の場合： $\quad n \times m + m = m(n+1) = \dfrac{n(n+1)}{2}$

これより、最初の n 個の立方数の和は n 番目の三角数の四角数となる。

立方数の和

$$\sum_{k=1}^{n} k^3 = 1^3 + 2^3 + 3^3 + \cdots + n^3 = (1 + 2 + 3 + \cdots + n)^2 = \left(\dfrac{n(n+1)}{2}\right)^2$$

4.7 さまざまな図形数の和

立方数 の和に関しては、次のようなおもしろい関係式が知られている。

奇数を正三角形状に並べてみよう。そして n 段目に注目してみる。すると、$n(n-1)+1, n(n-1)+3, \cdots, n(n+1)-1$ という奇数が並ぶ。この n 段目の総和は n 番目の立方数になることが次のようにしてわかる。

まず、p.57 の式 (4.7) で示したように、奇数をはじめから足すと四角数になったことに注意しよう。n 段目まで奇数を並べるというのは、はじめから n 番目の三角数 t_n 個の奇数を並べることである。その n 段目の総和は、t_n 個の奇数の和から t_{n-1} 個の奇数の和を引けば求めることができる。

$$\sum_{k=1}^{t_n}(2k-1) - \sum_{k=1}^{t_{n-1}}(2k-1) = t_n^2 - t_{n-1}^2 = \left(\frac{n(n+1)}{2}\right)^2 - \left(\frac{(n-1)n}{2}\right)^2 = n^3$$

具体的にこの関係式を書くと次のようになる。

$$
\begin{array}{ccccc}
& 1 & & \to & 1 & = 1^3 \\
& 3 \quad 5 & & \to & 8 & = 2^3 \\
& 7 \quad 9 \quad 11 & & \to & 27 & = 3^3 \\
& 13 \quad 15 \quad 17 \quad 19 & & \to & 64 & = 4^3 \\
& \cdots\cdots\cdots\cdots\cdots & & \to & \cdots & = \cdots \\
n(n-1)+1 \quad n(n-1)+3 \quad \cdots \quad n(n+1)-1 & & \to & t_n^2 - t_{n-1}^2 & = n^3
\end{array}
$$

これらを上から順に足していくと、p.62 の立方数の和の公式を得る。

$$1^3 + 2^3 + 3^3 + \cdots + n^3 = t_n^2 = \left(\frac{n(n+1)}{2}\right)^2$$

これは、ニコマコス『数論入門』で論じられた。

最後に、自然数が 1 回ずつ現れる次の有名な等式を紹介しておく。

$$
\begin{array}{rcl}
1+2 &=& 3 \\
4+5+6 &=& 7+8 \\
9+10+11+12 &=& 13+14+15 \\
\vdots \quad \vdots \quad \vdots & & \\
n^2 + (n^2+1) + \cdots + (n^2+n) &=& (n^2+n+1) + (n^2+n+2) + \cdots + (n^2+2n)
\end{array}
$$

図形的に式を捉えなおすことに興味を覚えたみなさんのために、『証明の展覧会 I、II：眺めて愉しむ数学』（Roger B. Nelsen 著、秋山 仁 ほか訳、東海大学出版会、2002 年、2003 年）を挙げておく。

4.8 数式のカバーストーリー

三角数の公式であれば p.54 に示した

$$t_n = 1 + 2 + \cdots + n = \frac{n(n+1)}{2}$$

であって、他にはないのだが、説明の仕方にはいろいろあることを学んできた。公式をやみくもに丸暗記して、ただ計算できさえすれば、その数学の内容を理解していることになるのかというと、そうではない。いろいろな角度から、同じ数学の内容を見直してみることで、いっそう理解が深まり、応用力が身につく。数学に限らず、「なるほど！」と腑におちる話は人によって違うから、通りいっぺんの話だけではなく、さまざまな切り口から「説明できる能力」は非常に大切だと思う。

そこで提案だが、ある数式や数学用語について、それに関連した説明を考える練習をしてみよう。雑誌の表紙絵や写真に関連した記事を英語でカバーストーリー (cover story) という。数式や数学用語を「表紙」に見立てて「説明記事」を考えるという意味で、この本では、数式のカバーストーリーと呼ぶことにしよう。

例えば、三角数 のカバーストーリーを作ってみて欲しい。「ボウリングのピンの数」を膨らませてストーリーを考えてもよい。また、異なる n 個から r 個を取り出す組み合わせの数は

$$_n\mathrm{C}_r = \frac{n!}{r!(n-r)!}$$

であるから、三角数と組み合わせの数には、次の関係がある。

$$t_n = {}_{n+1}\mathrm{C}_2 = \frac{n(n+1)}{2}$$

数式としては味気ないが、こういった数式の説明文を考えてほしいということである。これは、10 人いれば 10 通りの説明があってよい。次の節でいくつか問題として例示するが、それらの問題を解く中で、「自分ならこう説明するぞ」という記事を各自考えていって欲しいのだ。

こういった数式にカバーストーリーをつける訓練は、もちろん数学の理解に役立つが、別のさまざまな方面にもきっとプラスになるハズである。

順列と組み合わせ

- 順列

異なる n 個のものから r 個 $(n \geq r)$ を取り出して 1 列に並べたものを、n 個から r 個を取る順列と呼び、その総数を $_n\mathrm{P}_r$ と書く。まず、n 個から 1 つを選んで配置し、次に、$n-1$ 個から 1 つを選んで配置する。これを繰り返して、最後に、$n-(r-1)$ 個から 1 つを選んで配置すればよいから、次式を得る。

$$_n\mathrm{P}_r = n \cdot (n-1) \cdots (n-(r-1)) = \frac{n!}{(n-r)!}$$

ここで、$n! = n \cdot (n-1) \cdots 2 \cdot 1$ である。便宜上、$0! = 1$ と約束する。$r = n$ のときでも、$_n\mathrm{P}_n = n! = \frac{n!}{0!}$ となり、上の式が成立する。

- 組み合わせ

異なる n 個のものから r 個 $(n \geq r)$ を取り出して 1 組としたものを、n 個から r 個を取る組み合わせと呼び、その総数を $_n\mathrm{C}_r$ と書く。これは、n 個から r 個を取る順列で、r 個を並べる順列の分だけ重複していると考えればよいから、

$$_n\mathrm{C}_r = \frac{_n\mathrm{P}_r}{r!} = \frac{n!}{r!(n-r)!}$$

また、残りの $n-r$ 個の組み合わせを定めることになるから、次式が成り立つ。

$$_n\mathrm{C}_r = {}_n\mathrm{C}_{n-r}$$

多項式の展開係数にもあらわれることから、二項係数ともいう。

$$(x+y)^n = \sum_{k=0}^{n} {}_n\mathrm{C}_k\, x^k y^{n-k}$$

なお、海外では、次のような記号がよく使われる。

$$\binom{n}{r} = \frac{n!}{r!(n-r)!}$$

4.9 図形数とその応用

問題 4.1

いなり寿司を下から 8 個、7 個、6 個 ⋯ というように、全部で 5 段積み上げるとき、いなり寿司の総数を求めよ。

答え 4.1

8 番目の三角数から 3 番目の三角数を引けばよいから、

$$\frac{8 \cdot (8+1)}{2} - \frac{3 \cdot (3+1)}{2} = 30 \text{ 個}$$

もちろん、$8 + 7 + 6 + 5 + 4 = 30$ 個という答えでもよい。

問題 4.2

あるパーティーの演出として、シャンパングラスを上から 1 個、4 個、9 個 ⋯ というように、四角錐状に 7 段積み上げて、上からすべてのグラスに行き渡るようにシャンパンを注ぐ。シャンパングラスの容量は 100mL で、使用するシャンパンは 1 本 750mL 入、3200 円とする。シャンパンの量り売りは出来ない。例えば、800mL を使いたいのであれば、シャンパンは 2 本必要である。このとき、シャンパンの代金はいくらになるか。（mL：ミリリットル、付録 B.2 参照）

答え 4.2

使用するシャンパングラスの総数は、7 番目の四角錐数になるから、

$$\frac{7 \cdot (7+1) \cdot (2 \cdot 7+1)}{6} = 140 \text{ 個}$$

これより、必要なシャンパンの本数は、$\dfrac{140 \times 100}{750} = \dfrac{56}{3} = 18.6\cdots$ だから、19 本である。

したがって、シャンパンの代金は、 $19 \times 3200 = 60800$ 円

4.9 図形数とその応用

> 問題 4.3

$(n+1)$ チームの総当たり戦での試合の総数を求めよ。

> 答え 4.3

試合の組み合わせ表は次のようになる。

	チーム1	チーム2	チーム3	⋯	チーム$(n+1)$
チーム1					
チーム2	○				
チーム3	○	○			
⋮	⋮	⋮	⋮		
チーム$(n+1)$	○	○	○	⋯	

斜線の左下の枠の総数が求める試合の総数になる。

上から ○ の数を数えると、$1+2+\cdots+n$ となるから、これは、n 番目の三角数である。したがって、

$$1+2+\cdots+n = \sum_{k=1}^{n}\sum_{\ell=1}^{k} 1 = \sum_{k=1}^{n} k = \frac{n\cdot(n+1)}{2}$$

組み合わせを使って試合数を求めてもよい。試合の総数は $n+1$ チームから 2 チームを選ぶ組み合わせの数になるから

$$_{n+1}C_2 = \frac{n(n+1)}{2}$$

この結果より、一般に次式が成り立つ。

$$1+2+\cdots+n = {}_{n+1}C_2 = \sum_{k=1}^{n}\sum_{\ell=1}^{k} 1 = \sum_{k=1}^{n} k = \frac{n(n+1)}{2}$$

第 4 章　図形数（多角数）

問題 4.4

円周上に異なる $n+1$ 個の点をとるとき、2 点を結んだ線分の総数を求めよ。

答え 4.4

まず、ある点 P_1 に注目して、他の n 個の点に線を引くと、線分の数は n ヶである。次に、別の点 P_2 から線を引くときは、$\overline{P_1 P_2}$ は既に線が引かれているので、$n-1$ ヶになる。これを順次繰り返すと、結局、$n+(n-1)+\cdots+2+1$ だから、n 番目の三角数 $\frac{n(n+1)}{2}$ が答えである。組み合わせを用いる考え方では、$n+1$ 個の点から 2 点を選ぶ場合の数として求めればよく、総当たりリーグ戦の試合数と全く同じ結果になる。

$$_{n+1}C_2 = n+(n-1)+\cdots+2+1 = \sum_{k=0}^{n-1}(n-k) = \frac{n(n+1)}{2}$$

問題 4.5

ケーキ屋さんで、イチゴショートケーキとチーズケーキ、そしてモンブランを合わせて $n+2$ 個買う。どのケーキも少なくとも 1 個は入れることにすると、ケーキの買い方には何通りあるか。

答え 4.5

1. どのケーキも 1 つ以上買うので、イチゴショートを $n+1$ 個以上買うことはできない。つまり、イチゴショートの最大数は n である。このとき、チーズケーキとモンブランをそれぞれ 1 個ずつ買う以外に買い方はないから、1 通り。
2. イチゴショートを $n-1$ 個買うとき、残り 3 個分をチーズケーキとモンブランで (2個, 1個)、または、(1個, 2個) に振り分ける 2 通りの買い方がある。
3. ⋮

4.9 図形数とその応用

4. イチゴショートを $n-j$ 個買うとき、残り $j+2$ 個分をチーズケーキとモンブランで $(j+1,1), (j,2), \cdots, (2,j), (1,j+1)$ に振り分ける $j+1$ 通りの買い方がある。
5. $\vdots$
6. イチゴショートを 1 個買うとき、残り $n+1$ 個分をチーズケーキとモンブランで $(n,1), (n-1,2), \cdots, (2,n-1), (1,n)$ に振り分ける n 通りの買い方がある。

よって、買い方の総数は $1+2+\cdots+n$ だから、n 番目の三角数になる。

$$1+2+3+\cdots+(n-1)+n = \sum_{j=1}^{n} j = \frac{n(n+1)}{2}$$

($\sum$ の中で値が動く k や ℓ や j をダミーインデックスという。記号をいろいろ変えているのは、実質同じこと表しているのだと読み取る練習のためである。)

別の考え方でも解くことができる。

イチゴショートケーキの数を x、チーズケーキの数を y、モンブランの数を z とする。次の解の総数を求めよ。

$$x+y+z = n+2 \qquad (n,x,y,z \in \mathbb{N})$$

問題をこのように解釈しても同じことである。($\mathbb{N}$ は自然数、$n \in \mathbb{N}$ は「n は自然数の集合に属する」を意味する記号) イチゴショートを 2 個、チーズケーキを $(n-3)$ 個、モンブラン 3 個という買い方は $(x,y,z) = (2,n-3,3)$ という解に対応する。

$n+2$ 個の ◯ を並べて、$n+1$ ヶある ◯ と ◯ の間に 2 個の仕切り | を入れる。

$$\bigcirc \bigcirc | \bigcirc \cdots \bigcirc \bigcirc | \bigcirc \bigcirc$$

このとき、| で区切られた ◯ の数を左からそれぞれ x, y, z とすればよく、求める解の総数は、$n+1$ ヶの中から 2 個を選ぶ組み合わせの数となり、

$$_{n+1}C_2 = \frac{n(n+1)}{2}$$

問題 4.6

正 $(n+2)$ 角形の頂点を結んで出来る三角形の総数を求めよ。

答え 4.6

頂点を反時計回りに $P_1, P_2, \cdots, P_{n+2}$ と名づける。添え字が大きくなるように三角形の頂点を 3 つ選べばよい。

P_1 を頂点の 1 つとする三角形の数は、$\overline{P_1P_2}$ を 1 辺とする三角形が、$\triangle P_1P_2P_3, \triangle P_1P_2P_4, \cdots, \triangle P_1P_2P_{n+2}$ で n 個、$\overline{P_1P_3}$ を 1 辺とする三角形が、$\triangle P_1P_3P_4, \cdots, \triangle P_1P_3P_{n+2}$ で $n-1$ 個、というように $1+2+\cdots+n$ となるから、n 番目の三角数になる。

P_2 を頂点の 1 つとする三角形の数は、$\overline{P_2P_3}$ を 1 辺とする三角形が、$\triangle P_2P_3P_4, \triangle P_2P_3P_5, \cdots, \triangle P_2P_3P_{n+2}$ で $n-1$ 個、$\overline{P_2P_4}$ を 1 辺とする三角形が、$\triangle P_2P_4P_5, \cdots, \triangle P_2P_4P_{n+2}$ で $n-2$ 個、というように $1+2+\cdots+(n-1)$ となるから、$n-1$ 番目の三角数になる。

このように数えていくと、結局、n 番目の三角錐数になる。

$$\sum_{k=1}^{n}\sum_{\ell=1}^{k}\sum_{j=1}^{\ell} 1 = \sum_{k=1}^{n}\sum_{\ell=1}^{k} \ell = \sum_{k=1}^{n} \frac{k(k+1)}{2} = \frac{n(n+1)(n+2)}{6}$$

組み合わせを用いて解くこともできる。

$(n+2)$ 個の頂点から 3 つを選んで結べば、三角形が出来る。したがって、その総数は次のようになり、n 番目の三角錐数である。

$$_{n+2}C_3 = \frac{(n+2)!}{3!(n-1)!} = \frac{(n+2)(n+1)n}{6}$$

一般に次のことがいえる。

$$1 + 3 + 6 + \cdots + \frac{n(n+1)}{2} = \sum_{k=1}^{n} {}_{k+1}C_2 = {}_{n+2}C_3 = \frac{n(n+1)(n+2)}{6}$$

4.9 図形数とその応用

問題 4.7

$n \times n$ マスの方眼紙がある。この方眼紙に沿って作られる正方形の総数を求めよ。

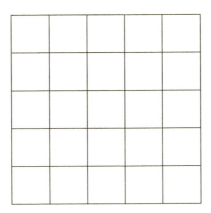

答え 4.7

(1) 1辺が n の正方形の数は 1 個
(2) 1辺が $n-1$ の正方形の数は、タテ・ヨコそれぞれ 2 通りずつとりうるので $2^2 = 4$ 個
(3) 1辺が $n-2$ の正方形の数は、タテ・ヨコそれぞれ 3 通りずつとりうるので $3^2 = 9$ 個
(4)   ⋮
(5) 1辺が 2 の正方形の数は $(n-1)^2$ 個
(6) 1辺が 1 の正方形の数は n^2 個

よって、正方形の総数は n 番目の四角錐数になる。

$$1 + 2^2 + 3^2 + \cdots + (n-1)^2 + n^2 = \sum_{k=1}^{n} k^2 = \frac{n(n+1)(2n+1)}{6}$$

組み合わせを使って解くこともできる。

方眼紙のタテの $n+1$ 本の線を左から $x_0, x_1, \cdots, x_n$ と名づける。また、ヨコの $n+1$ 本の線を下から $y_0, y_1, \cdots, y_n$ と名づける。格子点の座標を (x_k, y_k) などと書き、その点を $X_{k,k}$ とする。少なくとも 1 辺が $X_{k,0}$–$X_{k,k}$、または、$X_{0,k}$–$X_{k-1,k}$ に含まれ、正方形 $X_{0,0}$–$X_{k,0}$–$X_{k,k}$–$X_{0,k}$ の内部にある正方形の数を S_k としよう。

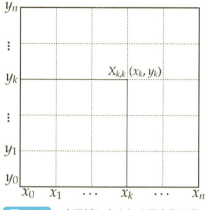

図 4.16 方眼紙に含まれる正方形の数

方眼紙に含まれる正方形の総数 P_n は S_k の和になることが次のようにしてわかる。

まず、$X_{1,0}(x_1, y_0)$、$X_{1,1}(x_1, y_1)$ の 2 つを頂点として含む正方形で、$X_{0,0}$–$X_{1,0}$–$X_{1,1}$–$X_{0,1}$ の内部に含まれるものは 1 個であるから、$S_1 = 1$ となる。

次に、S_2 を求める。この中で、頂点が $X_{2,0}$–$X_{2,2}$ に含まれるものは、$X_{2,0}, X_{2,1}, X_{2,2}$ の 3 つから 2 つを選んで正方形の 1 辺とすればよいから、${}_3C_2$ 個である。同様に、1 辺が $X_{0,2}$–$X_{1,2}$ に含まれるものは、${}_2C_2$ 個である。したがって、$S_2 = {}_3C_2 + {}_2C_2 = 4$ となる。このとき、S_1 で数えた正方形は S_2 で数えたものの中には含まれないことに注意しよう。

さて、S_k を求めるには次のように考えればよい。頂点が $X_{k,0}$–$X_{k,k}$ に含まれるものは、$X_{k,0}, X_{k,1}, \cdots, X_{k,k}$ の $k+1$ 個から 2 つを選んで正方形の 1 辺とすればよいから、${}_{k+1}C_2$ である。同様に、1 辺が $X_{0,k}$–$X_{k-1,k}$ に含まれるものは、$X_{0,k}, X_{1,k}, \cdots, X_{k-1,k}$ の k 個から 2 つを選んで正方形の 1 辺とすればよいから、${}_kC_2$ である。したがって、$S_k = {}_{k+1}C_2 + {}_kC_2 = k^2$ となる。

このように数えれば、数え落としや 2 重に数えることはなく、求める正方形の総数 P_n は S_k の和になる。問題 4.6 の結果を用いて、次式を得る。

$$P_n = \sum_{k=1}^n S_k = 1 + \left({}_3C_2 + {}_2C_2\right) + \cdots + \left({}_{k+1}C_2 + {}_kC_2\right) + \cdots + \left({}_{n+1}C_2 + {}_nC_2\right)$$

$$= \sum_{k=1}^n {}_{k+1}C_2 + \sum_{k=2}^n {}_kC_2 = {}_{n+2}C_3 + {}_{n+1}C_3 = \frac{n(n+1)(2n+1)}{6}$$

4.9 図形数とその応用

別の考え方としては、次のようにする。（x_k, y_k の記号は前頁と同じ）

まず、タテの $n+1$ 本の線から 2 本選び、$x_i, x_j\ (i < j)$ とする。さらに、ヨコの y_1 から y_n までの n 本の線から 1 本 y_k を選んで、x_i-x_j, $y_{k-(j-i)}$-y_k で囲まれる正方形を作る。このときの総数は $_{n+1}C_2 \times n$ だが、作った正方形が方眼紙からはみ出る場合は取り除く必要がある。

$k = n - \ell, (\ell = 1, 2, \cdots, n-1)$ のとき、方眼紙からはみ出る正方形の数は ℓ 番目の三角数となることが次のようにしてわかる。なお、$k = n$ のときは、方眼紙からはみ出る正方形はない。

y の添え字は、$k-(j-i) \geqq 0$ でなければならないが、$n-\ell+1 \leqq j-i \leqq n$ のときは成り立たない。この場合に除外すべき正方形が生じる。正方形のヨコの線の上側を決める k は固定しているので、除外すべき正方形の 1 辺の長さを決める $j-i$ を動かしてその数をカウントする。1 辺が $j-i = n$ の正方形は 1 つ、1 辺が $j-i = n-1$ の正方形は 2 つ、そして、1 辺が $j-i = n-\ell+1$ の正方形は ℓ だけあるので、全部で ℓ 番目の三角数になる。

この ℓ が $n-1$ まで動くので、除外される総数は $n-1$ 番目の三角錐数 $_{n+1}C_3$ になり、求める正方形の数は次のようになる。

$$_{n+1}C_2 \times n - {}_{n+1}C_3 = \frac{n^2(n+1)}{2} - \frac{(n-1)n(n+1)}{6}$$
$$= \frac{n(n+1)(2n+1)}{6}$$

以上の結果をまとめると、次のようになる。

$$1^2 + 2^2 + \cdots + n^2 = \sum_{k=1}^{n} k^2$$
$$= \sum_{k=1}^{n} {}_{k+1}C_2 + \sum_{k=2}^{n} {}_{k}C_2$$
$$= {}_{n+2}C_3 + {}_{n+1}C_3$$
$$= {}_{n+1}C_2 \times n - {}_{n+1}C_3$$
$$= \frac{n(n+1)(2n+1)}{6}$$

第4章 図形数（多角数）

問題 4.8

$n \times n$ マスの方眼紙に含まれる長方形（正方形も含む）の総数を求めよ。

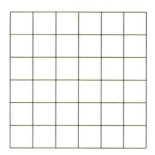

答え 4.8

(1) $n \times n$ の長方形（正方形）の数は $1 = 1^3$ 個

(2) $(n-1) \times (n-1)$ と $n \times (n-1)$ の長方形の数は、後者がタテ・ヨコの 2 通りあることに注意して、それぞれ $2^2, 2 \times 2$ となり、合わせて $8 = 2^3$ 個

(3) 最小の辺の長さが $n-2$ の長方形は、$(n-2) \times (n-2), n \times (n-2), (n-1) \times (n-2)$ でその数はそれぞれ $3^2, 2 \times 3, 2 \times 2 \times 3$ だから、合わせて $27 = 3^3$ 個

(4) $\vdots$

(5) 最小の辺の長さが $n-j$ の長方形は、$(n-j) \times (n-j), n \times (n-j), (n-1) \times (n-j), \cdots, (n-j+1) \times (n-j)$ でその数はそれぞれ $(j+1)^2, 2 \times 1 \times (j+1), 2 \times 2 \times (j+1), \cdots, 2 \times j \times (j+1)$ だから、合わせて

$$(j+1)^2 + 2(j+1) \times \sum_{k=1}^{j} k = (j+1)^2 + j(j+1)^2 = (j+1)^3$$

よって、方眼紙に含まれる長方形の総数は n 番目までの立方数の和になる。

$$1^3 + 2^3 + 3^3 + \cdots + (n-1)^3 + n^3 = \sum_{k=1}^{n} k^3 = \left(\frac{n(n+1)}{2}\right)^2$$

組み合わせの数を用いると、次のようになる。

タテの $n+1$ 本の線のうち 2 つを選び、また、ヨコの $n+1$ 本の線のうち 2 つを選ぶと、その間の領域に長方形ができる。方眼紙に含まれる長方形（正方形を含む）は、これですべてであるから、求める数は

$$_{n+1}C_2 \times {}_{n+1}C_2 = \left(\frac{n(n+1)}{2}\right)^2$$

先の結果から、これは、立方数の和に等しい。

問題 4.7 の結果を用いると、$n \times n$ の方眼紙に含まれる短辺と長辺の長さが異なる長方形の数（正方形を除く長方形の数）は、次のようになる。

$$\left(\frac{n(n+1)}{2}\right)^2 - \frac{n(n+1)(2n+1)}{6} = \frac{n(n+1)}{2}\left[\frac{n(n+1)}{2} - \frac{2n+1}{3}\right]$$
$$= \frac{(n-1)\,n\,(n+1)(3n+2)}{12}$$

最後に、この章で得られた結果をまとめておく。

☆ 三角数と組み合わせの数

$$1 + 2 + \cdots + n = \sum_{k=1}^{n} k = {}_{n+1}C_2 = \frac{n(n+1)}{2}$$

☆ 四角数の和、立方数の和と組み合わせの数

$$1^2 + 2^2 + \cdots + n^2 = \sum_{k=1}^{n} k^2 = {}_{n+2}C_3 + {}_{n+1}C_3 = \frac{n(n+1)(2n+1)}{6}$$

$$1^3 + 2^3 + \cdots + (n-1)^3 + n^3 = \sum_{k=1}^{n} k^3 = \left({}_{n+1}C_2\right)^2 = \left(\frac{n(n+1)}{2}\right)^2$$

4章　演習問題

[1] 三角数や四角錐数など、図形数に関するカバーストーリを作れ。

[2] 米俵を下から 10 俵、9 俵、8 俵 … というように、6 段積み上げたときの米俵の総数を求めよ。

[3] お団子を上から 1 個、3 個、6 個 … というように、三角錐状に 8 段積み上げたときのお団子の総数を求めよ。

[4] 連続する 4 つの自然数の積に 1 を加えると四角数になることを示せ。

[5] $n+1$ 番目の立方数と n 番目の立方数の差は、n 番目の三角数の 6 倍に 1 を加えた数と等しいことを示せ。

[6] 三角数の逆数の無限和はいくつか。

[7] （雑問）
生まれた月に 5 を掛けて 6 を加える。その結果に 4 を掛け、9 を加える。そして、その結果に 5 を掛け、生まれた日を加える。最後の結果から 165 を引く。答えは何を表すか。

[8] （雑問）
規格品の金の延棒を削って細工を施し、ある商品を作る。延棒 1 つからは 1 個の商品を作ることができるが、4 個分の削りカスを集めて溶かすと、延棒を 1 つ作ることができる。64 本の延棒から、この商品を何個作ることができるか。

第5章
ユークリッド互除法

5.1 最も古いアルゴリズム

　ここでは、整数のかけ算（乗法）と割り算（除法）について学んでいこう。かけ算の九九は小学生のときに学ぶ。「1箱1ダース入りのキャラメルを何箱か開けるとキャラメルの数は12の倍数になる」というようなことも習っているハズだ。もしかすると、素数や素因数分解などに苦しめられたことを思い起こす人もあるかもしれないが、倍数や割り算の余りなどは日常でもよく使う。4年に1度の祭典である夏のオリンピックは、西暦でいうと4の倍数の年に開催される。また、1週間の曜日は7で割ったときの余りとして分類できる。素数は暗号理論にも使われる。この章では、最大公約数を機械的に求める方法である**ユークリッド互除法**を身につけることを目標に掲げる。これは明示的に書かれた最も古いアルゴリズムである。

5.2 倍数と約数

　用語について確認しておこう。

　整数 a を何倍かして得られる整数 b を、a の**倍数**と呼ぶ。つまり、n を整数として、$n \cdot a = b$ と書けるような整数 b のことである。なお、かけ算 ab は $a \cdot b$ のようにドットを入れて表すこともあるし、$a \times b$ のように表すこともある。以後、特に注意はしない。

　いくつかの整数が与えられたとき、それらに共通の倍数を**公倍数**という。また、最小の正の公倍数を**最小公倍数** (least common multiple) という。記号では、いくつか流儀があるが、例えば、lcm(a, b) などと書く。

　整数 a がある整数 b ($\neq 0$) と整数 c の積として、$a = b \cdot c$ と書けるとき、

b を a の約数という。また、b は a を **割り切る** という。このような整数 c はただ 1 つ存在する。一般には正の約数だけではなく、負の約数も考える。0 でない整数 a に対して、$1, -1$ や $a, -a$ は常に a の約数になるので、これらを**自明な約数**という。

いくつかの整数が与えられたとき、それらに共通の正の約数を**公約数**という。また、最大の公約数を**最大公約数** (greatest common divisor) という。記号では、いくつか流儀があるが、例えば、gcd(a, b) などと書く。

最小公倍数と最大公約数の関係は次式で与えられる。

> **最小公倍数と最大公約数の関係式**
> $$\text{lcm}(a, b) = \frac{|ab|}{\gcd(a, b)} \qquad (ab \neq 0)$$

例えば、91 と 35 の最小公倍数と最大公約数を求めると、lcm$(91, 35) =$ 455, gcd$(91, 35) = 7$ となるが、このとき $\dfrac{91 \times 35}{7} = \dfrac{3185}{7} = 455$ だから、確かに成立している。gcd$(a, b) = d$ とすると、$a = a'd, b = b'd$ と書け、lcm$(a, b) = |a'b'|d$ であることより上の式が成立するのだ。

5.3　倍数の判定法

ある数が 3 の倍数かどうか判定したい場合がある。たとえば、4 桁の数 $N = abcd = 1000 \times a + 100 \times b + 10 \times c + d$ を考えよう。N はどういう場合に 3 の倍数になるだろうか。次のことに注意しよう。

$$\begin{aligned} 10 &= 9 + 1 = 3 \times 3 + 1 \\ 100 &= 99 + 1 = 3 \times 33 + 1 \\ 1000 &= 999 + 1 = 3 \times 333 + 1 \end{aligned}$$

したがって、

$$\begin{aligned} N &= 999a + 99b + 9c + (a + b + c + d) \\ &= 3 \times (333a + 33b + 3c) + (a + b + c + d) \end{aligned}$$

となるから、各桁の数をすべて足し合わせたとき、その数が 3 で割り切れれば、N は 3 で割り切れる。例として 4 桁の数を述べたが、一般の場合でも同様にすればよい。

この考え方を用いれば、整数 N の各桁の数をすべて足し合わせた数が 9 で割り切れれば、N は 9 で割り切れることがわかる。

11 の倍数の判定法も割と簡単である。$10 = 11 - 1, 100 = 99 + 1 = 9 \times 11 + 1$,

5.3 倍数の判定法

$1001 = 7 \times 11 \times 13 = 11 \cdot 91$ などに注意すると、例えば、N を 4 桁の数として、

$$\begin{aligned} N &= 1000a + 100b + 10c + d \\ &= (1001-1)a + (99+1)b + (11-1)c + d \\ &= 11 \times (91a + 9b + c) - (a - b + c - d) \end{aligned}$$

となるから、N の各桁を順番に足し引きした数が 11 で割り切れれば、N は 11 の倍数になる。一般の場合も次のように考えれば同様であることがわかる。1001 のように、1 の後に偶数個 0 が並んで最後が 1 になる数は、$10^{2k-1} + 1$ ($k \geq 2$) と書けるが、$x^{2k-1} + 1 = (1+x)(1 - x + x^2 - x^3 + \cdots + x^{2k-2})$ と因数分解できるから、$10^{2k-1} + 1 = (1+10)(1 - 10^1 + 10^2 - 10^3 + \cdots + 10^{2k-2})$ となって、必ず 11 で割り切れる。また、100 のように、1 の後に偶数個 0 が並ぶ数は、10^{2k} ($k \geq 1$) と書けるが、$10^{2k} = 99 \cdots 99 + 1$ というように、9 が偶数個並ぶ数（11 の倍数）に 1 を加えた数と考えればよい。

2〜20 までの倍数の見分け方を挙げておくが、これが唯一の方法というわけではない。着目すべき関係式によって、他にもいろいろな方法が考えられるだろう。知っておくと便利なことは、1001 が 7、11、13 で割り切れること、102 は 17 で割り切れることなどである。ともかく、7 の倍数、13 の倍数、17 の倍数、19 の倍数はけっこう複雑である。これなら単に 7 や 13 で割ってみた方が手っ取り早いかもしれない。

> **いろいろな素数**
>
> - 1 が並んだ素数
>
>   11
>   1111111111111111111（1 が 19 個並ぶ数）
>   11111111111111111111111（1 が 23 個並ぶ数）
>   11$\cdots$111（1 が 317 個並ぶ数）
>   11$\cdots$111（1 が 1031 個並ぶ数）
>
> - 1~10 まで昇順に並んでから、9~1 まで降順に並ぶ素数
>
>   12345678910987654321
>
> - 1,2,3,4 などと桁数字が自然な順序で並んでいる素数（0 は含まない）
>
>   1234567891
>   12345678912345678912345678 91
>   123456789123456789123456789123456789123456789123456789123456789 1234567
>
>   一番最後の数は 7 回 1~9 を循環して 1234567 で終わる数である。

2から9までの倍数の見分け方

- 2の倍数
  1桁目が2の倍数
- 3の倍数
  各桁の数の和が3で割り切れる
- 4の倍数
  下2桁が4で割り切れる
- 5の倍数
  1桁目が0も含めて5の倍数
- 6の倍数
  1桁目が2の倍数で各桁の数の和が3で割り切れる
- 7の倍数
  下の桁から3桁ごとに数を区切って順番に足し引きした数が
  7で割り切れる（他にも方法はあるが、いずれも単純ではない）
  たとえば、6桁の数を N とする。

  $N = abcdef = 100000a + 10000b + 1000c + 100d + 10e + f$

  $1000 = 1001 - 1 = 7 \cdot 11 \cdot 13 - 1$ を用いると、次のようになる。

  $N = 1000(100a + 10b + c) + (100d + 10e + f)$
  $ = 1001(100a + 10b + c) - (100a + 10b + c) + (100d + 10e + f)$

  したがって、N を3桁ごとに区切って、順番に足し引きした数が7
  で割り切れれば、N は7で割り切れることになる。
  例えば、864197523 とすると、下の桁から3桁ごとに区切って、
  $A_1 = 523, A_2 = 197, A_3 = 864$ となる。それらを足し引きして
  $523 - 197 + 864 = 1190 = 7 \times 170$ となることから、864197523
  は7の倍数だとわかる。実際、$864197523 \div 7 = 123456789$
- 8の倍数
  下3桁が8で割り切れる
- 9の倍数
  各桁の数の和が9で割り切れる

11、13、17 の倍数の見分け方

- 11 の倍数

各桁を交互に足し引きした数が 11 で割り切れること。
例えば、1358024679 とすると、各桁を交互に足し引きして
$1-3+5-8+0-2+4-6+7-9 = -11$ となって、割り切れる。
したがって、1358024679 は 11 の倍数である。
実際、$1358024679 ÷ 11 = 123456789$

- 13 の倍数

下の桁から 3 桁ごとに数を区切って順番に足し引きした数が
13 で割り切れること。 理由は、7 の倍数の見分け方と同じである。
例えば、1604938257 とすると、下の桁から 3 桁ごとに区切って、
$A_1 = 257$、$A_2 = 938$、$A_3 = 604$、$A_4 = 1$ となり、足し引きすると
$257 - 938 + 604 - 1 = -78 = 13 × (-6)$ となることから、1604938257
は 13 の倍数だとわかる。実際、$1604938257 ÷ 13 = 123456789$

- 17 の倍数

下の桁から 2 桁ごとに数を区切って 2 のべき乗をかけ、
それらを順番に足し引きした数が 17 で割り切れること。
$102 = 17 × 6$ に注目するとよい。 例えば、N を 4 桁の数とすると

$$N = 1000a + 100b + 10c + d = 100 × (10a + b) + 10c + d$$
$$= (102 - 2)(10a + b) + (10c + d)$$
$$= 17(60a + 6b) - 2(10a + b) + (10c + d)$$

したがって、N を 2 桁ごとに区切って、2 のべき乗をかけ、順番に足
し引きした数が 17 で割り切れれば、N は 17 の倍数である。
例えば、2098765413 とすると、下の桁から 2 桁ごとに区切って、
$A_0 = 13$、$A_1 = 54$、$A_2 = 76$、$A_3 = 98$、$A_4 = 20$ となる。
それらに 2 のべき乗をかけてを足し引きしていくと
$2^0 · 13 - 2^1 · 54 + 2^2 · 76 - 2^3 · 98 + 2^4 · 20 = -255 = 17 × (-15)$
となるから、2098765413 は 17 の倍数である。
実際、$2098765413 ÷ 17 = 123456789$

19 とその他の倍数の見分け方

- 19 の倍数

上の桁から 2 のべき乗をかけて足した数が 19 で割り切れること。$20 = 19 + 1$ に注目するとよい。例えば、N を 4 桁の数とする。

$$N = 1000a + 100b + 10c + d = 10^3 a + 10^2 b + 10^1 c + 10^0 d$$

したがって、

$$\begin{aligned} 2^3 N &= 20^3 a + 20^2 \times 2b + 20^1 \times 2^2 c + 2^3 d \\ &= (19+1)^3 a + (19+1)^2 \times 2b + (19+1) \times 2^2 c + 2^3 d \\ &= (19\text{ の倍数}) + a + 2^1 b + 2^2 c + 2^3 d \end{aligned}$$

ここで、2 のべき乗は 19 では割り切れないので $2^3 N$ が 19 で割り切れることと N が 19 で割り切れることとは同値。したがって、上の桁から順に 2 のべき乗をかけた数を足し合わせて、その数が 19 の倍数であれば、元の数は 19 の倍数になる。

例えば、2337 に対して上の桁から 2 のべき乗をかけてを足すと

$2^0 \cdot 2 + 2^1 \cdot 3 + 2^2 \cdot 3 + 2^3 \cdot 7 = 76 = 19 \times 4$ となるから、

2337 は 19 の倍数である。実際、$2337 \div 19 = 123$

- 10 の倍数

1 桁目が 0

- 12 の倍数

3 の倍数かつ 4 の倍数

- 14 の倍数

2 の倍数かつ 7 の倍数

- 15 の倍数

3 の倍数かつ 5 の倍数

- 16 の倍数

下 4 桁が 16 で割り切れる

- 18 の倍数

2 の倍数かつ 9 の倍数

- 20 の倍数

4 の倍数かつ 5 の倍数

7 で割った余りとカレンダーの曜日

日常生活で 7 の倍数や 7 で割った余りは結構使える知識である。例えば、カレンダーの曜日は、7 で割った余りとして分類できる。

西暦 y 年 m 月 d 日の曜日 h を求めるツェラーの公式は有名である。（和田 秀男 著『数の世界：整数論への道』（岩波書店、1981 年）p.5–10）

$$h \equiv \left(d + \left[\frac{26(m+1)}{10} \right] + Y + \left[\frac{Y}{4} \right] + \left[\frac{C}{4} \right] - 2C \right) \pmod{7}$$

$$C = \left[\frac{y}{100} \right], \qquad Y \equiv y \pmod{100}$$

ここで、日曜から土曜までを順に $h = 1, 2, 3, \cdots, 7$ に対応させる。

ただし、1 月と 2 月の曜日を求めるときは、前年の 13 月、14 月とそれぞれ解釈して計算する。（[...] はガウス記号、$\equiv$ と mod は合同式）

例えば、2000 年の 1 月 1 日はツェラーの公式を用いると、$m = 13$、$C = 19$、$Y = 99$ であるから、$h = 126 \equiv 0 \pmod{7}$ となって、土曜日だと分かる。2001 年の 2 月 1 日は、$m = 14$、$C = 20$、$Y = 0$ であるから、$h \equiv 5 \pmod{7}$ となって、木曜日である。カレンダーで確かめてみるとよい。

紀元前 46 年頃に制定[*1]されたユリウス暦は、ヨーロッパでは中世まで使われていたが、16 世紀には 10 日間ものずれが生じていた。そこで、ローマ教皇グレゴリウス 13 世によって、1582 年 10 月 4 日（木）の翌日が 1582 年 10 月 15 日（金）と定められた。これが現在の日本でも使われているグレゴリオ暦（西暦）である。グレゴリウス暦ともいう。日本では、明治 5 年（1872 年）に採用され、明治 5 年 12 月 2 日の翌日を明治 6 年 1 月 1 日（グレゴリオ暦の 1873 年 1 月 1 日）とした。平年の 1 年を 365 日とし、閏年には、2 月 29 日をおき、1 年を 366 日とする。グレゴリオ暦では、次のルールで閏年を決める。

- 年号が 4 の倍数の年は、基本的には閏年
- ただし、100 の倍数の年は閏年とはしない
- さらに例外として、400 の倍数の年は閏年とする

[*1] そのとき、ユリウス・カエサルは自分の名を 7 月 (July) につけた。後に、アウグストゥスは 8 月 (August) を自分の名とした。

5.4 素数と素因数分解

1とその数自身以外に約数を持たない1より大きな自然数を **素数** という。また、1より大きな自然数で素数でないものを **合成数** という。1は、素数でも合成数でもないと約束しておく。第1番目の素数は2で、唯一の偶数の素数である。2番目の素数は3である。$4 = 2 \times 2$ であるから、4は合成数だ。次の5は3番目の素数である。以下、無限に続く。素数の数を有限個と仮定すると矛盾を導くことができるのだ。これはユークリッド『原論』第 IX 巻の 20 番目の命題である。[*2]

> **素数の数が無限であることの証明**
>
> 素数の数が有限だとして、それらを $p_1, p_2, \cdots, p_n$ とする。
>
> それらをすべてかけて1を足した数 $q = p_1 p_2 p_3 \cdots p_n + 1$ を考えよう。q は、$p_1, p_2, \cdots, p_n$ のいずれよりも大きな自然数になるから、どの素数とも異なることになり、合成数でなければならない。つまり、q は、$p_1, p_2, \cdots, p_n$ のいずれかで割り切れるハズである。
>
> ところが、q は p_j ($j = 1, 2, 3, \cdots, n$) のいずれで割っても1余るから、割り切れない。これは矛盾である。
>
> したがって、背理法により、素数は無限に存在することが証明された。

ここで、数と図形についてもう一度考えてみよう。

たとえば、5つの碁石を直線的に並べてみる。1列に5個の碁石があるので $5 = 1 \times 5$ を表している。碁石をキレイに3列に並べて5

図 5.1 素数と直線

を表そうとしてもそれはできない相談だ。余りや不足が出てしまう。1より大きく5より小さいどんな列に並べても同様だ。それは、5が素数だからである。つまり、直線的にしか表すことのできない数が素数ということになる。

[*2] この証明は、素数を掛け合わせて1を加えると必ず素数になるという「素数生成法」を与えるものではない。確かに、$2 \times 3 + 1 = 7$, $2 \times 3 \times 5 + 1 = 31$ はどちらも素数になっているが、$2 \cdot 3 \cdot 5 \cdot 7 \cdot 11 \cdot 13 + 1 = 30031 = 59 \cdot 509$ は合成数となる。4つや5つぐらいの例で OK だからといって、全て OK というわけではないのだ。

一方、合成数はどうだろうか。たとえば、$12 = 3 \times 4$ であるから、4個の碁石を3列に並べれば、12 を表すことができる。つまり、合成数は方形に碁石を並べることができる数なのだ。『原論』第 VII 巻の定義では、これを平面数という。

図 5.2　合成数と方形

素数と合成数に関しては、図 5.1 や図 5.2 のような直線と方形のイメージを頭に思い浮かべるとよいだろう。

合成数は定義によりいくつかの自然数の積の形で表される。その積の1つ1つの数を元の数の **因数** という。たとえば、$12 = 3 \times 4$ であり、3 と 4 は 12 の因数である。また、$12 = 2 \times 6$ とも書けるので、2 や 6 も 12 の因数である。因数のうち素数であるものを **素因数** といい、自然数を素因数の積で表すことを **素因数分解** という。素因数分解は順番を除いて一意的である。これを **算術の基本定理** という。最も小さな合成数は 4 だが、$4 = 2^2$ であり、他に素数の積で表すやり方はないので一意的である。

算術の基本定理の証明

2 通りの素因数分解のやり方をもつ最小の合成数 N が存在するとして矛盾を導く。N の素因数分解を
$$N = p_1 p_2 p_3 \cdots p_k = p'_1 p'_2 p'_3 \cdots p'_{k'}$$
とする。このとき、$p_j\ (1 \leq j \leq k)$、$p'_{j'}\ (1 \leq j' \leq k')$ のうちで共通の素数は存在しない。もし存在すると仮定し、$p_j = p'_{j'} = q$ とすると、$\widetilde{N} = \frac{N}{q} = p_1 p_2 \cdots p_{j-1} p_{j+1} \cdots p_k = p'_1 p'_2 \cdots p'_{j'-1} p'_{j'+1} \cdots p'_{k'}$ が $\widetilde{N} < N$ となる 2 通りの素因数分解のやり方をもつ合成数となって N が最小であることと矛盾する。そこで、一般性を損なわずに $p_1 > p'_1$ としてよい。$N' = N - p'_1 p_2 p_3 \cdots p_k = (p_1 - p'_1) p_2 p_3 \cdots p_k = p'_1(p'_2 p'_3 \cdots p'_{k'} - p_2 p_3 \cdots p_k)$ を考えると、$p_1 - p'_1$ は p'_1 では割り切れず、$p_2, p_3, \cdots p_k$ はいずれも p'_1 とは異なることから、N' は p'_1 を素因数にもつ場合と、もたない場合の 2 通りに分解できたことになる。しかしながら、$N' < N$ であるから、これは N の最小性と矛盾する。

背理法により、素因数分解は一意的であることが証明された。

素因数分解 が順番を除いて一意的であることは、必ずしも当たり前のことではない。例えば、偶数からなる数の集まり $\{2, 4, 6, \cdots, 2n, \cdots\}$ を考えると、偶数同士の和や積はやはり偶数だから、和や積に関して閉じている。そこで偶数の範囲で積に分解してみる。偶数の積に分解できないものはクォーテーションマーク付で"素数"と呼ぶことにする。通常の意味でも素数である 2 は当然"素数"である。$4 = 2 \times 2$ だから 4 はやはり"合成数"だが、6 は偶数の積では書けないので"素数"となる。同様に $18 = 2 \times 9$ だから、18 は"素数"である。すなわち、2 で割ったときに奇数となる偶数が"素数"ということだ。ところが、$36 = 2 \cdot 18 = 6 \cdot 6$ だから、"素因数分解"が 2 通りできてしまう。

では、具体的に素因数分解を行うやり方について考えてみよう。まず、どの数が素数か知っていなくては話は始まらない。既に述べたように、2 や 3 や 5 は、1 とその数自身しか約数がないので素数であった。例えば、360 の素因数分解を行う。まず、2 で割り切れるだけ割って、次に 3 で割り切れるだけ割って、さらに 5 で割り切れるだけ割ってみればよい。筆算で書くと、図 5.3 のようにすればよい。したがって、360 の素因数分解は次のようになる。

```
2) 360
2) 180
2)  90
3)  45
3)  15
     5
```

図 5.3　素因数分解の筆算

$$360 = 2^3 \times 3^2 \times 5$$

さて、ある自然数が素数か合成数か知りたいとしよう。3 の倍数のように簡単にわかるものならばよいが、例えば、493 が素数か合成数かどうすれば判定できるのか。

残念ながら、素数を判定する効率的な方法は知られていない。1 つの方法として、エラトステネスの篩（ふるい）と呼ばれる判定法があるので紹介

```
 2  3  4̶  5  6̶  7  8̶  9  1̶0̶
11 1̶2̶ 13 1̶4̶ 1̶5̶ 1̶6̶ 17 1̶8̶ 19 2̶0̶
2̶1̶ 2̶2̶ 23 2̶4̶ 2̶5̶ 2̶6̶ 2̶7̶ 2̶8̶ 29 3̶0̶
31 3̶2̶ 3̶3̶ 3̶4̶ 3̶5̶ 3̶6̶ 37 3̶8̶ 3̶9̶ 4̶0̶
41 4̶2̶ 43 4̶4̶ 4̶5̶ 4̶6̶ 47 4̶8̶ 4̶9̶ 5̶0̶
```

図 5.4　エラトステネスの篩（ふるい）

しよう。これは、合成数を篩（ふるい）にかけてすべて落としてしまえば残った数は

素数になるというプリミティブな判定法だ。まず、2 から n までの整数をリストアップする。図 5.4 では $n = 50$ とした。最小の素数は 2 であり、それ以降の 1 つおきの数は 2 の倍数となりすべて合成数だから、線を引いて消す。2 より大きい消されていない最小の数は 3 で、これは素数。3 以降の 2 つおきの数は 3 の倍数となりすべて合成数だから、線を引いて消す。3 より大きい消されていない最小の数は 5 となり、これは素数。以下、同様に素数の倍数を線を引いて消していく。さて、自然数 n が合成数だとして 1 より大きな自然数 a, b の積 ($n = ab$) で書けるとしよう。$a \leq b$ としても一般性を損なわない。これより、$a^2 \leq ab = n$ が言えるから、$a \leq \sqrt{n}$ がわかる。a が素数でなければ、n は a よりさらに小さな素因数をもつ。したがって、合成数の素因数の 1 つはその数の平方根以下であるから、上のプロセスを $\sqrt{n}$ 以下の最大の素数まで続けていけば、合成数を全て除外できる。図 5.4 では $\sqrt{50} = 7.07$ だから、7 の倍数を消す作業までで完成である。すると、2 から 50 までの素数だけが残る。これより、50 以下の素数は次の 15 個となる。

$$2, \ 3, \ 5, \ 7, \ 11, \ 13, \ 17, \ 19, \ 23, \ 29, \ 31, \ 37, \ 41, \ 43, \ 47$$

同様に、100 以下の素数を探すと素数の数は、25 個となる。この数はわりと覚えやすいだろう。演習問題とするので、実際に手を動かして確認して欲しい。古い時代には素数表が作られて重宝したようだ。現在ではかなり大きな数まで素数がコンピューターにインプットされている。

ある数 N が合成数かどうかは、エラトステネスの篩を使うと、$\sqrt{N}$ までの素数で割ってみて、割り切れるかどうかで判断すればよい。$\sqrt{N}$ から N までの素数で割る必要はないことに注意しよう。例えば、493 は、$\sqrt{493} \simeq 22.2$ ($22^2 = 484 < 493 < 23^2 = 529$ を用いてもよい) より、22 までの素数で割ってみればよい。実際に計算してみると、17 で割り切れるから、$493 = 17 \cdot 29$ とわかる。次に 499 を考える。$\sqrt{499} \simeq 22.3$ だから、やはり 22 までの素数で割ってみると、結局、割り切る素数がないことから、499 は素数と知れる。3 桁程度の数であれば、このやり方で手計算でも簡単に素数かどうかを判定できる。

素数の数列 $\{p_n\}$,

$$p_1 = 2, \quad p_2 = 3, \quad p_3 = 5, \quad \cdots$$

の一般項を求める方法があれば、素数に関する多くの問題が解決するだろうが、その方法はわかっていない。

では、素数だけを表す式を具体的に作ることはできるだろうか。

フェルマーは

$$F_n = 2^{2^n} + 1 \quad (n = 0, 1, 2, \cdots)$$

が素数であると予想した。計算してみると、

$$F_0 = 3, \quad F_1 = 5, \quad F_2 = 17, \quad F_3 = 257, \quad F_4 = 65537$$

は確かに素数になる。しかし、1732 年オイラーは

$$F_5 = 4294967297 = 641 \times 6700417$$

を発見した。実際、$n \geqq 5$ で素数は見つかっていない。

また、オイラーは $f(n) = n^2 + n + 41$ が、$n = 0, 1, \cdots, 39$ に対して、素数になることを発見した。しかし、$f(40) = 41^2$ になるから、すべての n で素数を表すわけではない。実は、1 変数の多項式で素数を表す式を作ることはできないことが簡単に証明できる。

それでは、多変数の多項式ではどうだろうか。これは可能であることがわかっている。例えば、素数を表す 19 変数の 37 次式を構成することができる。他にも様々な素数を表す多項式が知られている。(和田秀男 著『数の世界：整数論への道』(岩波科学ライブラリー、1981 年) p.215–241)

これらの多項式は実用的ではないにせよ、興味深い。

5.5 最大公約数とユークリッド互除法

いよいよ本題のユークリッド互除法について学んでいこう。これはユークリッド『原論』第 VII 巻の 2 番目の命題である。

次のような問題を考える。ヨコ 48、タテ 18 の長方形の部屋があり、同じ大きさの正方形のタイルで部屋を敷き詰めたい。最も大きな正方形のタイルの 1 辺の長さを求めるにはどうすればよいだろうか。

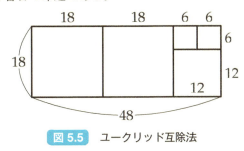

図 5.5　ユークリッド互除法

結論からいうと、次のようにすればよい。まず、48 から 18 を引けるだけ引く。つまり、48 を 18 で割ったときの余りを求める。図 5.5 では、$48 \div 18 = 2$ 余り 12 となる。次に 18 から 12 を引けるだけ引く。すると、$18 \div 12 = 1$ 余り 6 となる。そして、12 から 6 を引けるだけ引くと、$12 \div 6 = 2$ 余り 0 となって、部屋に残ったスペースはなくなる。最後に割り切ったこの除数 6 が求める正方形のタイルの 1 辺の長さになる。12 や 18 は 6 で割り切れることに注意すれば、確かに 1 辺が 6 の正方形のタイルで元の長方形の部屋を敷き詰めることができる。1 辺が 6 より大きな正方形のタイルでは、はみ出たり、余りが出たりで、元の長方形の部屋を敷き詰めることはできない。

この問題は、48 と 18 の最大公約数を求めることに帰着される。すなわち、gcd(48, 18) = 6 ということだ。このようにして最大公約数を「機械的に」求めるアルゴリズムがユークリッド互除法である。

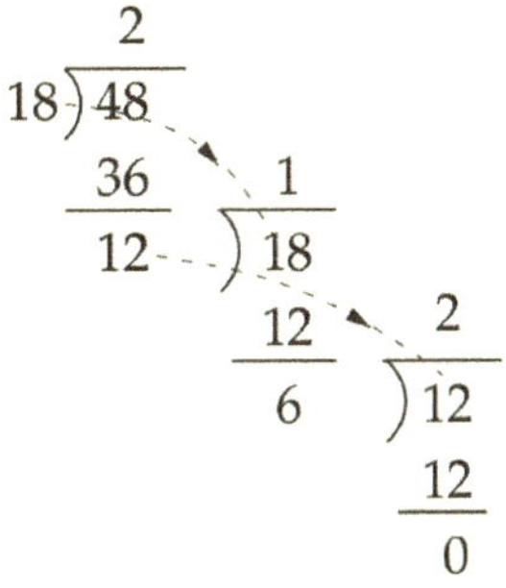

ユークリッド互除法を筆算で行うにはいくつか方法がある。ここでは 2 つだけ紹介しよう。

まず、$48 \div 18$ を筆算で実行する。そして、除数の 18 を図 5.6 のように剰余 12 の右側に

図 5.6　ユークリッド互除法の筆算 その 1

書いて、今度は被除数を 18、除数を 12 として割り算を実行する。あとは同じように剰余を求めて、次々と割り算を実行していけばよい。あるところで割り切れたら、その除数が求める最大公約数となる。

次の方法では、48 ÷ 18 の余りを求め、図 5.7 のようにその余りの 12 を除数 18 の左側において、今度は、18 を被除数、12 を除数にして割り算を実行する。あとは同じように剰余を求めて、次々と割り算を実行していけばよい。

他にもやり方は色々あるだろうが、どれでもよいから自分に合った方法を身につけることが重要である。

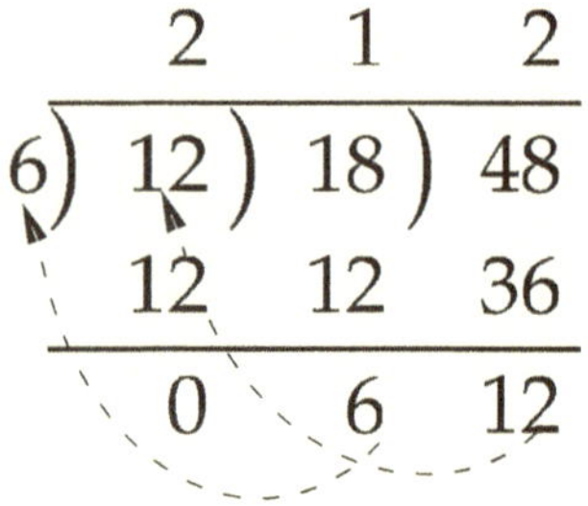

図 5.7 ユークリッド互除法の筆算 その 2

割り算を実行していくと、剰余は除数よりも小さい整数なので、余りがある値に停滞してしまうことはなく、最後は必ずゼロになる。極端な話、何度か割り算を実行していって、余りが 1 になってしまえば、次は必ず割り切れる。この場合は、最大公約数が 1 となる。このとき、元の 2 つの整数 A, B は**互いに素**であるという。ときどき、「A、B の最大公約数はな̇い̇」と答案を書いてくる人がいるのだが、そんなことはあ̇り̇え̇な̇い̇。どんな整数も必ず 1 で割り切れるからだ。

このようにして、最大公約数を求めてしまえば、A, B の最小公倍数を求めることは簡単である。p.78 に示した最小公倍数と最大公約数の関係式を思い出そう。例えば、18 と 12 の最小公倍数を求めてみよう。gcd(18, 12) = 6 だから、lcm(18, 12) = 18 × 12 ÷ 6 = 36 となる。これは図 5.8 にあるように、タテとヨコの長さがそれぞれ 12 と 18 であるような長方形のブロックをいくつか同じ向き

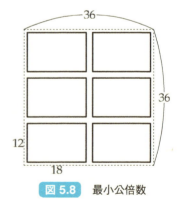

図 5.8 最小公倍数

に敷き詰めて正方形の壁を作るとき、最小となる 1 辺の長さを求めることと等しい。

5.5 最大公約数とユークリッド互除法

さて、最大公約数を求めるにはいくつかの方法が考えられる。

1. すべての公約数なかで最大の数を求める
2. 素因数分解を用いる　　（筆算で共通の約数で割っていく）
3. ユークリッド互除法を用いる

それぞれ説明していこう。

まず、48 と 18 の公約数は、1, 2, 3, 6 だから、最大となる公約数は 6 である。しかし、数が大きくなると公約数を求めること自体が大変になる。

次に、48 と 18 をそれぞれ素因数分解してみよう。$48 = 2^4 \cdot 3$, $18 = 2 \cdot 3^2$ である。共通な素因数の最小の指数をとってかけ合わせたものが最大公約数であるから、$\gcd(48, 18) = 2^1 \cdot 3^1 = 6$ を得る。48 と 18 を並べて共通の約数で割っていく筆算で最大公約数を求めてもよい。しかし、この方法も数が大きくなると大変だ。例えば、41292 と 37962 の素因数分解はどうなるか。これは電卓を使ってもかなり面倒な計算になる。ちなみに、

$$41292 = 2^2 \cdot 3^2 \cdot 31 \cdot 37, \quad 37962 = 2 \cdot 3^3 \cdot 19 \cdot 37$$

となるから、$\gcd(41292, 37962) = 2 \cdot 3^2 \cdot 37 = 666$ である。

実は、最大公約数を求めることが目的ならば、そんな面倒な素因数分解はムダでしかない。第 3 の方法、ユークリッド互除法 を用いればよいのである。$\gcd(48, 18) = 6$ は、p.89 の図 5.5 で具体的に求めたので、今度は、41292 と 37962 の最大公約数をユークリッド互除法で求めてみよう。

$$41292 \div 37962 = 1 \ \cdots \ 余り 3330 \quad (41292 - 1 \times 37962 = 3330) \quad (5.1)$$

$$37962 \div 3330 = 11 \ \cdots \ 余り 1332 \quad (37962 - 11 \times 3330 = 1332) \quad (5.2)$$

$$3330 \div 1332 = 2 \ \cdots \ 余り 666 \quad (3330 - 2 \times 1332 = 666) \qquad (5.3)$$

$$1332 \div 666 = 2 \ \cdots \ 余り 0 \quad (1332 - 2 \times 666 = 0) \qquad (5.4)$$

これより、$\gcd(41292, 37962) = 666$ を得る。実際に手を動かして計算してみた人は実感できたと思うが、ユークリッド互除法の方が素因数分解を行うよりも比較にならぬぐらい簡単だったハズだ。

これまで述べてきたことをまとめよう。図 5.9 が、ユークリッド互除法のアルゴリズムである。説明は以下の通りだ。

第 5 章 ユークリッド互除法

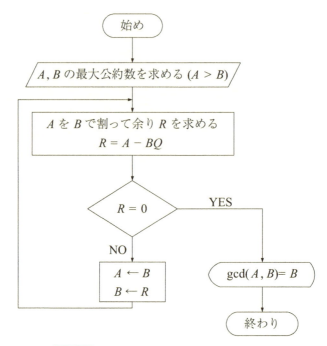

図 5.9 ユークリッド互除法のアルゴリズム

A、B の最大公約数を求めたい。$A = B$ であれば、最大公約数は A 自身であるから、一般性を損なわずに $A > B$ としてよい。

まず、A を B で割ったときの余り $R\,(0 \leqq R < B)$ を求める。商を Q とすると、$A = B \cdot Q + R$ だから、$R = A - B \cdot Q$ となる。

$R = 0$ であれば、B は A の約数であり、B より大きな数で A、B をともに割り切る数はないから、B が最大公約数になる。したがって、アルゴリズムはこれで終了である。

$R \neq 0$ であれば、先程の A を B に、先程の B を R にそれぞれ置き換える。そして、始めに戻って、割算を実行し、余りを求める。そして、その余りが 0 かそうでないかを判定し、0 であれば、この除数が最大公約数になる。0 でなければ、この手順を再度繰り返していけばよい。

なぜ、ユークリッド互除法で最大公約数を求めることができるのだろうか。次のように考えればよい。

自然数 A と B の最大公約数を g とおくと、$A = ag$, $B = bg$ と書ける。また、余りを R として、$\gcd(B, R) = g'$ とすれば、$B = b'g'$, $R = rg'$ と書ける。ここで、a, b, b' は自然数で、r は負でない整数である。$A = BQ + R = (b'Q + r)g'$ だから、g' は A の約数となり、定義より B の約数でもあるから、$g' \leq \gcd(A, B) = g$ が言える。さらに、$R = A - BQ = (a - bQ)g$ より、g は R と B の公約数だから $g \leq \gcd(B, R) = g'$ である。これより、$g = g'$ が結論される。さて、$R = 0$ のときは、$\gcd(A, B) = B$ となる。$R \neq 0$ のときは、上の議論と同様に、B を R で割って余り R' を求める。上に示したことから $\gcd(A, B) = \gcd(B, R) = \gcd(R, R') = g$ に注意する。$R' = 0$ であれば、$\gcd(B, R) = R = g$ である。$R' \neq 0$ であれば、余りがゼロになるまで同様の議論を繰り返していけばよい。余りは割る方の数（除数）より小さいので、有限回で必ず余りをゼロにできる。余りが 0 になったときの除数が、A、B の最大公約数である。∎

最大公約数を求める上で、ユークリッド互除法 が非常に有効であることを具体的な計算でみてきた。実際、ユークリッド互除法の割り算の実行回数について、ラメの定理は有名である。これは、フィボナッチ型の数列[*3]と密接に関係している。[*4] また、1970 年カールトン大学のジョン・ディクソンによって、ラメの定理はより精密に改良されている。

ユークリッド互除法の割り算の実行回数

$A > B$ として、$\gcd(A, B)$ を求めるときに用いるユークリッド互除法の割り算の回数は、B の桁数の 5 倍より小さい。　　　　　（ラメ、1845 年）

より精密には、割り算の実行回数は、$2.078 (\log A + 1)$ 以下である。

（ディクソン、1970 年）

[*3] フィボナッチ数列とは、はじめの 2 項を $F_1 = 1, F_2 = 1$ として、第 n 項が $F_n = F_{n-1} + F_{n-2}$ によって定められる数列 $\{1, 1, 2, 3, 5, \cdots\}$ のことであるが、第 n 項の決め方は同じで、はじめの 2 項の値を変えた数列はフィボナッチ型などと言われる。

[*4] 例えば、J. J. Tattersall 著、小松尚夫 訳『初等整数論 9 章』（森北出版、2008 年）p.64–65 や、和田秀男 著『数の世界：整数論への道』（岩波科学ライブラリー、1981 年）p.37–38

5.6　不定方程式

A、B の最大公約数 g を求めるユークリッド互除法を逆に用いると、最大公約数 g を $g = Ax + By$ という形で表すことができる。(x, y は整数) 例えば、p.91 の式 (5.1)–(5.4) を逆にたどってみよう。剰余を被除数と除数で順々に書き直して整理すればよい。

$$666 = 3330 - 2 \cdot 1332$$
$$= 3330 - 2 \cdot (37962 - 11 \cdot 3330) = -2 \cdot 37962 + 23 \cdot 3330$$
$$= -2 \cdot 37962 + 23 \cdot (41292 - 1 \cdot 37962) = 23 \cdot 41292 - 25 \cdot 37962$$

それで、整数 (x, y) を未知数とする方程式 $41292\,x + 37962\,y = 666$ は、$x = 23, y = -25$ を解の1つにもつ。一般解を求めるには、x', y' をある整数として、$x = 23 - x', y = y' - 25$ とおくとよい。これより、$41292 x' = 37962 y'$ となるが、最大公約数 666 で両辺を割って、$62 x' = 57 y'$ を得る。この解は、n を整数として、$x' = 57n, y' = 62n$ と書ける。つまり、

$41292\,x + 37962\,y = 666$ の一般解は n を整数として、

$$x = 23 - 57n, \quad y = -25 + 62n$$

このように、整数 A, B, C に対して、x, y を整数の未知数とする方程式

$$Ax + By = C \tag{5.5}$$

は、解 (x, y) が1つとは限らないという意味で、**不定方程式** と呼ばれる。3世紀半ばにアレクサンドリアで活躍したディオパントスによって様々な不定方程式が研究されたので、ディオパントス方程式ともいう。

まず、次の事実は基本的である。

整数 a, b が互いに素である場合、ユークリッド互除法を逆にたどると、$ax + by = 1$ となる整数 (x, y) が存在することになるが、実は、$\gcd(a, b) = 1$ と、ある整数 x, y が存在して $ax + by = 1$ と書けることとは同値である。

互いに素な整数と不定方程式

$\gcd(a, b) = 1 \iff ax + by = 1$ を満たす整数 x, y が存在する

証明は次の通り。

> 整数 a, b が互いに素ならば、ユークリッド互除法 を逆にたどると $ax + by = 1$ を満たす整数 x, y が存在することになる。
> 逆に、ある整数 x, y が存在して $ax + by = 1$ と書けるとしよう。$\gcd(a, b) = d$ とすると、$a = a' \cdot d, b = b' \cdot d$ となる整数 a', b' が存在するから、$d(a'x + b'y) = 1$ が成り立つ。ところが、1 より大きな自然数の積は必ず 1 より大きくなるから、$d = 1, a'x + b'y = 1$ でなければならない。すなわち、整数 a, b は互いに素である。∎

これは、よく使われる有用な関係式である。

さて、p.94 の不定方程式 (5.5) が解をもつには、$\gcd(A, B) = g$ として C が g の倍数であることが必要十分であることが、次のようにすぐわかる。

> 左辺の $Ax + By$ は g の倍数だから、C が g の倍数であることが必要である。逆に、$C = cg$ ならば、$A = ag, B = bg, \gcd(a, b) = 1$ として、両辺を g で割って、$ax + by = c$ を満たす解が存在することを示せばよい。$\gcd(a, b) = 1$ より、$ax + by = 1$ を満たす整数 (x_0, y_0) が存在するので、それらを c 倍した $x = cx_0, y = cy_0$ が $ax + by = c$ を満たす解である。∎

不定方程式 (5.5) の一般解を求めよう。$A = ag, B = bg, C = cg$ とする。$ax + by = 1$ を満たす整数 (x_0, y_0) を用いて、$x = cx_0 + x', y = cy_0 + y'$ とおく。$ax_0 + by_0 = 1$ の両辺を cg 倍すれば、$Acx_0 + Bcy_0 = C$ となるから、$Ax + By = C$ は $g(ax' + by') = 0$ と書き換えられる。この一般解は、$x' = -bn, y' = an$ だから、不定方程式 (5.5) の解を求めることができる。

不定方程式とその一般解

> 不定方程式 $Ax + By = C$ において、$\gcd(A, B) = g, A = ag, B = bg, C = cg$ とし、$ax + by = 1$ の解の 1 つを (x_0, y_0) とするとき、この不定方程式の一般解は
>
> $$x = cx_0 - bn, \qquad y = cy_0 + an \quad (n \text{ は整数})$$

5.7 ユークリッド互除法とその応用

問題 5.1

長さ 185cm の赤いリボンテープと 111 cm の青いリボンテープがある。この 2 本のテープをどちらも余りが出ないように同じ長さに切って、出来るだけ長い赤と青のリボンを作るには、リボンの長さを何 cm にすればよいだろうか。

答え 5.1

$\gcd(185, 111) = 37$ より、リボンの長さを 37 cm にすればよい。

問題 5.2

パンが 720 個、おにぎりが 480 個ある。できるだけ多くの人たちに過不足なく平等にパンとおにぎりを配給したい。パンとおにぎりをそれぞれ何個ずつ何人に配ればよいか。

答え 5.2

x 人に、パンを a 個ずつ、おにぎりを b 個ずつ配ったとして、余りが出ないのだから、$ax = 720$、$bx = 480$ である。よって、x は 720 と 480 の約数になるが、この最大値を求めるのだから、結局、720 と 480 の最大公約数を求めることに帰着される。ユークリッド互除法では、

$$720 \div 480 = 1 \cdots 240$$
$$480 \div 240 = 2 \cdots 0$$

これより、$\gcd(720, 480) = 240$ だから、240 人にパンを 3 個、おにぎりを 2 個ずつ配ればよい。

問題 5.3

包装紙を含めて 1 個の重さがそれぞれ 23g のチョコレートと 12g のキャラメルがある。これらを詰め合わせて、合計でちょうど 500g にするには、それぞれ何個ずつ詰め合わせればよいか。ただし、各々 10 個以上は詰めることとする。

答え 5.3

チョコレートを x 個、キャラメルを y 個詰め合わせるとして

$$23x + 12y = 500 \quad \cdots\cdots\cdots\cdots\cdots ①$$

が成り立つような負でない整数 x, y を求めればよい。

ところで、23 と 12 は互いに素だから

$$23a + 12b = 1$$

を満たす整数 a, b が存在する。例えば、$a = -1$、$b = 2$ が解の 1 つである。これは、ユークリッド互除法を使って求めることができる。

$$23 \times (-1) + 12 \times 2 = 1 \quad \cdots\cdots\cdots\cdots ②$$

式 ② を 500 倍して式 ① から引くと

$$23(x + 500) + 12(y - 1000) = 0$$

となる。23 と 12 は互いに素だから、$x + 500$ は 12 の倍数、$y - 1000$ は 23 の倍数でなければならない。すなわち、m をある整数として、$x + 500 = 12m$、$y - 1000 = -23m$ となる。$x \geqq 10$、$y \geqq 10$ より、それぞれ、$12m - 500 \geqq 10$、$1000 - 23m \geqq 10$ である。整理すると、

$$\frac{500 + 10}{12} \leqq m \leqq \frac{1000 - 10}{23}$$

を得る。$\frac{510}{12} = 42.5$、$\frac{990}{23} \simeq 43.04$ より、$m = 43$ であり、x, y の式に代入すると、$(x, y) = (16, 11)$ となる。

したがって、チョコレートを 16 個、キャラメルを 11 個詰め合わせればよい。

第 5 章　ユークリッド互除法

問題 5.4

不定方程式 $3x + 7y = 71$ を満たす自然数 (x, y) の組をすべて求めよ。

答え 5.4

$\gcd(3, 7) = 1$ であり、$3 \cdot (-2) + 7 \cdot 1 = 1$ であるから、n を整数としてこの不定方程式の一般解は p.95 の結果より、$x = -142 + 7n, y = 71 - 3n$ である。$x, y \geqq 1$ であるから、$7n \geqq 143, 3n \leqq 70$ を得る。したがって、$\frac{143}{7} \simeq 20.4 \leqq n \leqq \frac{70}{3} \simeq 23.3$ に注意して、$n = 21, 22, 23$ を得る。これより、自然数解は $(x, y) = (5, 8), (12, 5), (19, 2)$ である。

問題 5.5

直線 $5x - 11y = 1$ の上の格子点を求めよ。

答え 5.5

座標平面上で x, y 座標が共に整数である点 (x, y) のことを格子点という。$\gcd(5, 11) = 1$ であり、$5 \cdot (-2) + 11 \cdot 1 = 1$ であるから、$5x - 11y = 1$ の一般解は、n を整数として、$x = -2 + 11n, -y = 1 - 5n$ である。したがって、求める格子点は次のようになる。

$$\begin{cases} x = -2 + 11n \\ y = -1 + 5n \end{cases} \quad (n \text{ は整数})$$

5章 演習問題

[1] 約数、倍数、最大公約数、最小公倍数、ユークリッド互除法などについて、カバーストーリーを作れ。

[2] エラトステネスの篩を用いて、100 までの素数を求めよ。

[3] 次の数は、素数か合成数か。
247,　　379,　　391,　　437

[4] 次の数を素因数分解せよ。
84,　　777,　　1001

[5] 次の最大公約数を求めよ。
gcd(476, 442),　　gcd(462, 378),　　gcd(179452, 136068)

[6] 学園祭で使える 30 円分のチケットを 10 枚、20 円分のチケットを 15 枚持っている。おばけ屋敷の入場料 410 円分をチケットで過不足なく支払うとき、支払うべきチケットの組み合わせをすべて求めよ。

[7] 自然数 k が 10 の倍数のとき、$2^k - 1$ は 31 で割り切れることを示せ。

[8] $N = p_1^{n_1} p_2^{n_2} \cdots p_k^{n_k}$ と素因数分解したとき、N の約数の個数 T と総和 S を求めよ。

[9] 正の約数の数が奇数個である自然数は四角数に限ることを示せ。

[10] 4 で割ったとき、3 余る素数は無限個あることを示せ。

第 6 章 ピュタゴラスの定理

6.1 直角三角形とピュタゴラスの定理

この章では、中学校で学んだピュタゴラスの定理（三平方の定理）について復習しよう。

和算では、直角をはさむ短い辺を鈎（勾）、長い辺を股、斜辺を弦と呼ぶ。それで、日本では古くは、直角三角形を鈎股形といい、ピュタゴラスの定理を鈎股弦の定理と称していた。神社などで、絵馬に色とりどりに彩色した鈎股形をみかけることがある。これは、算額といって、自分の発見した数学の問題や解法を描いて神様へのお礼として奉納されたものである。

『原論』では、ピュタゴラスの定理は第 I 巻の最後の 2 つの命題となる。

> **ピュタゴラスの定理（三平方の定理）とその逆**
>
> 直角三角形に対して、直角をはさむ 2 辺の長さを a、b とし、斜辺の長さを c としたとき、次式が成り立つ。
> $$a^2 + b^2 = c^2$$
> 逆に、a、b、c を 3 辺の長さとする三角形で、$a^2 + b^2 = c^2$ が成り立つならば、その三角形は a、b をはさむ角を直角とする直角三角形である。

ピュタゴラスの定理に関しては、何百という証明法が知られている。それだけ重要な定理だということの裏返しでもある。例えば、『ピタゴラスの定理』（大矢真一、東海大学出版会、2001 年）や『ピタゴラスの定理 100 の証明法：幾何の散歩道（改訂版）』（森下四郎、プレアデス出版、2010 年）

6.1 直角三角形とピュタゴラスの定理

などを参照するとよい。

ここでは有名な証明法をいくつか紹介しよう。

【見ただけでわかる証明法】

直角三角形を 4 つ用意して、図のように 2 通りに並べてみる。直角三角形において、直角でない 2 つの角を加えると直角になること、$180°$ から直角を引くと、やはり直角になることがポイントである。よく見ると、どちらも 1 辺が $a+b$ の正方形で面積は等しいから、直角三角形 4 つ分をそれぞれ除いて、残った正方形の面積を比べてみれば、$a^2 + b^2 = c^2$ となることが計算しなくてもわかる。

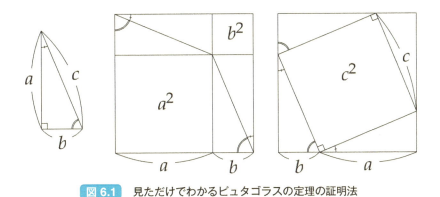

図 6.1 見ただけでわかるピュタゴラスの定理の証明法

【相似を用いた証明法】

a, b, c を 3 辺の長さ（c が斜辺）とする直角三角形 ABC を考える。この直角三角形を a 倍したものと、b 倍したものを ab が共通となるよう張り合わせて図 6.2 のように直角三角形 $A'B'C'$ を作る。張り合わせた共通の辺を $A'H$ としよう。$\angle B'HA' = \angle C'HA' = 90°$ であるから、$B'HC'$ は一直線上にあり、また、$\angle B'A'H + \angle C'A'H = \angle C + \angle B = 90°$ であるから、結局 $A'B'C'$ は直角三角形であることが言えるのだ。$\angle B' = \angle B$、$\angle C' = \angle C$ であるから、この直角三角形は元の直角三角形と相似で、斜辺の長さは $a^2 + b^2$ である。

一方、元の直角三角形を c 倍した直角三角形 $A''B''C''$ を考えると、直角をはさむ 2 辺の長さがそれぞれ ac、bc であるから、先ほどの直角三

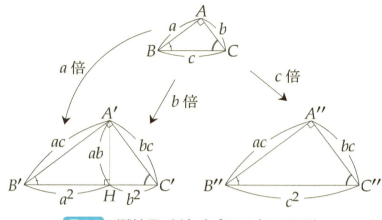

図 6.2 相似を用いたピュタゴラスの定理の証明法

角形 $A'B'C'$ と合同であることがわかる。直角三角形 $A''B''C''$ の斜辺の長さは c^2 であるから、対応する辺の長さは等しいので、$a^2 + b^2 = c^2$ を得る。この証明法でも、ほとんど計算は必要ない。

【アメリカ第 20 代大統領ガーフィールドの証明法】

これは、「大統領の証明」として、教科書によく載っている。

a, b, c を 3 辺の長さ（c が斜辺）とする直角三角形を 2 つ用意する。そして、図 6.3 のように斜辺とは異なる 2 つの辺が一直線となるように並べる。すると、2 つの直角三角形の間に c を等辺と

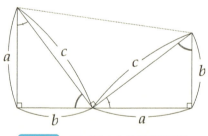

図 6.3 アメリカ大統領の証明法

する直角二等辺三角形ができる。直角三角形において、直角でない 2 つの角を加えると直角になることと、180° から直角を引くと、やはり直角になることから、c をはさむ角は直角になるのだ。そこで、これら 3 つの三角形の面積を求めると $S = \frac{1}{2}ab + \frac{1}{2}ab + \frac{1}{2}c^2$ となる。一方、全体の図形は平行な対辺が a, b の台形だから、その面積は $S = \frac{1}{2}(a+b)^2$ である。したがって、$\frac{1}{2}ab + \frac{1}{2}ab + \frac{1}{2}c^2 = \frac{1}{2}(a+b)^2$ より、$a^2 + b^2 = c^2$ が得られる。

この証明法では、少し計算を行う必要がある。

6.1 直角三角形とピュタゴラスの定理

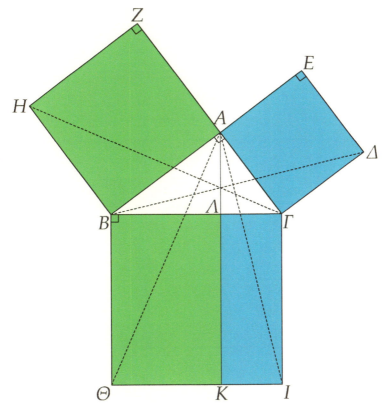

図 6.4 原論にあるピュタゴラスの定理の幾何学的証明法

【原論にある幾何学的証明】

『原論』では、ピュタゴラスの定理を幾何学的に証明している。[*1]

図 6.4 のように、角 A（アルファ）を直角とする直角三角形 $AB\Gamma$（アルファ ベータ ガンマ）[*2] を考える。また、辺 $A\Gamma$、AB、$B\Gamma$ をそれぞれ 1 辺とする正方形 $\Gamma \Delta EA$、$AZHB$、$B\Theta I\Gamma$ を立てる。このとき、BAE、ΓAZ は $\angle A = 90°$ だから、一直線上にある。また、ΓZ と BH は $\angle BA\Gamma = \angle ABH$ だから平行、BE と $\Gamma \Delta$ は $\angle BA\Gamma = \angle A\Gamma \Delta$ だから平行である。

[*1] ユークリッド 著、中村 幸四郎 ほか訳・解説『ユークリッド原論 –追補版–』（共立出版、2011 年）p.33–34
[*2] 以下、記号はギリシア文字の大文字。

A から、$B\Theta$ と平行になるよう ΘI 上の点 K をとる。また、AK と $B\Gamma$ との交点を Λ とする。$\Theta B\Gamma = 90°$ であるから、$K\Lambda\Gamma = 90°$ となり、四角形 $B\Lambda K\Theta$ は長方形である。

さて、正方形 $AZHB$ と、長方形 $B\Lambda K\Theta$ の面積が等しいことを示そう。それには、三角形 $AB\Theta$ と三角形 $HB\Gamma$ に注目するとよい。

四角形 $AZHB$ は正方形だから、$AB = BH$ である。同様に、$B\Theta I\Gamma$ は正方形だから、$B\Theta = B\Gamma$ である。そして、$\angle AB\Theta = 90° + \angle AB\Gamma = \angle HB\Gamma$ が言えるので、2 辺とそのはさむ角が等しいから、三角形 $AB\Theta$ と三角形 $HB\Gamma$ は合同であることが証明できた。三角形 $AB\Theta$ の面積は、$B\Theta$ を底辺とすると、高さが $B\Lambda$ となるから、$\triangle AB\Theta = \frac{1}{2}\overline{B\Theta}\cdot\overline{B\Lambda} = \frac{1}{2}\times\square B\Lambda K\Theta$ である。同様に、三角形 $HB\Gamma$ の面積は、$\triangle HB\Gamma = \frac{1}{2}\overline{HB}\cdot\overline{BA} = \frac{1}{2}\times\square AZHB$ である。三角形 $AB\Theta$ と三角形 $HB\Gamma$ は合同だから、その面積は等しい。これより、$\square AZHB = \square B\Lambda K\Theta$ が証明できた。(図 6.4 参照。)

今度は、三角形 $A\Gamma I$ と三角形 $\Delta\Gamma B$ に注目すると、$A\Gamma = \Delta\Gamma$、$\Gamma I = \Gamma B$、$\angle A\Gamma I = 90° + \angle A\Gamma B = \angle\Delta\Gamma B$ が言えるから、2 辺挟角により、三角形 $A\Gamma I$ と三角形 $\Delta\Gamma B$ は合同であることが証明できた。これより、$\triangle A\Gamma I = \frac{1}{2}\overline{\Gamma I}\cdot\overline{\Gamma\Lambda} = \frac{1}{2}\times\square\Lambda K I\Gamma$ と $\triangle B\Delta\Gamma = \frac{1}{2}\overline{\Delta\Gamma}\cdot\overline{\Gamma A} = \frac{1}{2}\times\square A\Gamma\Delta E$ が成立し、$\square\Lambda K I\Gamma = \square A\Gamma\Delta E$ が証明できた。(図 6.4 参照。)

したがって、次の関係式が成り立つ。

$$\square AZHB + \square A\Gamma\Delta E = \square B\Lambda K\Theta + \square \Lambda K I\Gamma = \square B\Theta I\Gamma \qquad \text{(Q.E.D.)}$$

ギリシア初期の証明は、下図のように敷石にヒントを得たのではないかといわれている。

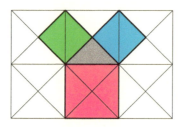

図 6.5 敷石の模様に見えるピュタゴラスの定理

6.1 直角三角形とピュタゴラスの定理

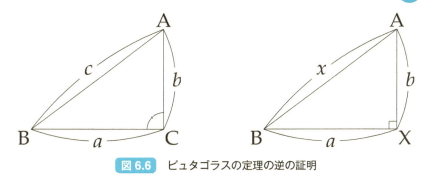

図 6.6 ピュタゴラスの定理の逆の証明

【ピュタゴラスの定理の逆の証明】

正数 a, b, c が $a^2 + b^2 = c^2$ を満たすとき、a, b, c を 3 辺とする三角形 ABC は a, b をはさむ角を直角とする直角三角形であることを証明する。

念のため、三角不等式が満たされることを確認しておく。$(a-b)^2 = a^2 + b^2 - 2ab = c^2 - 2ab < c^2$ より、$|a-b| < c$ である。また、$(a+b)^2 = a^2 + b^2 + 2ab = c^2 + 2ab > c^2$ より、$a+b > c$ である。したがって、$|a-b| < c < a+b$ だから、三角不等式が成り立つ。つまり、a, b, c を 3 辺とする三角形は確かに存在する。(図 6.6 の左図)

a, b をはさむ角を直角とする直角三角形 ABX を考え、その斜辺の長さを $x\ (>0)$ とする。(図 6.6 の右図) 2 辺とその挟む角で定められたこの三角形 ABX は、合同な三角形を同一視すれば、ただ 1 つのみ存在する。ここで、p.101–104 に示したピュタゴラスの定理より、直角三角形 ABX に対して、$a^2 + b^2 = x^2$ が成り立つ。ところで、三角形 ABC の 3 辺は $a^2 + b^2 = c^2$ を満たすので、$x^2 = c^2$ となる。$x^2 - c^2 = (x-c)(x+c) = 0$ において、$x > 0$ より、解は $x = c$ だけである。したがって、3 辺の長さがそれぞれ等しいから、三角形 ABC と直角三角形 ABX は合同であり、対応する角は各々等しい。すなわち、$\angle X = \angle C = 90°$ である。これより、三角形 ABC の a, b をはさむ角は直角であることが証明された。∎

6.2 ピュタゴラスの定理と無理数

ピュタゴラスの定理の内容そのものは、およそ5000年前の古代文明の時代から知られていたことは既に述べた。古代バビロニアの粘土板 YBC7289 やプリンプトン 322 は有名である。ピュタゴラスの定理から必然的に無理数の存在が導かれる。この無理数の発見は古代ギリシアにおいて大変な驚きであった。ここでは無理数について簡単におさらいしよう。

p.100 で述べたピュタゴラスの定理より、等辺の長さが 1 である直角二等辺三角形の斜辺の長さを $x\ (>0)$ とすると、

$$1^2 + 1^2 = x^2$$

が成り立つ。つまり、x は 2 乗すると 2 になる正の数である。これを 2 の正の平方根といい、$\sqrt{2}$ と書く。すなわち、

$$x = \sqrt{2}$$

である。(図 6.7)

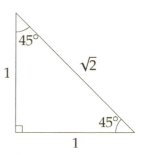

図 6.7 直角二等辺三角形と無理数 $\sqrt{2}$

ちなみに、2 乗すると 2 になる負の数を負の平方根といい、$-\sqrt{2}$ と書く。つまり、正数 a には正と負の 2 つの平方根があって、それぞれ、$\sqrt{a}$、$-\sqrt{a}$ と書く。0 の平方根は $\sqrt{0} = 0$ の 1 つだけである。

2 の正の平方根を小数で書くと $\sqrt{2} = 1.41421356\cdots$ (ひとよひとよにひとみごろ) になるが、実は有理数ではないことが証明できる。有理数とは、小数で書くと、有限小数か、または、循環する無限小数になる数のことである。例えば、$0.8 = \frac{4}{5}$ や $\frac{2}{7} = 0.\dot{2}8571\dot{4}$ は有理数である。$\frac{q}{p}$ (p, q は整数) において、p を除数とする割り算を実行していくと、余りは $0 \sim (p-1)$ までしか取りえないので、有限小数か、循環する無限小数になるのだ。そして、$\sqrt{2} = 1.41421356\cdots$ は、無限小数だが循環はしない。こういう数を**無理数**という。英語から直訳すると、「比ではない数」(irrational number) という意味であって、決して「道理の通らないムリクリな数」ということではない。有理数と無理数を合わせて、実数という。これは 7 章で詳しく述べる。

$\sqrt{N}$ が有理数ではないことの証明

いくつかの証明が知られているが、はじめにオーソドックスな証明を、次に、エレガントな証明を紹介する。

$\sqrt{2}$ は有理数ではないことを背理法で証明する。

有理数と仮定すると、$\sqrt{2} = \dfrac{q}{p}$ となる互いに素な整数 $p(\neq 0)$、q が存在する。この両辺を 2 乗すると、$2 = \dfrac{q^2}{p^2}$ であるから、$q^2 = 2p^2$ となる。2 乗したときに偶数になる整数は、偶数に限るから、$q = 2m$（m は整数）と書ける。これより、$4m^2 = 2p^2$ となるが、両辺を 2 で割って、$p^2 = 2m^2$ を得る。同じ理由で、p は偶数でなければならないから、$p = 2n$（n は整数）と書ける。これより、p、q は共に偶数だから、2 を約数にもつことになり、互いに素であることと矛盾する。

背理法により、$\sqrt{2}$ は有理数ではないことが証明された。∎

四角数（平方数）ではない自然数 N に対して、$\sqrt{N}$ が無理数であることは次のようにして証明できる。

N の素因数分解を $N = p_1^{n_1} p_2^{n_2} \cdots p_k^{n_k}$ とする。このとき、$N = m^2$ とは書けないことから、指数 $n_1, n_2, \cdots, n_k$ のうち、少なくとも 1 つは奇数である。これを n_1、対応する素因数を p_1 としても一般性を損なわない。ここで、$\sqrt{N} = \dfrac{b}{a}$ となる整数 $a(\neq 0)$、b が存在すると仮定する。両辺を 2 乗すると、$b^2 = Na^2$ となるが、a^2、b^2 を素因数分解したときの指数はすべて偶数だから、N の素因数 p_1 の指数に着目して両辺を比べたときに、0 を偶数に含めて、

（偶数）$= n_1 +$（偶数）が成立することになる。n_1 は奇数だから、これは矛盾。したがって、背理法により題意が証明された。∎

自然数 N の正の平方根 $\sqrt{N}$ の作図を考えよう。

1辺が1の正方形の対角線の長さが $\sqrt{2}$ であった。図 6.8 のようにすれば、次々と $\sqrt{3}$, $\sqrt{5}$ などを簡単に描くことができる。

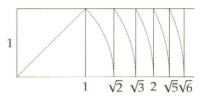

図 6.8　$\sqrt{2}$, $\sqrt{3}$ などの作図 その1

同じことだが、グルッと一回転するように $\sqrt{2}$, $\sqrt{3}$, … を描く図 6.9 もよくみかける。直角をはさむ辺の長さを 1, $\sqrt{n}$ とすれば、斜辺の長さはピュタゴラスの定理から、$\sqrt{1+\sqrt{n}^2} = \sqrt{n+1}$ となるのだ。あとは、これを繰り返していけばよい。

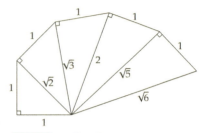

図 6.9　$\sqrt{2}$, $\sqrt{3}$ などの作図 その2

正数 N の正の平方根 $\sqrt{N}$ を直接的に作図するには、図 6.10 のようにすればよい。

AB$=N$ とし、その延長に BC$=1$ となるように点 C をとる。AC を直径とする円を描き、円周上に点 D をとり、BD が AC と直交するように定める。円周角の定理より、

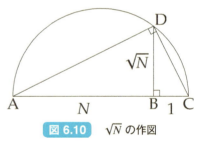

図 6.10　$\sqrt{N}$ の作図

∠ADC$=90°$ になる。また、△ABD と △DBC は相似である。したがって、$\overline{AB}:\overline{BD} = \overline{BD}:\overline{BC}$ だから、$x = \overline{BD}$ として、次式を得る。

$$N : x = x : 1 \quad \rightarrow \quad x^2 = N \quad \rightarrow \quad x = \sqrt{N}$$

これは『原論』第 VI 巻の 13 番目の命題に $x^2 = a \cdot b$ となる x を見出す方法として挙げられている。(今の場合は、$a = N, b = 1$ としている。)

$\sqrt{2}$ は身近なところにも現れる。例えば、A サイズや B サイズの紙のタテ・ヨコの比は $\sqrt{2} : 1$ である。紙を長辺で半分にしたときに元の紙と相似になるには、長辺 (a) と短辺 (b) の比が $\sqrt{2} : 1$ でなければならないのだ。

$$a : b = b : \frac{a}{2} \quad \rightarrow \quad \frac{a^2}{2} = b^2 \quad \rightarrow \quad a = \sqrt{2}\, b \quad (a:b=\sqrt{2}:1)$$

身近なところに潜む $\sqrt{2}$

- A サイズ、B サイズの紙のタテ・ヨコ比

  A4 サイズの紙の大きさ：297mm × 210mm

  A4 の長辺と短辺の比：$\dfrac{297}{210} \simeq 1.414$　→　およそ $\sqrt{2}$

  A5 サイズの紙の大きさ：210mm × 148mm

  A5 の長辺と短辺の比：$\dfrac{210}{148} \simeq 1.4$　→　およそ $\sqrt{2}$

A4 の長辺を半分に切ったものが A5 で、A5 は A4 に相似である。
B4 サイズの紙についても同様の性質がある。

B4 サイズの紙の大きさ：364mm × 257mm　　$\dfrac{364}{257} \simeq 1.4$

B5 サイズの紙の大きさ：257mm × 182mm　　$\dfrac{257}{182} \simeq 1.4$

実は、長辺 (a) と短辺 (b) の比が $\sqrt{2}$ のとき、長辺を半分に切って出来る長方形は元の長方形に相似になる。

$$a : b = b : \dfrac{a}{2} \quad \text{より} \quad \dfrac{a^2}{2} = b^2, \quad \text{したがって} \quad \dfrac{a}{b} = \sqrt{2}$$

この性質から、拡大縮小コピーは次のように設定すればよい。

　　A4 → A3　拡大コピー　　…　　141%　　（$\sqrt{2}$ 倍）

　　A4 → A5　縮小コピー　　…　　70.7%　　（$\dfrac{\sqrt{2}}{2}$ 倍）

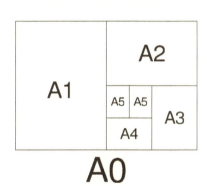

語呂合わせ

一例を挙げる。もっといい語呂合わせがあるかもしれない。
各自考えてみよう。

$\sqrt{2} = 1.41421356\cdots$
  ひとよひとよにひとみごろ（一夜一夜に人見ごろ）
$\sqrt{3} = 1.7320508\cdots$
  ひとなみにおごれや（人並みに奢れや）
$\sqrt{4} = 2$
$\sqrt{5} = 2.2360679\cdots$
  ふじさんろくおうむなく（富士山麓オウム鳴く）
$\sqrt{6} = 2.4494897\cdots$
  によよくよわくな（煮よ良く弱くな）
$\sqrt{7} = 2.64575\cdots$
  な、にむしいない（菜に虫いない）→ 7 からはじめる
$\sqrt{8} = 2.8284\cdots$
  にやにやよ（ニヤニヤよ）
$\sqrt{9} = 3$
$\sqrt{10} = 3.162\cdots$
  とう、さんいちろーにー（父さん一郎兄）→ 10 からはじめる

円周率 π の語呂合わせ

$\pi = 3.1\ 41\ 592\ 653\ 58979\ 3238462\ 643383279\cdots$
  身1つ　世1つ　生くに　無意味　いわくなく　身ふみや読むに
  　　　　　　　　　　　　　　　　　　　　　　虫さんざん闇になく

自然対数の底（ネイピア数）e の語呂合わせ

$e = 2.7\ 18\ 28\ 18\ 28\ 459045\cdots$
  鮒　一鉢　二鉢　一鉢　二鉢　至極美味しい

※ 5 を「い」と読ませる場合があることに注意。

他にも、日常生活で無理数をよく目にしている。最近のテレビである。

テレビの画面の大きさをあらわすインチ数は、対角線の長さで測る。

例えば、画面サイズが 20 インチであれば、1 インチ = 25.4mm だから、対角線の長さは 508mm となる。最近のワイドサイズのテレビでは、画面の

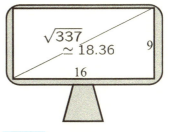

図 6.11 画面アスペクト比、ワイドサイズでは 16:9

幅と高さの比（画面アスペクト比）が 16 : 9 になっている。そこで、幅を $16a$、高さを $9a$ とすると、対角線の長さは、ピュタゴラスの定理から $\sqrt{16^2 + 9^2}\,a = \sqrt{337}\,a \simeq 18.358\,a$ となる。これより、20 インチのワイドテレビの幅と高さはそれぞれ $\frac{16}{\sqrt{337}} \times 508 = 442.76$mm、$\frac{9}{\sqrt{337}} \times 508 = 249.05$mm と計算できる。他のインチ数でも同様である。

昔のテレビは、ノーマルサイズで画面アスペクト比は 4 : 3 であった。これと比べると、ワイドサイズのテレビはずいぶん細長くなった印象がある。同じインチ数の画面で、面積を比較してみよう。対角線の長さを x として、ワイドサイズの面積は $S_W = \frac{144}{337}x^2 \simeq 0.4273x^2$ となり、ノーマルサイズの面積は $S_N = \frac{12}{25}x^2 = 0.48x^2$ となる。面積にして約 10 % もワイドサイズの画面の方が小さい。ワイドサイズはあまりワイドではないらしい。

ある人が古くなった昔の 19 インチのテレビを買い替えて、最近の 20 インチのテレビを買ったという。「これからは、今までより大きな画面でテレビを楽しめるワイ」というのは、ヌカ喜びだろうか。

ワイドサイズのテレビの対角線の長さを x、ノーマルサイズでの対角線の長さを y として、それぞれ面積を求めると、$S_W = \frac{144}{337}x^2$, $S_N = \frac{12}{25}y^2$ となるから、面積で比較したときにワイドサイズの方が広くなるのは、$x > \sqrt{\frac{337}{300}}y$ のときである。ところが、$y = 19$ インチの場合は、$\sqrt{\frac{337}{300}} \times 19 \simeq 20.138$ だから、ワイドサイズのテレビが 21 インチ以上でないと、面積は小さくなる。今の場合は、20 インチのワイドサイズのテレビの方が、19 インチのノーマルサイズのテレビより、面積は 1.4% 小さくなっている。とは言え、正しい画面アスペクト比でテレビを見ることができるようになったのだから、よい買い物だったと素直に喜ぶ方がテレビをより楽しめるだろう。

6.3 ピュタゴラスの定理と三角比

直角三角形の高さを a、底辺を b、斜辺を c とし、底辺と斜辺のなす角を θ とする。このとき、それぞれの辺に対する比について、正弦（サイン、sine）、余弦（コサイン、cosine）、正接（タンジェント、tangent）を次のように定義する。

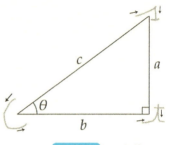

図 6.12 三角比

$$\sin\theta = \frac{a}{c}, \qquad \cos\theta = \frac{b}{c}, \qquad \tan\theta = \frac{a}{b}$$

図 6.12 のように筆記体の s, c, t をイメージすると覚えやすい。正接は、正弦と余弦の比で書くことができる。

$$\tan\theta = \frac{\frac{a}{c}}{\frac{b}{c}} = \frac{\sin\theta}{\cos\theta}$$

また、ピュタゴラスの定理で、辺々 c^2 で割ると次の重要な関係式を得る。

$$\left(\frac{a}{c}\right)^2 + \left(\frac{b}{c}\right)^2 = 1 \quad \rightarrow \quad \sin^2\theta + \cos^2\theta = 1$$

この式を辺々 $\cos^2\theta$ で割ると、次の関係式が成り立つことがわかる。

$$\frac{\sin^2\theta}{\cos^2\theta} + 1 = \tan^2\theta + 1 = \frac{1}{\cos^2\theta}$$

これらの三角比の重要な関係式をまとめると次のようになる。

三角比の相互関係

$$\sin^2\theta + \cos^2\theta = 1$$
$$\tan\theta = \frac{\sin\theta}{\cos\theta}$$
$$1 + \tan^2\theta = \frac{1}{\cos^2\theta}$$

図 6.12 において、90°−θ に注目して辺の比を考えると、次式が成立。

$$\sin(90°-\theta) = \cos\theta, \quad \cos(90°-\theta) = \sin\theta, \quad \tan(90°-\theta) = \frac{1}{\tan\theta}$$

三角比の値を簡単に求めることができる直角三角形をいくつか考えよう。p.106 の図 6.7 の直角二等辺三角形では、辺の比が $1:1:\sqrt{2}$ だから、

$$\sin 45° = \cos 45° = \frac{1}{\sqrt{2}}, \quad \tan 45° = 1$$

次に、1 辺の長さを 2 とする正三角形 ABC を考える。三角形の内角の和は 180° であり、対称性から ∠A = ∠B = ∠C なので、それぞれの角は 60° になる。図 6.13 のように、BC の中点 H をとる。2 辺挟角で △AHB と △AHC は合同、すなわち、AH は、正三角形 ABC を 2 等分するから、AH と BC は垂直であり、∠BAH = ∠CAH = 30° である。

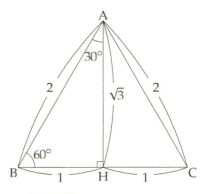

図 6.13　正三角形と三角比

ピュタゴラスの定理より、AH= $\sqrt{2^2-1^2} = \sqrt{3}$ と求めることができる。これより、60° と 30° に関する三角比は次のようになる。

$$\cos 60° = \sin 30° = \frac{1}{2}, \quad \sin 60° = \cos 30° = \frac{\sqrt{3}}{2}$$

$$\tan 60° = \sqrt{3}, \quad \tan 30° = \frac{1}{\sqrt{3}}$$

少し工夫すれば、15° や 75° に対する三角比を求めることもできる。まず、△ABC として、AB= 2、AC= 1、∠A= 60°、∠B= 30°

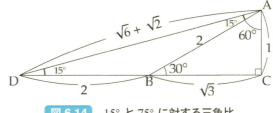

図 6.14　15° と 75° に対する三角比

を考える。そして、図 6.14 のように、CB の延長に AB=BD となる点 D をとる。△ADB は二等辺三角形だから、∠BAD=∠ADB が成り立つ。これよ

り、2∠ADB= ∠ABC= 30°だから、∠ADB= 15°である。したがって、

$$\tan 15° = \frac{AC}{DB + BC} = \frac{1}{2 + \sqrt{3}} = 2 - \sqrt{3}$$

$$\tan 75° = \frac{DB + BC}{AC} = 2 + \sqrt{3}$$

ピュタゴラスの定理より、

$$AD^2 = 1^2 + (2 + \sqrt{3})^2 = 8 + 4\sqrt{3} = 8 + 2\sqrt{12} = \left(\sqrt{6} + \sqrt{2}\right)^2$$

だから、

$$AD = \sqrt{6} + \sqrt{2}$$

となり、余弦と正弦は次のようになる。

$$\cos 15° = \sin 75° = \frac{2 + \sqrt{3}}{\sqrt{6} + \sqrt{2}} = \frac{\sqrt{6} + \sqrt{2}}{4}$$

$$\sin 15° = \cos 75° = \frac{1}{\sqrt{6} + \sqrt{2}} = \frac{\sqrt{6} - \sqrt{2}}{4}$$

他のさまざまな角度に対する三角比は、付録Cにのせる。

　ピュタゴラスの定理を直角でない角度に拡張すると、余弦定理を得ることができる。また、円周角の定理と組み合わせると、正弦定理を得る。これらの定理もよく使われる。

正弦定理と余弦定理

　三角形ABCの頂点A、B、Cに対する辺（対辺）の長さをa、b、cとし、∠A、∠B、∠Cをそれぞれ、A、B、Cとする。三角形ABCの外接円の半径をRと書く。このとき、次の式が成り立つ。

[正弦定理]　　$\dfrac{a}{\sin A} = \dfrac{b}{\sin B} = \dfrac{c}{\sin C} = 2R$

[余弦定理]　　$a^2 = b^2 + c^2 - 2bc \cos A$

　　　　　　　$b^2 = c^2 + a^2 - 2ca \cos B$

　　　　　　　$c^2 = a^2 + b^2 - 2ab \cos C$

6.3 ピュタゴラスの定理と三角比

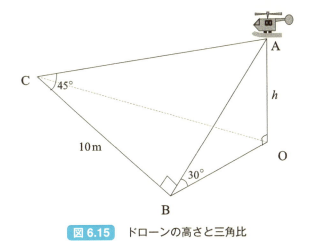

図 6.15　ドローンの高さと三角比

　三角比にはいろいろな応用がある。
　例えば、三角比を使ってドローンの高さを求めてみよう。図 6.15 のように、ドローンの位置を A とし、地上に下した垂線の足を O としよう。求めたいのは OA= h である。ある地点 B から A を見上げると、∠OBA = 30° であった。（これを仰角という。）また、ある地点 C では、BC と AB が直角であり、∠BCA = 45° であった。そして、地点 B と地点 C の距離を測ると 10m であった。このとき、三角比を用いると、

$$\sin 30° = \frac{\text{AO}}{\text{AB}} = \frac{1}{2}$$

だから、AB= 2OA= $2h$ となる。また、

$$\tan 45° = \frac{\text{AB}}{\text{BC}} = 1$$

を用いると、BC=AB= $2h$ である。BC= 10m だから、

$$h = \frac{1}{2} \text{BC} = 5\text{m}$$

と求めることができる。

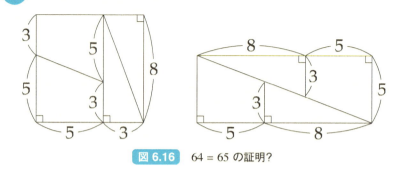

図 6.16 64 = 65 の証明?

6.4 証明と似非(えせ)証明

　正しい証明ばかりをフムフムと眺めているだけだと、実は何も身についていないことがある。証明にギャップが 1 つでもあると、誤った結論を導くことがあるのだが、自分の頭でシッカリ考えていないと、それが論理のギャップなのか、自明だから言ってないだけなのか、判断できない。そこで「正しくない証明」に対して、どこが正しくないのかを理解することは大変勉強になる。いくつか有名な「まちがった証明」を紹介しよう。

　『不思議の国のアリス』の作者として有名なルイス・キャロルは、イギリスの数学者チャールズ・ラトウィッジ・ドジソン (1832–1898) のペンネームだ。そのドジソンの創案といわれる「まちがった証明」が図 6.16 である。実際に、折り紙を図 6.16 の左図のように切って、右図のように並べ直してみるとよい。台形の部分と三角形の部分がピッシリはまって、図 6.16 のように、正方形を長方形に変形することができる。左の正方形の面積は、1 辺が $5+3=8$ なので、$8^2 = 64$ である。右の長方形の面積は、$(5+8) \times 5 = 13 \times 5 = 65$ である。図 6.16 より、この両者は一致するので、

$$64 = 65$$

が成り立つ、という証明だ。もちろん、64 と 65 が等しくなるわけがないから、まちがっているのに決まっているが、どこがまちがいなのか。答えを見る前に、自分でよく考えてみよう。

　次のよく知られた「まちがった証明」は、「すべての三角形は二等辺三角

形である」というものだ。*3

図 6.17 のように、任意の三角形 ABC に対して、BC の垂直二等分線と ∠A の二等分線との交点を O とする。BC の中点を D とすると、∠ODB= 90° である。また、O は BC の垂直二等分線上の点だから、OB=OC が成り立つ。さて、O から AC、AB に垂線の足 E、F をそれぞ

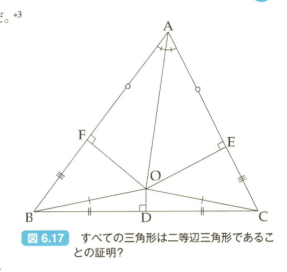

図 6.17 すべての三角形は二等辺三角形であることの証明？

れ下ろす。このとき、直角三角形 OAE と直角三角形 OAF に注目しよう。OA は ∠A の二等分線だから、∠OAE= ∠OAF であり、$\overline{OA}$ は共通なので、$\overline{AE} = \overline{OA} \cos \angle OAE = \overline{OA} \cos \angle OAF = \overline{AF}$ が成り立つ。よって、2 辺挟角で三角形 OAE と三角形 OAF は合同である。これより、OE=OF が言える。今度は、直角三角形 OCE と直角三角形 OBF に注目しよう。実は、2 辺が相等しい直角三角形は合同であることが言える。ピュタゴラスの定理より、$CE^2 = OC^2 - OE^2$、$BF^2 = OB^2 - OF^2$ となるが、OB=OC、OE=OF だから、$CE^2 = BF^2$ が言える。CE> 0、BF> 0 であるから、この解は、CE=BF に限られる。したがって、直角三角形 OCE と直角三角形 OBF は合同である。これらの結果をまとめると、

$$\overline{AB} = \overline{AF} + \overline{FB} = \overline{AE} + \overline{EC} = \overline{AC}$$

となって、任意の三角形 ABC は二等辺三角形であることが言えた。

この「正しくない証明」では、一見、証明の各ステップは論理的に正しいように思えてしまうが、図 6.17 を見ると、明らかに AB≠AC であるから、どこか間違っているハズである。どこがおかしいのか、まず、自分でその答えを見つける努力をしてみよう。

---

*3 例えば、『幾何物語：現代幾何学の不思議な世界』(瀬山士郎 著、ちくま学芸文庫、2007 年) p.24–26 など。

さて、答え合わせだ。図 6.16 においてポイントは、長方形の対角線に見えるものが本当に一直線になっているかどうかである。

実は、図 6.16 の右図で、対角線のように見えるものは一直線になっていない。本当は隙間があるのだ。この隙間が面積が 1 だけ増えた正体である。図 6.18 では、それを強調して描いた。台形の部分を ABFE とし、三角形の部分を CEF とする。E から BC に平行に D を

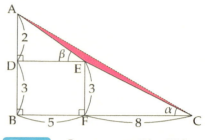

図 6.18　「64 = 65 の証明」の間違い

とる。∠B = 90° だから、DE と AB は垂直である。したがって、四角形 BFED は長方形となり、BD = 3、AD = 2 となる。ここで、∠ECF = α、∠AED = β とする。DE//BC だから、もし AEC が一直線上にあれば、$\tan\alpha = \tan\beta$ が成り立つ。ところが、それぞれの正接を計算すると、

$$\tan\alpha = \frac{3}{8} = 0.375, \quad \tan\beta = \frac{2}{5} = 0.4$$

すなわち、$\tan\alpha \neq \tan\beta$ だから、AEC は一直線上にはないことが言える。

「そう見える」という事では、証明にならないのだ。「見ただけでわかる」ピュタゴラスの定理の証明をはじめに述べたが、本当に抜け穴はなかったか、図は正確だったか、もう一度戻って、自分の頭で確認してみよう。

次に、すべての三角形は二等辺三角形であることの証明の間違いはどこか、答え合わせだ。

実は、図 6.17 が正しくないのだ。正確に描いてみると、図 6.19 のように、O から AB、AC に下ろした垂線の足の片方は辺の内部に、もう片方は辺の外部に存在することがわかる。確かに、$\overline{AE} = \overline{AF}$、$\overline{FB} = \overline{EC}$ だが、$\overline{AB} = \overline{AF} + \overline{FB}$、$\overline{AC} = \overline{AE} - \overline{EC}$ だから、$\overline{AB} = \overline{AC}$ とは結論できない。

正確な図を描くことは重要だ。

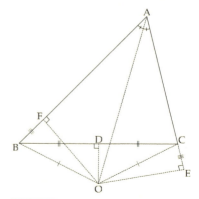

図 6.19　「すべての三角形は二等辺三角形である証明」の間違い

6.5 ピュタゴラスの定理と自然数

3、4、5 の長さのひもで直角三角形を作ることができることは、古代エジプトや古代バビロニアなどで既に知られていた。また、ピュタゴラスの定理から、直角三角形の 3 辺が必ずしも自然数にはならないことも学んだ。

ここでは、3 辺の長さが 3、4、5 のようにすべて自然数で、しかも直角三角形となるような場合を考える。これは、ピュタゴラスの定理より、

$$x^2 + y^2 = z^2$$

という不定方程式を満たす自然数の 3 つの組 (x, y, z) を求めることに他ならない。これを**ピュタゴラスの三つ組**という。この性質をもつ自然数の組は、古来より深く研究されてきた。これから学ぶように、3 辺の長さがすべて自然数である直角三角形は無数に存在することがわかる。例えば、

$(3, 4, 5)$, $(12, 5, 13)$, $(24, 7, 25)$, $(40, 9, 41)$, $(60, 11, 61)$,

$(15, 8, 17)$, $(35, 12, 37)$, $(63, 16, 65)$,

$(21, 20, 29)$, $(120, 119, 169)$, $\cdots$

は、計算してみるとわかるが、$x^2 + y^2 = z^2$ を満たすので、ピュタゴラスの三つ組である。ときどき、答案で $(1, 1, \sqrt{2})$ をピュタゴラスの三つ組に挙げる人がいるのだが、これは $x^2 + y^2 = z^2$ を満たすが、$\sqrt{2}$ は自然数ではないのでピュタゴラスの三つ組ではない。

折り紙と $(3, 4, 5)$ の直角三角形
右図のように折り紙で AD の中点 E をとり、点 B と点 E が一致するように折ると AD:DG=3:2 になる。これを**芳賀の定理**という。よって、EG:GD:DE=FE:EA:AF=5:4:3

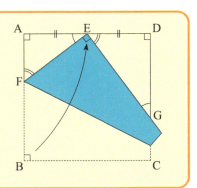

120 第 6 章 ピュタゴラスの定理

それでは、これらの直角三角形の性質について調べていこう。

まずは、ピュタゴラス派に帰せられる発見法的なピュタゴラスの三つ組の見つけ方である。連続する奇数の和が四角数になることは p.57 の式 (4.7) で学んだ。

$$1 + 3 + \cdots + (2n - 1) = n^2, \quad \text{すなわち} \quad (n-1)^2 + (2n-1) = n^2$$

ここで最後の奇数が $2n - 1 = m^2$ のように四角数ならば、ピュタゴラスの三つ組 $(n-1, m, n)$ が得られることになる。$n = \frac{m^2+1}{2}$ だから、整理すると、

$$\left(m, \frac{m^2 - 1}{2}, \frac{m^2 + 1}{2} \right)$$

である。m は 1 より大きな奇数であればよいから、この時点で、ピュタゴラスの三つ組は無数に存在することがわかる。この系列では辺の差は 1 だ。

例えば、9 は四角数である奇数だ。これが示唆するのは、$(5-1)^2 + 9 = 5^2$ なので、ピュタゴラスの三つ組 $(4, 3, 5)$ を得る。次の奇数かつ四角数は 25 で、これが示唆するのは、$(13-1)^2 + 25 = 13^2$ なので、ピュタゴラスの三つ組 $(12, 5, 13)$ を得る。以下、無限にピュタゴラスの三つ組を作ることができる。これは図形的に考えてもわかりやすいだろう。

次に、連続する 2 つの奇数の逆数の和を考えてみよう。現代の私達にとっては代数的に考えた方がわかりやすい。まず、n を自然数として、連続した 2 つの奇数 $2n - 1$ と $2n + 1$ を考える。この逆数をそれぞれ足すと

$$\frac{1}{2n-1} + \frac{1}{2n+1} = \frac{4n}{4n^2 - 1}$$

を得る。この分子と分母と分母に 2 を加えた 3 つの数の組は、

$$(4n)^2 + (4n^2 - 1)^2 = (4n^2 + 1)^2$$

を満たすから、n を自然数として、

$$(4n, 4n^2 - 1, 4n^2 + 1)$$

は、ピュタゴラスの三つ組となる。この系列では、$(4n^2 + 1) - (4n^2 - 1) = 2$ だから、辺の差が 2 になる。これはプラトンによって研究されたという。

例えば、連続する奇数として 3 と 5 をとると、

$$\frac{1}{3} + \frac{1}{5} = \frac{8}{15}$$

だから、ピュタゴラスの三つ組として、$(15, 8, 17)$ が得られる。次に、連続する奇数として 5 と 7 をとると、

$$\frac{1}{5} + \frac{1}{7} = \frac{12}{35}$$

となるから、ピュタゴラスの三つ組として、$(35, 12, 37)$ が得られる。

それでは、一般的なピュタゴラスの三つ組の生成法を考えよう。

直角三角形の 3 辺の長さ a, b, c がすべて自然数であるとき、全体を k 倍 (k は自然数) した相似な三角形も、3 辺の長さはすべて自然数になる。つまり、ピュタゴラスの三つ組 (a, b, c) に対して、自然数 k をかけた (ka, kb, kc) もピュタゴラスの三つ組だから、a, b, c の公約数が 1 以外にない場合がより基本的である。そこで、$\gcd(a, b, c) = 1$ を満たすピュタゴラスの三つ組を**原始ピュタゴラス三つ組**と呼び、辺の長さが原始ピュタゴラス三つ組である直角三角形を**既約ピュタゴラス三角形**と呼ぶ。これに対して、辺の長さが (ka, kb, kc) であるような直角三角形を **可約ピュタゴラス三角形**という。原始ピュタゴラス三つ組を生成する一般的な方法は次のようになる。

原始ピュタゴラス三つ組の生成法

$\gcd(a, b, c) = 1$ で $a^2 + b^2 = c^2$ を満たす自然数 (a, b, c) は、互いに素で偶奇が異なる自然数 s, t $(s > t)$ を用いて、次のように書ける。

$$a = 2st, \qquad b = s^2 - t^2, \qquad c = s^2 + t^2$$

この公式を証明するためにいくつか準備をする。

原始ピュタゴラス三つ組に対して、実は、$\gcd(a, b) = \gcd(b, c) = \gcd(c, a) = 1$ となることがわかる。むろん、$\gcd(a, b) = \gcd(b, c) = \gcd(c, a) = 1$ ならば、$\gcd(a, b, c) = 1$ だから、ピュタゴラスの三つ組 (a, b, c) が $\gcd(a, b, c) = 1$ を満たすとき、$\gcd(a, b) = \gcd(b, c) = \gcd(c, a) = 1$ が言えればよい。これは、次のように考えれば、すぐわかる。$\gcd(a, b) = d$ とすると、$a = a'd$, $b = b'd$ と書けるから、$c^2 = d^2(a'^2 + b'^2)$ となる。したがって、d は c の約数でもあるから、$\gcd(a, b, c) = 1$ より、$d = 1$ が結論される。残りの $\gcd(b, c) = \gcd(c, a) = 1$ も同様にして、簡単に証明できる。言わずもがなだが、一般の $\gcd(a, b, c) = 1$ に対して、$\gcd(a, b) = \gcd(b, c) = \gcd(c, a) = 1$ は成り立たない。例えば、$\gcd(2, 3, 4) = 1$ だが、$\gcd(2, 4) = 2 \neq 1$ である。

この結果として、原始ピュタゴラス三つ組 (a, b, c) において、$\gcd(a, b) = 1$ だから、a, b のどちらも偶数ということはない。次に、a, b のうち、どちらかは偶数で、もう一方は奇数であることを背理法で示そう。

　a, b のどちらも奇数であると仮定する。したがって、k, j をある自然数として、$a = 2k - 1, b = 2j - 1$ と書ける。このとき、a^2, b^2 はどちらも 4 で割ったとき 1 余るから、$a^2 + b^2$ は 4 で割ったとき 2 余ることになる。一方、c は、n を整数として $c = 4n, c = 4n \pm 1, c = 4n + 2$ のいずれかであるので、c^2 は 4 で割り切れるか、または、4 で割ったとき 1 余るかのいずれかになる。したがって、$a^2 + b^2 = c^2$ において左辺は 4 で割ったとき 2 余るが、右辺は 4 で割ったとき 2 余ることはないのだから、矛盾である。よって、背理法により、a, b のうち、1 つは偶数、もう 1 つは奇数であることが証明された。

　いよいよ、原始ピュタゴラス三つ組に関する p.121 の公式を証明する。

　原始ピュタゴラス三つ組 (a, b, c) において、a を偶数、b を奇数とする。このとき、$\gcd(a, c) = 1$ より、c は奇数となる。したがって、

$$a^2 = c^2 - b^2 = (c - b)(c + b)$$

において、$c + b = 2u, c - b = 2v\ (u > v)$ とおくことができる。この u, v は互いに素でなければならない。これは、$\gcd(u, v) = d$ としたとき、$c = u + v$、$b = u - v$ はいずれも d で割り切れるから、$\gcd(b, c) = 1$ より、$d = 1$ でなければならないからである。また、u, v がどちらも奇数だと、c, b はどちらも偶数になり、やはり、$\gcd(b, c) = 1$ に矛盾する。つまり、u, v の一方は偶数で、一方は奇数である。したがって、

$$\left(\frac{a}{2}\right)^2 = \frac{c+b}{2}\frac{c-b}{2} = uv$$

と、$\gcd(u, v) = 1$ より、互いに素な偶奇の異なる自然数 s, t を用いて、

$$u = s^2, \quad v = t^2 \quad (u > v\ \text{より}\ s > t)$$

と書けることになる。これより、

$$a = 2\sqrt{uv} = 2st$$

が言え、u, v の定義から、

$$b = u - v = s^2 - t^2, \quad c = u + v = s^2 + t^2$$

6.5 ピュタゴラスの定理と自然数

となる。

逆に、互いに素で偶奇が異なる自然数 s, t $(s > t)$ を用いて、$a = 2st$, $b = s^2 - t^2$, $c = s^2 + t^2$ と書けたとする。このとき、

$$a^2 + b^2 = (2st)^2 + (s^2 - t^2)^2 = s^4 + 2s^2t^2 + t^4 = (s^2 + t^2)^2 = c^2$$

だから、(a, b, c) はピュタゴラスの三つ組である。次に、$\gcd(a, b, c) = 1$ を示そう。s, t は偶奇が異なるから、b, c は共に奇数である。そこで、$\gcd(b, c) = d$ とおくと、d は奇数であり、$b + c = 2s^2$, $c - b = 2t^2$ より、d は s^2 と t^2 の公約数になる。仮定より、$\gcd(s, t) = 1$ だから、$d = 1$ でなければならない。さらに、$\gcd(a, b) = d'$ としたとき、$a^2 + b^2 = c^2$ であるから、d' は c の約数になる。ところが、$\gcd(b, c) = 1$ を既に示したので、$d' = 1$ でなければならない。これより、$\gcd(a, b, c) = 1$ が言えた。 ∎

いくつかの (s, t) に対して、原始ピュタゴラス三つ組を求めてみよう。s, t は互いに素で偶奇が異なることに注意すると次のようになる。

s	t	(a, b, c)	$a^2 + b^2 = c^2$
2	1	$(4, 3, 5)$	$4^2 + 3^2 = 25 = 5^2$
3	2	$(12, 5, 13)$	$12^2 + 5^2 = 169 = 13^2$
4	1	$(8, 15, 17)$	$8^2 + 15^2 = 289 = 17^2$
4	3	$(24, 7, 25)$	$24^2 + 7^2 = 625 = 25^2$
5	2	$(20, 21, 29)$	$20^2 + 21^2 = 841 = 29^2$
5	4	$(40, 9, 41)$	$40^2 + 9^2 = 1681 = 41^2$
6	1	$(12, 35, 37)$	$12^2 + 35^2 = 1369 = 37^2$
6	5	$(60, 11, 61)$	$60^2 + 11^2 = 3721 = 61^2$
7	2	$(28, 45, 53)$	$28^2 + 45^2 = 2809 = 53^2$
7	4	$(56, 33, 65)$	$56^2 + 33^2 = 4225 = 65^2$
7	6	$(84, 13, 85)$	$84^2 + 13^2 = 7225 = 85^2$
8	1	$(16, 63, 65)$	$16^2 + 63^2 = 4225 = 65^2$
8	3	$(48, 55, 73)$	$48^2 + 55^2 = 5329 = 73^2$
8	5	$(80, 39, 89)$	$80^2 + 39^2 = 7921 = 89^2$
8	7	$(112, 15, 113)$	$112^2 + 15^2 = 12769 = 113^2$
9	2	$(36, 77, 85)$	$36^2 + 77^2 = 7225 = 85^2$
⋮	⋮	⋮	⋮

表 6.1 原始ピュタゴラス三つ組

表 6.1 から何らかの性質が見えてこないだろうか。どうやら、$3, 4, 5$ が基本になっているようだ。つまり、原始ピュタゴラス三つ組 (a, b, c) について、次のことを観察することができる。

原始ピュタゴラス三つ組の性質

(1) a か b は 3 の倍数
(2) a か b は 4 の倍数　　　　($a \times b$ は 12 の倍数)
(3) a か b か c は 5 の倍数　　($a \times b \times c$ は 60 の倍数)

これらを証明しよう。

まず、a か b は 3 の倍数であることを背理法で示す。

> 整数 c は、m を整数として $c = 3m, c = 3m \pm 1$ のいずれかである。したがって、c^2 は 3 で割り切れるか、または、3 で割ったとき 1 余るかのいずれかになる。
> さて、a, b がいずれも 3 の倍数ではないとすると、a^2, b^2 は 3 で割ったとき 1 余ることになる。したがって、$c^2 = a^2 + b^2$ は 3 で割ったとき 2 余ることになるが、このような整数は存在しないから、矛盾。よって、背理法により、a, b のうち、少なくとも 1 つは 3 で割り切れることが証明された。∎

次の証明だが、原始ピュタゴラス三つ組の生成法で s, t のうちいずれかは偶数であり、$a = 2st$ と書けるのだから、a が 4 の倍数である。∎

最後に、a か b か c は 5 の倍数であることを示す。

> 原始ピュタゴラス三つ組の生成法で s, t のうちいずれかが 5 の倍数であれば、$a = 2st$ が 5 の倍数になる。そこで、s, t のどちらも 5 の倍数でないとする。自然数 x は、$x = 5n, x = 5n \pm 1, x = 5n \pm 2$ のいずれかになることから、s^2, t^2 は 5 で割ったとき、1 余るか、4 余るかのいずれか。余りが同じときは、$b = s^2 - t^2$ が 5 で割り切れる。余りが異なるときは、$c = s^2 + t^2$ が 5 で割り切れる。
> これより、a か b か c は 5 の倍数であることが言えた。∎

原始ピュタゴラス三つ組の生成法について述べたが、a を偶数、b を奇数として、$b^2 = c^2 - a^2 = (c+a)(c-a)$ に注意すると、$\gcd(a, c) = \gcd(a, b) =$

$\gcd(b, c) = 1$ だから、$c + a = k, c - a = \ell$ は互いに素な奇数になる。したがって、$b^2 = k\ell$ が成り立つには、$k = u^2, \ell = v^2$ でなければならない。これより、あまり言われることはないが、次のように書き直すこともできる。

原始ピュタゴラス三つ組は、互いに素な奇数 $u, v \, (u > v)$ を用いて、

$$a = \frac{u^2 - v^2}{2}, \quad b = uv, \quad c = \frac{u^2 + v^2}{2}$$

と書くことができる。

合同式

　この節の議論には、合同式 が便利である。

　7 を 3 で割ったときの余りは 1 であり、10 を 3 で割ったときの余りも 1 になる。このように、2 つの整数 a, b を正の整数 n で割ったときの余りが等しいとき、a, b は n を法 として合同であるといい、

$$a \equiv b \pmod{n}$$

と書く。つまり、$10 \equiv 7 \pmod{3}$ である。もちろん、$10 \equiv 7 \equiv 1 \pmod{3}$ ということになる。一般に、$a \equiv b \pmod{n}$ であるとき、ある整数 k を用いて、$a - b = kn$ と表すことができる。

　合同式について、$a \equiv b \pmod{n}, c \equiv d \pmod{n}$ のとき、一般に次式が成り立つ。

1. $a + c \equiv b + d \pmod{n}$
2. $ac \equiv bd \pmod{n}$

例えば、$9 \equiv 2 \pmod{7}$ より、$9^{100} \equiv 2^{100} \pmod{7}$ となるが、$2^{100} = 8^{33} \times 2$ と $8 \equiv 1 \pmod{7}$ を用いると、$9^{100} \equiv 1^{33} \times 2 \equiv 2 \pmod{7}$ を得る。つまり、$9^{100} \div 7$ の余りは 2 である。

第6章 ピュタゴラスの定理

フェルマーの最終定理というものを聞いたことのある人も多いだろう。これは、フェルマーがディオパントスの『算術』という本の余白に「私は真に驚くべき証明を発見したが、その証明を書くには、この余白は狭すぎる」と書き残したことからその名がついている。完全な証明を与えたのは、ワイルズ（とその弟子のテイラー）である。1995 年のことであった。これは、フェルマーの問題提起より、実に 360 年後の快挙であった。

フェルマー・ワイルズの定理

$x^n + y^n = z^n$ $(n \geq 3)$ は、自然数解をもたない

フェルマー自身は $n = 4$ の場合を証明した。これは、フェルマーの無限降下法として名高い。この証明を紹介しよう。

実は、$x^4 + y^4 = z^2$ に自然数解が存在しないことが言えればよい。なぜなら、$x^4 + y^4 = w^4$ に自然数解が存在すれば、$z = w^2$ とおくと、$x^4 + y^4 = z^2$ に自然数解が存在することになり、矛盾を生ずるからである。そこで、$x^4 + y^4 = z^2$ に自然数解が存在しないことを背理法で示す。

$x^4 + y^4 = z^2$ を満たす自然数解が存在すると仮定する。そのうちで、z が最小となる場合を考える。このとき、$\gcd(x, y, z) = d$ とすると、$x = x_1 d, y = y_1 d$ となるから、$d^4(x_1^4 + y_1^4) = z^2$ となり、z は d^2 で割り切れる。つまり、$z = z_1 d^2$ となって、d^4 で両辺を割ると、$x_1^4 + y_1^4 = z_1^2$ となる。したがって、$d = 1$ でなければ、z が最小解であることと矛盾する。つまり、$\gcd(x, y, z) = 1$ である。

ここで、$(x^2)^2 + (y^2)^2 = z^2$ だから、(x^2, y^2, z) が原始ピュタゴラス三つ組になる。p.121 に示した生成法から、偶奇の異なる互いに素な自然数 s, t $(s > t)$ を用いて、

$$x^2 = 2st, \quad y^2 = s^2 - t^2, \quad z = s^2 + t^2$$

と書ける。s を偶数、t を奇数とすると、y^2 が奇数であることから、y も奇数であるので、$y^2 + t^2 = s^2$ の左辺は 4 で割ったときに 2 余る数になる。ところが、右辺の s^2 は s が偶数であることから、4 で割り切れるので、矛盾を生ずる。したがって、s は奇数、t は偶数である。$x^2 = 2st$ で $\gcd(s, t) = 1$ だから、$s = a^2, t = 2b^2$ と書ける。一方、y の

式を見ると、$y^2 + t^2 = s^2$ だから、(y, t, s) はピュタゴラスの三つ組となる。また、$\gcd(y, t, s) = d'$ とすると、先に示した $\gcd(x, y, z) = 1$ から、$d' = 1$ が言える。そこで、原始ピュタゴラス三つ組の生成法を (y, t, s) に適用すると、t が偶数だから、$t = 2uv, y = u^2 - v^2, s = u^2 + v^2$ となる。したがって、$b^2 = \dfrac{t}{2} = uv$ となり、$\gcd(u, v) = 1$ だから、$u = m^2$, $v = n^2$ と書ける。すると、$s = a^2 = u^2 + v^2$ の式から、$a^2 = m^4 + n^4$ を得る。z は最小解としたから、$a > z$ でなければならない。ここで z の式を見ると、a, b は自然数だから、

$$z = s^2 + t^2 = a^4 + 4b^4 > a^4 \geqq a$$

つまり、z は a より大きいことになり、z が最小解であることと矛盾。したがって、$x^4 + y^4 = z^2$ に自然数解は存在しない。■

同様な方法により、

$$x^4 + y^2 = z^4 \text{を満たす自然数} (x, y, z) \text{は存在しない}$$

ことも証明することができる。

この定理の意味するところは、ピュタゴラス三角形（既約ピュタゴラス三角形、または、可約ピュタゴラス三角形）において、少なくとも 2 つの辺の長さが四角数で表されることはないということである。むろん、3 つの辺すべてが四角数で表されることはない。これは、$x^4 + y^4 = z^4$ を満たす自然数解が存在しないことを直接表している。また、ピュタゴラス三角形の直角をはさむ 2 辺の長さを x, y、斜辺の長さを z としたとき、x, z を直角をはさむ 2 辺の長さとするピュタゴラス三角形は存在しないことも言える。なぜなら、

$$x^2 + y^2 = z^2, \qquad x^2 + z^2 = w^2$$

が成立すると仮定すると、

$$w^2 y^2 = w^2(z^2 - x^2) = (z^2 + x^2)(z^2 - x^2) = z^4 - x^4$$

となり、

$$x^4 + (wy)^2 = z^4$$

を満たす自然数 (x, wy, z) が存在することになる。これは先の定理に反する。この結果を用いると、ピュタゴラス三角形の面積 S は四角数で表されることはないというフェルマーの定理を示すことができる。

$$a^2 + b^2 = c^2, \qquad \frac{ab}{2} = S = n^2$$

が成り立つと仮定すると、

$$c^2 + (2n)^2 = a^2 + b^2 + 2ab = (a+b)^2, \quad c^2 - (2n)^2 = a^2 + b^2 - 2ab = (a-b)^2$$

となって、$(|a-b|, 2n, c)$ と $(c, 2n, a+b)$ がピュタゴラスの三つ組となるから、先程の定理と矛盾する。

不定方程式

$$x^2 + y^2 = z^2$$

において、自然数 (x, y, z) が四角数になる解

$$x = a^2, \quad y = b^2, \quad z = c^2$$

は存在しないことを述べてきた。

では、自然数 (x, y, z) が三角数になる解

$$x = \frac{\ell(\ell+1)}{2}, \quad y = \frac{m(m+1)}{2}, \quad z = \frac{n(n+1)}{2}$$

は存在するだろうか。これには、$(\ell, m, n) = (132, 143, 164)$ という解が知られている。すなわち、

$$x = 8778, \quad y = 10296, \quad z = 13530$$

であり、

$$8778^2 + 10296^2 = 183060900 = 13530^2$$

が成り立っている。ただし、この解は、既約ではない。

$$\gcd(8778, 10296, 13530) = 66$$

オイラー予想

フェルマー・ワイルズの定理と関連して、オイラー予想がある。

$$x^4 + y^4 + z^4 = w^4$$

は、自然数解 (x, y, z, w) をもたない。
一般に、

$$x_1^n + x_2^n + \cdots + x_{n-1}^n = x_n^n$$

は、自然数解 $(x_1, x_2, x_3, \cdots, x_n)$ をもたない、という予想である。

むろん、

$$3^3 + 4^3 + 5^3 = 6^3$$

（原始ピュタゴラス三つ組 $(3,4,5)$ の拡張版）や

$$30^4 + 120^4 + 315^4 + 272^4 = 353^4$$

は成り立つから、左辺の変数が n 個で n 乗の等式ならば成り立つ。（ピュタゴラスの定理は、$x_1^2 + x_2^2 = x_3^2$ だから、左辺の変数が2個で2乗の等式）

左辺の変数が1つ少ない場合は、解がないだろうという予想で、$n = 3$ のときは、フェルマー・ワイルズの定理の特殊な場合になるから、$n \geq 4$ がオイラー予想になる。

しかし、これはまちがいであることがわかっている。「弘法にも筆の誤り」といったところだろう。

$n = 5$ の場合の反例は、1966 年に L. J. ランダーと T. R. パーキンによって発見された次の等式である。

$$27^5 + 84^5 + 110^5 + 133^5 = 144^5$$

1988 年にハーバード大の N. D. エルキーズは、オイラー予想の誤りを楕円曲線論を用いて証明した。そして、R. フライはコンピューターを使って、現在知られている $n = 4$ の場合の最小の反例である次式を得た。

$$95800^4 + 217519^4 + 414560^4 = 422481^4$$

(Science 29 January 1988: v.239 no.4839, p.464)

p.123 の表 6.1 から、他に何か気づいたことはあるだろうか。

$56^2 + 33^2 = 4225 = 65^2$ と $16^2 + 63^2 = 4225 = 65^2$ は、既約ピュタゴラス三角形において、底辺と高さは異なるが、斜辺は等しいことを表している。$84^2 + 13^2 = 7225 = 85^2$ と $36^2 + 77^2 = 7225 = 85^2$ も同じように $85^2 = 7225$ が 2 通りの平方の和で表されている。65 と 85 は相異なる素因数を 2 つもつ合成数だ。ここに気づいた人は相当に鋭い。

実は、次の恒等式が成り立つ。

平方和の積を平方和に直す恒等式

任意の x, y, z, w に対して、
$$(x^2 + y^2)(z^2 + w^2) = (xz - yw)^2 + (xw + yz)^2$$

この恒等式は、式を展開して両辺を比較してみれば容易に確認できるが、
$$x^2 + y^2 = (x + iy)(x - iy)$$
と虚数単位 i を使って強引に因数分解した方が見通しがよい。($i^2 = -1$)

$$\begin{aligned}(x^2 + y^2)(z^2 + w^2) &= (x + iy)(x - iy)(z + iw)(z - iw) \\ &= [(x + iy)(z + iw)][(x - iy)(z - iw)] \\ &= [(xz - yw) + i(xw + yz)][(xz - yw) - i(xw + yz)] \\ &= (xz - yw)^2 + (xw + yz)^2\end{aligned}$$

この恒等式を用いると、

$$\begin{aligned}65^2 &= 5^2 \cdot 13^2 \\ &= (4^2 + 3^2)(12^2 + 5^2) = (4 \cdot 12 - 3 \cdot 5)^2 + (4 \cdot 5 + 3 \cdot 12)^2 = 33^2 + 56^2 \\ &= (4^2 + 3^2)(5^2 + 12^2) = (4 \cdot 5 - 3 \cdot 12)^2 + (4 \cdot 12 + 3 \cdot 5)^2 = 16^2 + 63^2\end{aligned}$$

となって、順番や正負を除いて 2 通りに書ける。もちろん、

$$\begin{aligned}65^2 = 5^2 \cdot 13^2 &= 5^2(12^2 + 5^2) = 60^2 + 25^2 \\ &= 13^2(4^2 + 3^2) = 52^2 + 39^2\end{aligned}$$

だから、原始ピュタゴラス三つ組には含まれないが、他にも 2 通りに表すことができる。さらに、0 や正負、順番を入れると

$$65^2 = 0^2 + (\pm 65)^2 = (\pm 65)^2 + 0^2$$

という 4 通りの表し方があり、先に示した表し方は、正負と順番を入れると $4×8 = 32$ 通りだから、全部で $4×(8 + 1) = 36$ 通りになる。$85^2 = 7225$ に対しても同様の結果が得られる。実は、次の定理がある。[*4]

ヤコビの二平方和定理

ある自然数 n を 2 つの整数の平方の和に書く表し方の数 $r_2(n)$ は、0 や正負、順番を入れて、次のようになる。
$$r_2(n) = 4(d_1(n) - d_3(n))$$
ここで、$d_1(n)$ は、4 で割ったとき 1 余る n の正の約数の数を表し、$d_3(n)$ は、4 で割ったとき 3 余る n の正の約数の数を表す。

5 と 13 は共に、4 で割ったとき 1 余ることに注意すると、$65^2 = 5^2 × 13^2$ の正の約数の数は 9 個で全て 4 で割ったとき 1 余る。したがって、$d_1(65) = 9$、$d_3(65) = 0$ となり、$r_2(65) = 4×9 = 36$ を得る。これが先の結果である。

さて、4 で割ったとき 1 余る素数を p とすると、ヤコビの二平方和定理から、$r_2(p) = 8$ が得られる。これは、
$$p = (±s)^2 + (±t)^2 = (±t)^2 + (±s)^2$$
の 8 通りであるから、正負と順番を除けば、ただ 1 通りに書けることを意味する。この s, t は、偶奇が異なり、互いに素な自然数であることもすぐわかる。この結果は、1659 年にフェルマーがカルカヴィ宛に書いた手紙に見出すことができるが、出版された最初の証明は、1754 年オイラーによる。フェルマーの無限降下法を使うと初等的に証明できる。[*5]

さらに、p^2 を 2 つの平方和に分解する。その表し方は、0、正負、順番を入れて、ヤコビの二平方和定理から、$r_2(p^2) = 4×3 = 12$ 通りである。
$$p^2 = p × p = [(s+it)(s-it)]^2 = [(s+it)]^2[(s-it)]^2$$
$$= (s^2 - t^2 + 2ist)(s^2 - t^2 - 2ist) = (2st)^2 + (s^2 - t^2)^2$$
の表し方は、正負と順番を入れて 8 通りであり、他に、
$$p^2 = 0^2 + (±p)^2 = (±p)^2 + 0^2$$

[*4] 例えば、J.R. ゴールドマン 著、鈴木 将史 訳『数学の女王：歴史から見た数論入門』（共立出版、2013 年）p.275–276 など、いくつもの教科書に証明が載っている。

[*5] 例えば、W. シャーラウ、H. オポルカ 著；志賀 弘典 訳『フェルマーの系譜：数論における着想の歴史』（日本評論社、1994 年）p.14–16

の 4 通りがある。これで、12 通りになる。したがって、0 や正負、順番を問題にしなければ、$p^2 = (2st)^2 + (s^2 - t^2)^2$ の 1 通りに表されることになる。これより、$a = 2st$, $b = |s^2 - t^2|$, $c = p = s^2 + t^2$ とおくと、s, t の性質から、この (a, b, c) は原始ピュタゴラス三つ組になる。p.121 の原始ピュタゴラス三つ組の生成法で証明したことを思い出そう。

同様に p^4 を 2 つの平方和に分解する表し方は、ヤコビの二平方和定理から、$r_2(p^4) = 4 \times 5 = 20$ 通りである。$p^4 = 0^2 + (\pm p^2)^2 = (\pm p^2)^2 + 0^2$ が 4 通り、$p^4 = p^2[(2st)^2 + (s^2 - t^2)^2] = (2pst)^2 + (ps^2 - pt^2)^2$ が正負と順番を入れて、8 通りである。残りは少し計算すると、

$$p^4 = (2ab)^2 + (a^2 - b^2)^2 = [4st(s^2 - t^2)]^2 + (s^4 - 6s^2t^2 + t^4)^2$$

が正負と順番を入れて、8 通りである。(a, b, p) は原始ピュタゴラス三つ組だったから、$u = 2ab$, $v = |a^2 - b^2|$ として、$\gcd(u, v, p^2) = 1$ が言える。つまり、(u, v, p^2) も原始ピュタゴラス三つ組である。この結果より、p^4 を 2 つの整数の平方和に分解する表し方は、順番を問題にせず、互いに素な 2 つの自然数に限るならば、ただ 1 通りになる。

一般に、4 で割ったとき 1 余る素数 p に対して、平方和の積を平方和に直す恒等式を用いれば、$p^k = x^2 + y^2$ と書き表すことができて、$\gcd(x, y) = 1$ となる表し方は、0 や正負や順番を除いて、ただ 1 通りとなる。4 で割ったとき 1 余る 2 つの相異なる素数を p, q とすると、$p^m q^n = x^2 + y^2$ と書き表すことができて、$\gcd(x, y) = 1$ となる表し方は、0 や正負や順番を除いて、2 通りとなる。これらの結果をより一般的な形でまとめておこう。

二平方和に関する定理

(1) ある自然数 n が 2 つの整数の平方の和（二平方和）に分解できるための必要十分条件は、n の素因数分解において、4 で割ったとき 3 余るどの素因数も偶数乗になることである。

(2) ある自然数 n を互いに素な二平方和に書くことができるための必要十分条件は、n が 4 で割ったとき 3 余る素因数をもたず、素因数に 2 を含む場合は 1 個だけに限ることである。このとき、n の 4 で割ったとき 1 余る相異なる素因数の数を k 個とすると、0 や正負、順番を無視すれば、互いに素な二平方和に分解する表し方は、2^{k-1} 通り。

6.5 ピュタゴラスの定理と自然数

簡単にこの定理を説明しておく。(基本的にはヤコビの二平方和定理に含まれる。)

(1) に関して、例えば、$45 = 3^2 \cdot 5 = 6^2 + 3^2$ だから二平方和に書けるが、$\gcd(6, 3) = 3$ だから、互いに素ではない。また、$20 = 2^2 \cdot 5 = 2^2 + 4^2$ だから、4 で割ったとき 3 余る素因数がない場合でも二平方和に書けるが、$\gcd(2, 4) = 2$ だから、互いに素ではない。ここでは、$49 = 7^2 = (\pm 7)^2 + 0^2$ のように 0 を含む場合も勘定に入れている。

(2) に関して、例えば、$10 = 2 \cdot 5 = 1^2 + 3^2$ で、$\gcd(1, 3) = 1$ だから、確かに、互いに素な二平方和で書ける。その表し方は $2^0 = 1$ 通りである。(ヤコビの二平方和定理では、$d_1(10) = 2, d_3(10) = 0$ より、$r_2(10) = 8$ 通りで、これは上の表し方に、正負と順番を入れた数である。)

この定理を踏まえて、p.123 の表 6.1 を眺めなおしてみると、$5, 13, 17$ は 4 で割ったとき 1 余る素数だから、

$$4^2 + 3^2 = 5^2$$
$$12^2 + 5^2 = 13^2$$
$$8^2 + 15^2 = 17^2$$

は、0 や正負、順番を問題にしなければ、1 通りの表し方だとわかる。つまり、ピュタゴラス三角形で斜辺の長さが $5, 13, 17$ となるものは本質的に 1 つしかない。既約ピュタゴラス三角形で斜辺の長さが 25 となるのは、

$$24^2 + 7^2 = 25^2 \quad (\gcd(24, 7, 25) = 1)$$

しかないが、相似な直角三角形(可約ピュタゴラス三角形)も入れれば、$(3, 4, 5)$ を 5 倍した $15^2 + 20^2 = 25^2$ がある。以下、斜辺の長さを固定すると一意的に定まる既約ピュタゴラス三角形が続き、$c = 65, 85$ となるところで、本質的に 2 通りに書けるものが現れる。以後、同様に続く。

この辺の話題をおもしろいと感じた読者は、例えば、『初等整数論講義 第 2 版』(高木貞治 著、共立出版、昭和 46 年) p.249–251 を読んでみるとよい。

ピュタゴラスの定理を手がかりに、2 つの四角数の和で書ける自然数について考察を進めてきた。しかし、例えば、3 はどうやっても 2 つの四角数の和で書くことはできない。整数の 2 乗は、4 で割ったとき、割り切れるか、1 余るかのいずれかになるから、一般に、4 で割ったとき 3 余る自然数は 2 つの四角数の和で書くことはできないのだ。では、任意の自然数を

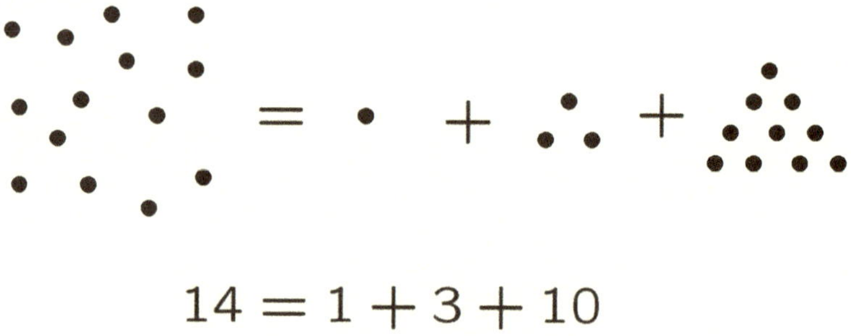

$$14 = 1 + 3 + 10$$

図 6.20　三角数定理の一例

　四角数の和で書くには最低何個の四角数が必要だろうか。あるいは、三角数の和で書くには少なくとも何個の三角数が必要だろうか。

　1636 年フェルマーは、すべての自然数は高々 3 個の三角数の和で、また、高々 4 個の四角数の和で、一般には高々 n 個の n 角数の和で書けるだろう、と予想した。オイラーは、何十年もこの予想と格闘したが、最初の証明を与えることはできなかった。ガウスは 19 歳のとき、三角数の和に関する定理（三角数定理）を証明 [*6] して、1796 年 7 月 10 日の日記に

$$E\Upsilon PHKA! \quad \text{num.} = \triangle + \triangle + \triangle$$

（エウレーカ）

と書き残した。ここでは、その証明法を紹介できないが、$8n + 3$ の自然数が 3 つの奇数の平方の和で書くことができるということを認めれば、次のように確認できる。

$$\begin{aligned} 8n + 3 &= (2s+1)^2 + (2t+1)^2 + (2u+1)^2 \\ &= 4s(s+1) + 4t(t+1) + 4u(u+1) + 3 \end{aligned}$$

この等式を整理すると、自然数 n は高々 3 つの三角数で書けることになる。

三角数定理

$$n = \frac{s(s+1)}{2} + \frac{t(t+1)}{2} + \frac{u(u+1)}{2}$$

[*6] 証明は、例えば、ガウス著、高瀬 正仁 訳『ガウス 整数論』（朝倉書店、1995 年）p.351
日記は、ガウス著、高瀬正仁 訳『ガウスの《数学日記》』（日本評論社、2013 年）p.20

この定理の意味するところは、碁笥から適当に碁石をニギったとき、3個以下の三角形に必ず碁石を並べることができるということだ。実際試してみれば、より実感が湧くだろう。例えば、14個の碁石をニギったとすれば、図 6.20 のように、14 = 1 + 3 + 10 と 3 つの三角数の和で書ける。7 個であれば 7 = 0 + 1 + 6 = 1 + 3 + 3 である。

1770 年ラグランジュは、任意の自然数 n は高々 4 つの四角数を用いて表すことができるという **四平方定理** の最初の証明[*7] を与えた。

> **ラグランジュ四平方定理**
>
> 任意の自然数 n は、4 つの整数 w, x, y, z の平方の和で書ける。
> $$n = w^2 + x^2 + y^2 + z^2$$

1829 年ヤコビは、テータ函数を用いて、自然数を 4 つの平方の和で表す方法の数を与えることで、これを証明した。

一般の場合を証明したのは、コーシーである。(1815 年)

> **コーシーの多角数定理**
>
> 任意の自然数 n は、高々 m 個の m 角数を用いて表すことができる。

6.6　アイゼンスタイン三角形

ピュタゴラス三角形と関連して、3 辺の長さ a, b, c がすべて整数で

$$a^2 + ab + b^2 = c^2 \tag{6.1}$$

を満たす三角形を **アイゼンスタイン三角形** という。余弦定理から、辺 c の対角は 120° である。また、$a' = a + b$ とおくと、$a = a' - b$ より式 (6.1) を

[*7] さまざまな教科書に証明が載っている。例えば、高木貞治 著『初等整数論 第 2 版』(共立出版、昭和 46 年) p.71–74 にはオーソドックスな証明がある。ヤコビのテータ函数を用いた証明は、竹内端三 著『函数論』下巻 (裳華房、昭和 42 年) p.161、黒川 信重、栗原 将人、斎藤 毅 著『数論 II 岩沢理論と保型形式』(岩波書店、2005 年) p.460 など、いくもの本に載っている。格子点定理を用いた証明法は、例えば、W. シャーラウ・H. オポルカ著、志賀弘典訳『フェルマーの系譜』(日本評論社、1994 年) p.189–190 や、J.R. ゴールドマン著、鈴木将史訳『数学の女王：歴史から見た数論入門』(共立出版、2013 年) p.517 にある。

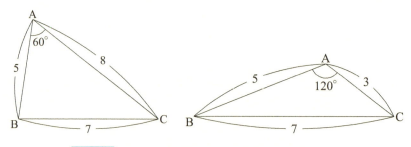

図 6.21 ナゴヤ三角形（左）と七五三の三角形（右）

少し変形して、
$$(a')^2 - a'b + b^2 = c^2 \tag{6.2}$$
が成り立つ。3 辺の長さが a', b, c で式 (6.2) を満たす三角形では、辺 c の対角は $60°$ である。例えば、図 6.21 に示すような辺の長さが 7,5,3 である三角形（七五三の三角形）や、辺の長さが 7,5,8 である三角形（ナゴヤ三角形）がそれである。これは、一松 信氏によって名付けられた。[*8] 758 の三角形では、辺 7 の対角が $60°$ であり、753 の三角形では、辺 7 の対角が $120°$ である。これは知っておいて損はないと思う。

詳細は脚注に挙げたものを参照して欲しいが、結論だけ述べると、アイゼンシュタイン三角形（ナゴヤ三角形）の作り方は、次のようになる。

> **原始ナゴヤ三角形の生成法**
>
> $\gcd(a, b, c, a') = 1$ で $a^2 + ab + b^2 = c^2, (a')^2 - a'b + b^2 = c^2$ を満たす自然数 (a, b, c, a') は、m, n を互いに素で $m - n$ が 3 の倍数ではない自然数 $(0 < n < m)$ として、次のように書ける。
>
> $a = m^2 - n^2, \quad b = 2mn + n^2, \quad c = m^2 + mn + n^2, \quad a' = m^2 + 2mn$

一応、検算をしておく。

$$a^2 + ab + b^2 = (m^2 - n^2)^2 + (m^2 - n^2)(2mn + n^2) + (2mn + n^2)^2$$
$$= (m^2 + n^2)^2 + 2(m^2 + n^2)mn + (mn)^2 = (m^2 + mn + n^2)^2 = c^2$$

[*8] 一松 信 著『$\sqrt{2}$ の数学：無理数を見直す』（海鳴社、1990 年）p.27, p.100–106, p.111–113 や、一松 信 著『整数とあそぼう』（日本評論社、2006 年）p.109–116、また、『理系への数学：2012 年 5 月号』（現代数学社、2012 年）p.12–17 の記事など。

6.7 未解決問題

　整数について研究する数学の分野を数論というが、数論には一見簡単そうにみえて、実は、未だ証明がされていない種々の問題がある。フェルマーの最終定理も 1995 年までは定理ではなく、まず間違いなく正しいだろうという予想だった。よく知られている有名な予想をいくつか挙げる。

- ゴールドバッハ予想
  「2 より大きい任意の偶数は、2 つの素数の和で表せる」
  例えば、$4 = 2 + 2$, $12 = 5 + 7$, $16 = 3 + 13 = 5 + 11$ など。
- 双子素数は無限個存在するか
  自然数 p と $p+2$ が共に素数になるとき、これらの素数の組 $(p, p+2)$ を双子素数という。2 つの連続する奇素数と言い替えてもよい。例えば、3 と 5、5 と 7、11 と 13、17 と 19 などである。この双子素数は無限個存在するだろうという予想である。この問題は未解決だ。1919 年ヴィーゴ・ブルンは双子素数の逆数の無限和

$$B_2 = \sum_p \left(\frac{1}{p} + \frac{1}{p+2} \right)$$

は収束することを示した。いわゆるブルン定数 $B_2 = 1.90216\cdots$ である。[*9] 双子素数の問題はゴールドバッハ予想と関係があるという。
- 完全数に関する問題
  自分以外の正の約数をすべて足したとき、自分自身になる自然数を完全数という。古代ギリシアの時代から研究されてきた。例えば、

$$6 = 1 + 2 + 3, \qquad 28 = 1 + 2 + 4 + 7 + 14$$

などである。2 世紀のニコマコス の著作などには、他の完全数として 496, 8128 を見出すことができる。『原論』第 IX 巻の最後の命題は、「$M_n = 1 + 2 + \cdots + 2^{n-1} = 2^n - 1$ が素数ならば、$M_n \cdot 2^{n-1}$ は完全数である」というものだ。近代になって、オイラー は「すべての偶数の完全数は、素数である $M_n = 2^n - 1$ を用いて、$M_n \cdot 2^{n-1}$ という形にな

[*9] J.J.Tattersall 著、小松尚夫 訳 『初等整数論 9 章』（森北出版、2008 年）p.108

る」ということを示した。$M_n = 2^n - 1$ という形の素数をメルセンヌ素数というが、メルセンヌ素数が無限個あるのか否かわかっていないので、偶数の完全数が無数にあるのかどうかは未解決である。ちなみに、偶数の完全数 $2^{n-1} \cdot (2^n - 1) = \frac{2^n \cdot (2^n - 1)}{2}$ は三角数になっている。また、奇数の完全数が存在するのかどうかはわかっていない。

6.8　ピュタゴラスの定理とその応用

問題 6.1　（ヒポクラテスの月形）

AB を直径とする半円 O の周上に点 C をとる。また、AC、BC をそれぞれ直径とする半円 O_1、O_2 を描き、はじめの半円 O と重なる部分を除いた右図のような 2 つの月形を考える。この月形の面積の和 S と △ABC の面積が等しいことを示せ。

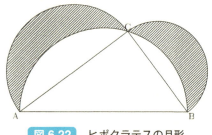

図 6.22　ヒポクラテスの月形

答え 6.1

円周角の定理により、∠C= 90° であり、ピュタゴラスの定理より、各頂点の対辺をそれぞれ a, b, c として、$a^2 + b^2 = c^2$ が成り立つ。また、$\triangle ABC = \frac{1}{2}ab$ となる。月形の面積 S を求めるには、半円 O_1, O_2 の面積に △ABC を足して、半円 O の面積を引けばよい。よって、

$$S = \frac{\pi}{2}\left[\left(\frac{a}{2}\right)^2 + \left(\frac{b}{2}\right)^2\right] + \triangle ABC - \frac{\pi}{2} \times \left(\frac{c}{2}\right)^2$$

$$= \frac{\pi}{8}(a^2 + b^2 - c^2) + \triangle ABC = \triangle ABC = \frac{1}{2}ab \quad \blacksquare$$

ヒポクラテスの月形は、簡単に作図できる曲線で囲まれた面積が、直線で囲まれた面積に等しい場合があることを示している。古代ギリシアにおいて、この結果は人々に衝撃をもたらした。では、円と同じ面積をもつ正方形を作図できるだろうか。これは、**円積問題（円の方形化）**といわれる古代ギリシア以来の難問だったが、近代になって**不可能**だと証明された。

6.8 ピュタゴラスの定理とその応用

問題 6.2

川幅を測りたい。図のように、地点 A から向こう岸の地点 C をのぞむ角度は 30°、地点 B から向こう岸の地点 C をのぞむ角度は 45° であり、AB の距離は 30m であった。このとき、川幅は何 m か。

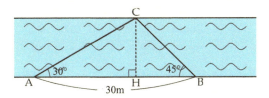

図 6.23 正弦定理の応用

答え 6.2

対辺を a, b, c とすると、p.114 に示した正弦定理より、$\dfrac{a}{\sin A} = \dfrac{c}{\sin C}$ が成り立つ。ここで、$C = 180° - A - B$ だから、$\sin C = \sin(A + B)$ となり、次式が成り立つ。

$$\frac{a}{\sin A} = \frac{c}{\sin(A + B)}$$

図 6.23 より、求めたい川幅は、一般に次式のようになる。

$$\overline{\mathrm{CH}} = a \sin B = \frac{c \sin A \sin B}{\sin(A + B)}$$

$A = 30°, B = 45°, c = 30$m を代入して、

$$\overline{\mathrm{CH}} = \frac{\sin 30° \sin 45°}{\sin 75°} \times 30 = \frac{1}{\sqrt{3} + 1} \times 30 = 15(\sqrt{3} - 1) \text{ m}$$

ここで、p.113 の図 6.14 を使って求めた $\sin 75° = \dfrac{\sqrt{6} + \sqrt{2}}{4}$ を用いた。$\sqrt{3} \simeq 1.73$ だから、川幅は約 11m である。

問題 6.3

三角形 ABC に外接する円の半径を R とすると、$\triangle \mathrm{ABC} = \dfrac{abc}{4R}$

答え 6.3

正弦定理から $\dfrac{a}{\sin A} = 2R$ なので、$\triangle \mathrm{ABC} = \dfrac{1}{2} bc \sin A = \dfrac{abc}{4R}$

第 6 章　ピュタゴラスの定理

問題 6.4

既約ピュタゴラス三角形の内接円の半径は自然数である。

答え 6.4

C を直角とする既約ピュタゴラス三角形 ABC で各対辺の長さを a, b, c とする。すなわち、既約ピュタゴラス三つ組を (a, b, c) とし、p.121 に示した生成法より、互いに素で偶奇の異なる自然数を $s, t\ (s > t)$ として、$a = 2st, b = s^2 - t^2, c = s^2 + t^2$ とする。偶数辺が a であっても一般性を損なうことはない。

図 6.24 のように、三角形 ABC の内接円 O の半径を r とすると、△ABC = △OAB + △OBC + △OCA だから、

$$\triangle ABC = \frac{1}{2}ab = \frac{1}{2}(a+b+c)r$$

が成り立つ。したがって、内接円の半径は

$$r = \frac{ab}{a+b+c} = \frac{2st(s^2-t^2)}{2s(s+t)} = t(s-t)$$

となり、自然数になる。

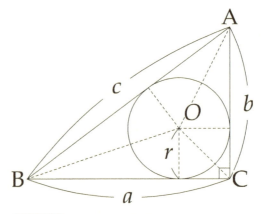

図 6.24　ピュタゴラス三角形と内接円の半径

問題 6.5

線分 AB を一定の長さ a とする。点 B から AB に垂線を立て、端点を C とし、BC= r とする。BC を半径とする弧を描き、三角形 ABC の内部にある弧上の点 P をとる。点 P から AB,BC に下ろした垂線の足をそれぞれ S、H とする。PS= x を 1 辺とする正方形 PQRS を、図 6.25 のように、三角形 ABC に点 Q,R が接するようにとる。r を変数とするとき、正方形の辺の長さ x の最大値と、そのときの r を求めよ。

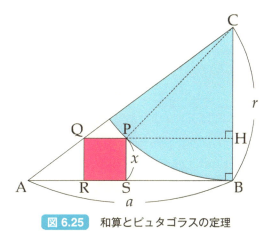

図 6.25　和算とピュタゴラスの定理

答え 6.5

条件より、CH= $r-x > 0$ である。AB=AR+RS+SB、$\tan A = \frac{r}{a}$ だから、

$$a = \frac{x}{\tan A} + x + \text{SB}, \quad \rightarrow \quad \text{SB} = a - x - \frac{ax}{r}$$

ここで、直角三角形 PHC に注目すると、ピュタゴラスの定理より、

$$r^2 = (r-x)^2 + \left(a - x - \frac{ax}{r}\right)^2$$

$x = r$ は、明らかに、この 2 次方程式の解になるが、条件より不適。結局、

$$x = \frac{a^2}{2r + \frac{a^2}{r} + 2a} > 0$$

が解となる。(相加平均) ≧ (相乗平均) の関係式より、

$$x \leq \frac{a^2}{2\sqrt{2r \cdot \frac{a^2}{r}} + 2a} = \frac{a}{2(\sqrt{2}+1)} = \frac{\sqrt{2}-1}{2}a$$

この x の最大値 $x = \frac{\sqrt{2}-1}{2}a$ を与えるのは、$2r = \frac{a^2}{r}$ のときだから、$r = \frac{a}{\sqrt{2}}$

142　第6章　ピュタゴラスの定理

問題 6.6

負でない整数 n を用いて、$p = 4n + 3$ と書ける自然数は 2 つの整数 a, b の平方和 $p = a^2 + b^2$ では書けないことを証明せよ。

答え 6.6

a, b が共に偶数のときは、a^2, b^2 は共に 4 の倍数になるから、$a^2 + b^2$ は 4 で割り切れる。したがって、$p = a^2 + b^2$ と書くことはできない。
a, b が共に奇数のときは、a^2, b^2 は共に 4 で割ったとき 1 余るから、$a^2 + b^2$ は偶数になる。したがって、$p = a^2 + b^2$ と書くことはできない。
a, b の一方が偶数で、もう一方が奇数のときは、$a^2 + b^2$ は 4 で割ったとき 1 余る整数になる。したがって、$p = a^2 + b^2$ と書くことはできない。
以上の結果より、4 で割ったとき 3 余る自然数は 2 つの整数の平方和で書くことはできない。　∎

問題 6.7

各項が等差数列 $(a, a + d, a + 2d)$ となるような原始ピュタゴラス三つ組は、$(3, 4, 5)$ だけであることを示せ。

答え 6.7

$a^2 + (a + d)^2 = (a + 2d)^2$ より、$a^2 - 2ad - 3d^2 = (a + d)(a - 3d) = 0$ を得る。$a + d > 0$ であるから、この解は $a = 3d$ のみであり、これより、ピュタゴラス三つ組 $(3d, 4d, 5d)$ を得る。このうち、辺の長さが互いに素となるのは、$d = 1$ のときで、$(3, 4, 5)$ だけであることが証明された。　∎

6.8 ピュタゴラスの定理とその応用

問題 6.8

原始ピュタゴラス三つ組 (a, b, c) に対して、$a, b, a+b, |a-b|$ のうち、少なくとも 1 つは 7 で割り切れることを証明せよ。

答え 6.8

例えば、$(a, b, c) = (3, 4, 5)$ に対して、$a + b = 3 + 4 = 7$ は 7 で割り切れる。このように、既約ピュタゴラス三角形には 7 が隠されている。p.121 に示した原始ピュタゴラス三つ組の生成法より、s, t を偶奇の異なる互いに素な自然数として、$a = 2st, b = s^2 - t^2, c = s^2 + t^2$ とする。a を偶数としても一般性を損なうことはない。

s または t が 7 の倍数であれば、$a = 2st$ が 7 で割り切れる。そこで、s, t はいずれも 7 の倍数でないとする。このとき、$r, r' = 1, 2, 3$ として、$s = 7k \pm r, t = 7\ell \pm r'$ と書ける。$r' = r$ のときは、$b = s^2 - t^2 = 7[k(7k \pm 2r) - \ell(7\ell \pm 2r)]$ が 7 の倍数である。そこで、$r' \neq r$ とする。このとき、$b = s^2 - t^2 = $(7 の倍数)$+ r^2 - r'^2$ であり、$a = 2st = $(7 の倍数)$\pm 2rr'$ (s, t で r, r' が同符号のときは $+$、異符号のときは $-$) である。したがって、$R = 2rr' + (r^2 - r'^2)$, $R' = 2rr' - (r^2 - r'^2)$ として、r, r' が同符号のときは $a + b = $(7 の倍数)$+ R, a - b = $(7 の倍数)$+ R'$ が成り立ち、r, r' が異符号のときは $a + b = $(7 の倍数)$- R', a - b = $(7 の倍数)$- R$ が成り立つ。ここで、$r > r'$ としても一般性を損なわない。($r < r'$ のときは、R と R' を入れ替えればよい。)このとき、R または、R' が 7 の倍数であることを示せば証明は完了する。

$(r, r') = (2, 1) \Rightarrow 2rr' = 4, r^2 - r'^2 = 3, R = 2rr' + (r^2 - r'^2) = 7$

$(r, r') = (3, 1) \Rightarrow 2rr' = 6, r^2 - r'^2 = 8, R = 2rr' + (r^2 - r'^2) = 14$

$(r, r') = (3, 2) \Rightarrow 2rr' = 12, r^2 - r'^2 = 5, R' = 2rr' - (r^2 - r'^2) = 7$

したがって、$a, b, a+b, |a-b|$ のうち、少なくとも 1 つは 7 で割り切れることが証明された。 ∎

6章　演習問題

[1] ピュタゴラスの定理などに関連したカバーストーリーを作れ。

[2] 原始ピュタゴラス三つ組を3つ挙げよ。

[3] 3辺の長さが3, 4, 5 である三角形に対して内接円の半径を求めよ。

[4] 直接は測れないA地点とB地点について右図のようになった。AB間の距離を求めよ。

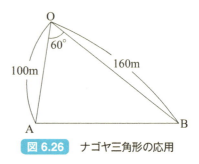

図 6.26　ナゴヤ三角形の応用

[5] 右図のように折り紙でADの中点Eをとり、点Bと点Eが一致するように折るとき、CG:GD=1:2 になることを示せ。（つまり、点Gは正方形の1辺の三等分点である。これを芳賀の定理という。）また、EG:GD:DE=FE:EA:AF=5:4:3 が成り立つことを証明せよ。

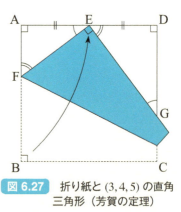

図 6.27　折り紙と (3, 4, 5) の直角三角形（芳賀の定理）

[6] (a, b, c) を原始ピュタゴラス三つ組とするとき、$a+b$ は8で割ったとき、1余るか、または、7余る自然数になることを示せ。

[7] 3以上である任意の自然数 n に対して、直角をはさむ2辺のうち一方が n と等しくなるようなピュタゴラス三角形が存在することを示せ。（既約とは限らない。）

第7章
実数と連分数

7.1 有理数と無理数

これまで、図形数やユークリッド互除法、ピタゴラスの定理などを通して、自然数・整数・有理数・無理数の性質をみてきた。有理数と無理数を合わせて実数という。これらの数の性質をまとめておこう。よく使われる記号も合わせて示す。

$$
\text{実数} \begin{cases} \text{有理数} \begin{cases} \text{整数} \begin{cases} \text{正の整数（自然数）} \\ 0 \\ \text{負の整数} \end{cases} \\ \text{整数でない有理数} \begin{cases} \text{有限小数} \\ \text{循環小数} \end{cases} \end{cases} \\ \text{無理数} \cdots\cdots \text{循環しない無限小数} \end{cases}
$$

- 自然数 N (natural number)

    $1, 2, 3, 4, 5, \cdots$

    和 $+$ と積 $\times$ に対して自然数は閉じている。

- 整数 Z （英語で integer、Z はドイツ語で数を意味する Zahlen より）

    $\cdots, -5, -4, -3, -2, -1, 0, 1, 2, 3, 4, 5, \cdots$

    和 $+$, 差 $-$, 積 $\times$ に対して整数は閉じている。

- 有理数 Q （rational number、Q は商を意味する Quotient より）

    $\dfrac{n}{m}$ 　　$(m, n \in Z, m \neq 0)$ 　　[整数も含んでいる（$m=1$ とせよ）]

    小数では有限小数か循環無限小数、$\dfrac{1}{5} = 0.2$, $\dfrac{1}{3} = 0.333\cdots$ など
    四則演算 $+, -, \times, \div$ に対して有理数は閉じている。
    有理数を係数とする一次方程式の解は、有理数で表される。

- 無理数 (irrational number)

  循環しない無限小数

  $\sqrt{2} = 1.41421356\cdots, \quad \pi = 3.1415926\cdots$ など

- 実数 R (real number)

  有理数と無理数を合わせたもので、四則演算に対して閉じている。

「閉じている」という表現に不慣れな読者のために、説明を加えておく。自然数同士を足したり、かけたりして得られる数は、やはり自然数になっている。このとき、「自然数は $+, \times$ について閉じている」と表現する。演算 $+, \times$ によって、自然数全体の集合 N から飛び出てしまう自然数はないということだ。自然数の差 $-$ を考えると、例えば、$3 - 1 = 2$ はよいが、$1 - 3 = -2$ だから、自然数の集合からハミ出る数が現れてしまう。このとき、「自然数は $-$ について閉じていない」という。整数や有理数の場合はどうなっているか、読者自身で確認してもらいたい。よく間違える人がいるのだが、無理数同士の足し算は必ず無理数になるだろうか。例えば、

$$(\sqrt{3} - 1) + (2 - \sqrt{3}) = 1$$

であるから、無理数は和について閉じていない。他の四則演算も、例えば、$\sqrt{2} - \sqrt{2} = 0, \sqrt{2} \times \sqrt{2} = 2, \sqrt{2} \div \sqrt{2} = 1$ だから、結局ダメだと分かる。無理数同士の四則演算で閉じているものは 1 つもないのだ。

有理数と無理数を合わせたものを実数というが、実数は四則演算に対して閉じていることが分かる。これらの性質を下図にまとめておく。

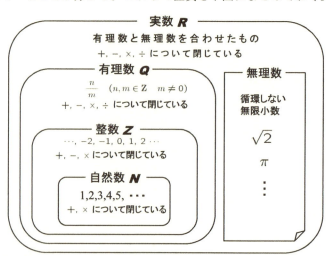

7.2 複素数

せっかく、実数まで話を進めたので、複素数 についても触れておこう。

- 虚数単位 i
  2 乗すると -1 になる数、 $\quad i^2 = -1 \quad (i = \sqrt{-1})$
- 複素数 C (complex number)
  $z = a + bi, \quad a, b \in \mathbf{R} \quad a = \text{Re}(z) \cdots$ 実部、 $\quad b = \text{Im}(z) \cdots$ 虚部
- 複素数の範囲まで考えると、どんな 2 次方程式でも解が存在する。例えば、$x^2 + 2 = 0$ という 2 次方程式は実数の範囲では解を持たないが、複素数の範囲では、$x = \pm\sqrt{2}i$ という解をもつ。
  一般に、n 次方程式は複素数の範囲で、重複度も込めて、n 個の解をもつ。これを **代数学の基本定理** という。
- 複素数では、通常の意味での順序を考えることができない。
  任意の実数 a, b に対して、$a < b$, $a = b$, $a > b$ のうちいずれか唯 1 つのみが成り立つという性質が実数にはある。つまり、実数は数直線上に順番に並べていくことができる。このような性質を順序という。例えば、$\sqrt{2}$ は、自然数 2 に対する正の平方根ということで $\sqrt{2} > 0$ であり、$-\sqrt{2}$ は負の平方根ということで $-\sqrt{2} < 0$ のことである。しかし、複素数に対しては、$\sqrt{2}i > 0$, $-\sqrt{2}i < 0$ という意味ではない。単に、虚数単位 に実数をかけた数 $-\sqrt{2}i = (-\sqrt{2}) \times i$ のことである。複素平面（ガウス平面）をイメージすれば、$\sqrt{2}$ を原点を中心に $-90°$ 回転した数と理解することもできる。

複素数には、実数のような正の数、負の数を合理的に定義することができないことを背理法で証明しよう。

虚数単位に対して、実数のような正の数、負の数を定義できたとする。このとき、$i > 0$, $i = 0$, $i < 0$ のいずれかが成り立つ。

まず、$i^2 = -1$ より、$i = 0$ ではない。$i > 0$ ならば、$i \cdot i > 0$ のはずだが、$-1 > 0$ となるので不合理である。$i < 0$ ならば、$(-i) \cdot (-i) > 0$ が成り立つはずであるが、これも $-1 > 0$ を導くので不合理となる。したがって、複素数に合理的な順序を定義することはできない。∎

第 7 章　実数と連分数

7.3　有理数・無理数と連分数

　この節では、有理数 と無理数 について、もう少し考えを深めていく。これは『原論』第 X 巻の内容と関係している。

　まず、ユークリッド互除法 を思い出そう。例えば、28 と 8 の最大公約数を求めるためにユークリッド互除法を用いてみよう。

$$28 - 3 \times 8 = 4$$
$$8 - 2 \times 4 = 0$$

したがって、$\gcd(28, 8) = 4$ となる。余りは除数よりも小さい自然数なので、ユークリッド互除法のアルゴリズムでは、必ず直前の除数を割り切ることのできる余りに到達できるのだ。この 8 と 28 の比の値を考えてみよう。$a : b$ という比の値を $\dfrac{a}{b}$ と書くのだった。つまり、$8 : 28$ の比の値は $\dfrac{8}{28}(=\dfrac{2}{7})$ である。ユークリッド互除法の結果を用いると、

$$\frac{8}{28} = \frac{1}{\frac{28}{8}} = \frac{1}{3 + \frac{4}{8}} = \frac{1}{3 + \frac{1}{\frac{8}{4}}} = \frac{1}{3 + \frac{1}{2}} = \frac{1}{3 + \frac{1}{1 + \frac{1}{1}}}$$

2 は 1 で測り切ることができる（割り切れる）ので、これ以上、この操作を続けることはできない。もちろん、$2 = 1 + \frac{1}{1}$ であるから、その表現も含めれば 2 通りに書くことができる。

　では、無理数同士で同じアルゴリズムの計算を行ったらどうなるだろうか。例えば、$14\sqrt{2}$ と $4\sqrt{2}$ に対して、同様の計算を行う。すなわち、$14\sqrt{2}$ から $4\sqrt{2}$ を引けるだけ引いて、余りを算出し、今度は $4\sqrt{2}$ からその余りを引けるだけ引くのだ。

$$14\sqrt{2} - 3 \times (4\sqrt{2}) = 2\sqrt{2}$$
$$4\sqrt{2} - 2 \times (2\sqrt{2}) = 0$$

したがって、$4\sqrt{2}$ と $14\sqrt{2}$ の比の値は次のようになる。

$$\frac{4\sqrt{2}}{14\sqrt{2}} = \frac{1}{\frac{14\sqrt{2}}{4\sqrt{2}}} = \frac{1}{3 + \frac{2\sqrt{2}}{4\sqrt{2}}} = \frac{1}{3 + \frac{1}{\frac{4\sqrt{2}}{2\sqrt{2}}}} = \frac{1}{3 + \frac{1}{2}}$$

これは $8 : 28$ の比の値と等しい。すなわち、$14\sqrt{2}$ と $4\sqrt{2}$ とには最大の共通な尺度 $2\sqrt{2}$（ユークリッド互除法で、直前の数を割り切った余り）が

あって、このように測り切れることを古代ギリシアでは **通約可能** と呼んだ。比で言えば、$8:28 = 4\sqrt{2} : 14\sqrt{2} = 2:7$ のことだが、分数を使った現代の記号で、$\frac{8}{28} = \frac{4\sqrt{2}}{14\sqrt{2}} = \frac{2}{7}$ と言った方が分かりやすいかもしれない。また、$\frac{2}{7} = \frac{1}{3+\frac{1}{2}}$ の右辺に現れる 3 と 2 はユークリッド互除法のアルゴリズムで、「引けるだけ引いた」回数（商のこと）だったことも頭において欲しい。

このように、a_0 を整数、a_k ($k=1,2,3,\cdots,n$) を自然数として、

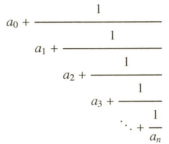

という形の式を **単純有限連分数（正則有限連分数）** という。スペースをとるので、通常、$[a_0; a_1, a_2, a_3, \cdots, a_n]$ と略記される。一般には分子は 1 でなくともよい。連分数 は、6 世紀のアリヤバータや 12 世紀のバスカーラなどのインド数学文献に見られるが、近代的理論は 1737 年オイラー の『連分数論』から始まる。連分数は、先の例で示したように、ユークリッド互除法と密接に関係している。実際、有理数 であることと有限連分数で表されることとは同値であるが、それはユークリッド互除法からの帰結である。

では、$\sqrt{2}$ が無理数 であるとはどういうことなのか。それは、1 と $\sqrt{2}$ が測り切ることのできる共通な尺度をもたないということなのだ。これを古代ギリシアでは、**通約不能**と呼んだ。[*1] 2 つの数 A と B に対して、ユークリッド互除法のアルゴリズムで計算を進めていったときに、有限の回数で計算手続きが終わらないことを意味する。

みなさんは、モノの長さを測るときには、ものさしを使うだろう。どんなモノでも、その長さはものさしで測り切ることができるのは当然と思わないだろうか。ものさしの長さを 1 として、それを 10 分割、100 分割、1000 分割としていけば、どんどん細かくなって、モノの長さは測り切れるのではないか。[*2] ところが、通約不能な数の存在は、有限の手続きでは測り切

[*1] 『原論』第 X 巻では、平方において通約可能という概念も導入される。例えば、1 と $\sqrt{2}$ は平方においてのみ通約可能である。

[*2] もちろん、十進法に拘る必要はなく、3 分割でも、60 分割でも構わない。

ることのできないモノの長さがあることを意味するのだ。*3 古代ギリシア で通約不能な数の発見が如何に驚きであったか想像できるだろう。

それでは、1 と $\sqrt{2}$ が通約不能であることを示そう。図形的に考えるには、$\sqrt{2}+1$ と 1 が通約不能であることを示す方が分かりやすい。まず、補題として、図 7.1 を考える。この図を繰り返し用いることになるので、一般的な記号を用いる。1 辺の長さが r の正方形 OBAC とその内部に半径 r の 1/4 円 OBC を考える。1/4 円 OBC と正方形の対角線 OA の交点を H とし、OA= d, AH= r' とおく。また、

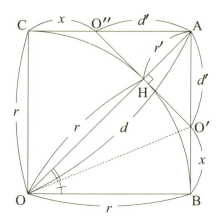

図 7.1 $\sqrt{2}$ と 1 の通約不能性 其 1

点 H を接点とする 1/4 円 OBC の接線と正方形との交点を図のように O′, O″ とおく。そして、図のように AO′ = d' とする。対称性から、AO″ = d' である。このとき、BO′ = x を求めよう。∠OAB= ∠OAC= 45° だから、△AHO′ と △AHO″ は直角二等辺三角形であり、AH=HO′ =HO″ = r' である。次に、直角三角形 O′OH と O′OB に注目すると、斜辺 OO′ は共通なので、OH=OB= r に注意すると、ピュタゴラスの定理より、

$$(OO')^2 = r^2 + (r')^2 = r^2 + x^2$$

これより、$x^2 = (r')^2$ だが、$x, r' > 0$ だから、$x = -r'$ は不適で、

$$x = r'$$

となる。よって、直角三角形 O′OH と O′OB は合同、そして、∠O′OH = ∠O′OB = 22.5° も言える。なお、代数的に考えて、$d = \sqrt{2}r, d' = \sqrt{2}r'$, $r' = d-r$ より、$x = r - d' = (\sqrt{2}+1)r' - \sqrt{2}r' = r'$ と計算してもよい。

---

*3 物理・工学的に言えば、測定に誤差はつきものだから、1.41cm < $\sqrt{2}$cm < 1.42cm などと書くべきなのであって、そもそも、真の値 $\sqrt{2}$ cm そのものは測りようがないのだ、という話になる。実用数学と純粋数学との方向性の違いであるが、この 2 つは、いったん乖離したように見えて、再び接近することがあるから、おもしろい。

7.3 有理数・無理数と連分数

ここからが本題である。半径1の円 O に外接する正方形 ADEF を考える。$r_1 = 1$, $d_1 = \sqrt{2}$ としよう。図 7.2 では、円の半径が r_1 であり、正方形 OBAC の対角線 OA の長さが d_1 になる。図 7.2 から明らかなように、$s_1 = 1 + \sqrt{2} = r_1 + d_1$ から $r_1 = 1$ を 2 回引いた数は AH= $r_2 = d_1 - r_1 = \sqrt{2} - 1$ になる。図 7.1 で示したことから、点 H での円の接線と AB との交

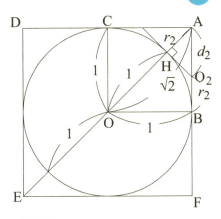

図 7.2 $\sqrt{2}$ と 1 の通約不能性 其 2

点 O_2 で AB= $1 = r_1 = r_2 + d_2$ と分けられる。そこで、今度は除数を被除数に置き換えて、$s_2 = r_1 = r_2 + d_2$ から r_2 を 2 回引くことを考える。ここで、O_2 を中心に半径 r_2 の円を描いてみると、図 7.2 に相似な図形が現れる。図 7.3 の青で描いた正方形とその内接円である。この相似比は $\frac{r_2}{r_1} = \sqrt{2} - 1$ と計算できる。

そこで、AB= $s_2 = r_2 + d_2$ から r_2 を 2 回引いた数を r_3 とする。繰り返しになるが、円 O_2 に接線を引いて、AH との交点を O_3 として、$AO_3 = d_3 = \sqrt{2} r_3$ とおく。すると、図 7.1 で示したように、$HO_3 = r_3$ となる。そして、O_3 を中心に半径 r_3 の円を描く・・・

このように、正方形とその内接円はどんどん小さくなっていくが、相似比 $\sqrt{2} - 1$ の図形が繰

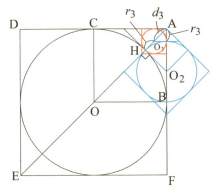

図 7.3 $\sqrt{2}$ と 1 の通約不能性 其 3

り返し現れるだけなので、有限回の操作で測り切ることはできない。

これが、通約不能ということだ。

1 回の手続きで、図形は $\sqrt{2} - 1 \simeq 0.414$ 倍になるから、k 回この操作をしたときの余りは、$r_{k+1} = (\sqrt{2} - 1)^k$ だと分かる。この余りが、$k + 1$ 回目に描く円の半径になる。

第 7 章　実数と連分数

この結果をまとめると、次のようになる。ただし、$d_k = \sqrt{2}r_k$ とする。

s_k, r_k による互除法の表現	1つ前の除数 → 被除数	剰余 r_{k+1} の表式
$s_1 - 2r_1 = r_2$	$s_1 = r_1 + d_1$	$r_2 = d_1 - r_1$
$s_2 - 2r_2 = r_3$	$s_2 = r_1 = r_2 + d_2$	$r_3 = d_2 - r_2$
$\vdots$	$\vdots$	$\vdots$
$s_k - 2r_k = r_{k+1}$	$s_k = r_{k-1} = r_k + d_k$	$r_{k+1} = d_k - r_k$
$\vdots$	$\vdots$	$\vdots$

実際の計算式は次の通り。

$$(1+\sqrt{2}) - 2\times 1 = \sqrt{2} - 1$$
$$1 - 2\times(\sqrt{2}-1) = (\sqrt{2}-1)^2 = 3 - 2\sqrt{2}$$
$$(\sqrt{2}-1) - 2\times(\sqrt{2}-1)^2 = (\sqrt{2}-1)^3 = -7 + 5\sqrt{2}$$
$$\vdots$$
$$(\sqrt{2}-1)^{k-2} - 2\times(\sqrt{2}-1)^{k-1} = (\sqrt{2}-1)^k$$
$$\vdots$$

この計算結果を比の値で書くと次のようになる。

$$\frac{\sqrt{2}+1}{1} = 2 + \frac{\sqrt{2}-1}{1} = 2 + \frac{1}{\frac{1}{\sqrt{2}-1}} = 2 + \frac{1}{2+\frac{(\sqrt{2}-1)^2}{\sqrt{2}-1}}$$

$$= 2 + \frac{1}{2+\frac{1}{\frac{\sqrt{2}-1}{(\sqrt{2}-1)^2}}} = 2 + \frac{1}{2+\frac{1}{2+\frac{(\sqrt{2}-1)^3}{(\sqrt{2}-1)^2}}} = \cdots$$

この結果より、$\sqrt{2}$ を連分数の形で書くと、

$$\sqrt{2} = 1 + \cfrac{1}{2 + \cfrac{1}{2 + \cfrac{1}{\ddots}}}$$

となる。小数表記では循環せずに無限に続く数である $\sqrt{2}$ を連分数では分母に 2 が続く規則的な形で表すことができる。このように、分子を 1 に固定した無限に続く連分数を **単純無限連分数** といい、$\sqrt{2} = [1; 2, 2, 2, \cdots]$

7.3 有理数・無理数と連分数

と略記する。実際、単純無限連分数は無理数を表し、その表記は 1 通りであることが証明できる。

通約不能性を幾何学的に調べてきたが、計算上は、次のようにガウス記号を用いて無理数 x の連分数を求めることができる。

$$x = [x] + \frac{1}{x_1} = [x] + \frac{1}{[x_1] + \frac{1}{x_2}} = \cdots = [x] + \cfrac{1}{[x_1] + \cfrac{1}{[x_2] + \cfrac{1}{[x_3] + \cfrac{1}{[x_4] + \cfrac{1}{\ddots}}}}}$$

ただし、$n \leqq x < n + 1$ を満たす整数 n に対して $[x] = n$ であり、

$$x_1 = \frac{1}{x - [x]}, \quad x_2 = \frac{1}{x_1 - [x_1]}, \quad x_3 = \frac{1}{x_2 - [x_2]}, \quad x_4 = \frac{1}{x_3 - [x_3]}, \quad \cdots$$

ここで、x を無理数としたのは、ある時点で $x_k - [x_k] = 0$ となることを防ぐためである。x が有理数の場合は、$x_k - [x_k] = 0$ となる k が存在して、結局、有限の連分数になる。

最もシンプルな単純無限連分数は、$\phi = [1; 1, 1, 1, \cdots]$、つまり、

$$\phi = 1 + \cfrac{1}{1 + \cfrac{1}{1 + \cfrac{1}{\ddots}}}$$

と言っても文句は出ないだろう。なかなか美しい形の分数だが、ϕ には **黄金比** という立派な名前がついている。ミロのビーナスや古代ギリシアのパルテノン神殿などに潜む比の値としてよく知られている。$\sqrt{2}$ と同じように、幾何学的に調べることも出来るが、代数計算の練習問題としてみよう。

$$\phi = 1 + \frac{1}{\phi}$$

という関係式に注意する。ポイントは、ϕ の式で分母の形が元の式と同じであることだ。分母の ϕ を払って整理すると、$\phi^2 - \phi - 1 = 0$ を得るので、2

次方程式の解の公式から、$\phi = \frac{1 \pm \sqrt{5}}{2}$ となる。ところで、元の式から、$\phi > 1$ が成り立つので、結局、

$$\phi = \frac{1 + \sqrt{5}}{2}$$

が答えである。このように、単純無限連分数で数字が循環する場合は、うまく変形すると代数的に解くことができる。循環する数字の上にバーをつけて、

$$\alpha = [a_0; a_1, a_2, \cdots, a_k, \overline{a_{k+1}, a_{k+2}, \cdots, a_{k+r}}]$$

と表すことにしよう。これを循環連分数という。また、循環節の $\overline{[a_{k+1}, a_{k+2}, \cdots, a_{k+r}]}$ という形をもつ循環連分数を純循環(純周期的)と呼ぶ。この表記に従うと、例えば、$\sqrt{2} = [1; \overline{2}]$ などとなる。ラグランジュによる次の定理はよく知られている。

$$\frac{a + b\sqrt{D}}{c} \quad (a, b(\neq 0), c(\neq 0) \text{ は整数で、} D \text{ は平方数ではない正の整数})$$

という形の数は、循環連分数で表される。また、その逆も成り立つ。

例えば、$x = [\overline{1; 2, 3}]$ とすると、循環節に注意して、次の式が成り立つ。

$$x = 1 + \cfrac{1}{2 + \cfrac{1}{3 + \cfrac{1}{x}}} = \frac{10x + 3}{7x + 2}$$

これを整理して、$7x^2 - 8x - 3 = 0$ となるが、元の式から $x > 1$ であるので、この循環連分数の値は次のようになる。

$$x = \frac{4 + \sqrt{37}}{7}$$

無理数を有理数で近似するとき、連分数は優良な近似であることが知られている。α を無理数として、連分数展開 $\alpha = [a_0; a_1, a_2, \cdots]$ において n 番目までで近似した $R_n = [a_0; a_1, a_2, \cdots, a_n]$ を n 番目の近似分数というが、次の不等式を示すことができるのだ。

$$R_n = \frac{p_n}{q_n} \quad \text{として、} \quad \left| \alpha - \frac{p_n}{q_n} \right| < \frac{1}{q_{n+1} q_n} < \frac{1}{q_n^2}$$

ここで、$1 \leqq q_1 < q_2 < \cdots < q_n < q_{n+1} < \cdots$ であることを用いた。また、連分数の重要な性質として、次の不等式はよく知られている。

$$R_0 < R_2 < R_4 < \cdots \leqq \alpha \leqq \cdots < R_5 < R_3 < R_1$$

$\pi = 3.1415926\cdots \simeq 3.14159$ として、連分数展開を求めてみよう。

$$\pi \simeq 3 + \cfrac{1}{\frac{1}{0.14159}} = 3 + \cfrac{1}{7 + 0.062646} = 3 + \cfrac{1}{7 + \cfrac{1}{\frac{1}{0.062646}}}$$

$$= 3 + \cfrac{1}{7 + \cfrac{1}{15 + \frac{1}{0.963}}} \simeq 3 + \cfrac{1}{7 + \cfrac{1}{15 + \frac{1}{1}}} = \frac{355}{113}$$

したがって、祖沖之の約率 $\frac{22}{7}$ は π の 1 番目の近似分数 $R_1 = [3; 7]$ であり、密率 $\frac{355}{113}$ は 3 番目の近似分数 $R_3 = [3; 7, 15, 1]$ に対応する。ところで、

$$\frac{355}{113} \simeq 3.14159292\cdots$$

だから、分母が 3 桁の数であるにも関わらず、π と比較して、

$$\pi = 3.1415926535897932384626433\,83279\cdots$$

小数第 6 位まで合っている。同じように、分母が 100 程度の数の $\frac{314}{100} = 3.14$ だったら、小数第 2 位までしか一致しない。これは、π の連分数展開が

$$\pi = [3; 7, 15, 1, 292, 1, 1, 1, 2, 1, 3, 1, \cdots]$$

であり、4 番目の近似分数

$$R_4 = \frac{p_4}{q_4} = [3; 7, 15, 1, 292] = \frac{103993}{33102}$$

は分母の数が $q_3 = 113$ に比べて 2 桁も大きくなるため、近似の精度が著しく向上しているのだ。

$$\left| \pi - R_3 \right| < \frac{1}{q_3 q_4} \simeq 2.67 \times 10^{-7}$$

これが密率 $\frac{355}{113}$ の精度が極めてよかった理由である。

なお、円周率 π は代数方程式の解として得ることはできない（超越数）ことが知られているので、循環する連分数で表すことはできない。

代数方程式の実根の近似値と連分数、ペル方程式の解と連分数の関係など、積み残した話題は多い。興味のある読者は、例えば、『初等整数論講義 第 2 版』（高木貞治 著、共立出版、1971 年）p.124〜を参照するとよい。

7章 演習問題

[1] 黄金比とフィボナッチ数との関係について調べよ。

[2] ペル方程式について調べよ。

[3] 任意の2つの有理数 $a, b\ (a < b)$ に対して、$a < c < b$ を満たす有理数 c が存在することを示せ。

[4] 任意の2つの実数 $a, b\ (a < b)$ に対して、$a < p < b$ を満たす有理数 p が存在することを示せ。ただし、実数 $(b-a) > 0$ に対して、$m(b-a) > 1$ を満たす自然数 $m > 0$ が存在するというアルキメデスの原理を用いてもよい。

[5] 次のことを確かめよ。
 (1) 有理数は四則演算に関して閉じている
 (2) 無理数は四則演算に関して閉じていない
 (3) p, q を有理数として、$p + q\sqrt{2}$ という数の集まり F を考えると、F は四則演算に関して閉じている

[6] $\sqrt{6} = 2.449489742783\cdots$ の連分数展開を求めよ。

[7] $\alpha = [\overline{3; 2, 1}]$ で表される数を求めよ。

[8] a, b を自然数とするとき、次式を証明せよ。

$$\sqrt{a^2 + b} = a + \cfrac{b}{2a + \cfrac{b}{2a + \cfrac{b}{2a + \cfrac{b}{2a + \cdots}}}}$$

第Ⅲ部 集合・論理・関数とその応用

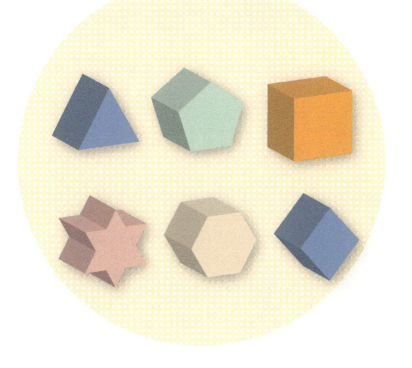

第8章 初歩からの集合論

8.1 素朴な集合論

まず、用語についておさらいしよう。

- 集合

  ある明確な範囲をもったものの集まりを **集合** という。例えば、「5以下の自然数の集まり」は集合である。一方、「大きな数の集まり」はその集まりの範囲が漠然としているので集合とは言わない。

- 集合の要素

  集合に属する1つ1つのものをその集合の要素という。あるいは、元ともいう。記号では、次のように書く。

  $x \in A$ $\cdots$ x は集合 A の元である（x は集合 A の要素である）

  $x \notin A$ $\cdots$ x は集合 A の元ではない（x は集合 A の要素ではない）

  この本では、「自分自身を要素にもたない集合全体の集合」（ラッセルのパラドックス）などは議論しない。

- 集合の表記法

  外延的表現 $\cdots$ $A = \{1, 2, 3, 4, 5\}$ などとすべての要素を列挙

  内包的表現 $\cdots$ $A = \{n \in \boldsymbol{N} \mid n \leqq 5\}$ のように変数と条件式で表記

[例題 1]

1桁の自然数を表す集合を外延的表現と内包的表現で書き表せ。

$$外延的表現： \{1, 2, 3, 4, 5, 6, 7, 8, 9\}$$
$$内包的表現： \{n \in \mathbf{N} \mid 1 \leqq n \leqq 9\}$$
$$\{n \in \mathbf{N} \mid n < 10\} \quad \text{など}$$

同じ集合を表現する方法は1つとは限らないことに注意しよう。

[例題 2]

3より大きく5より小さい実数で整数ではない数すべてを表す集合を記号で書き表せ。

$$\{x \in \mathbf{R} \mid 3 < x < 5, \ x \neq 4\}$$
$$\{x \in \mathbf{R} \mid 3 < x < 4, \ 4 < x < 5\} \quad \text{など}$$

[例題 3]

原点からの距離が1以下で、x座標が正である平面上の点すべてを表す集合を記号で書き表せ。

$$\{(x, y) \in \mathbf{R}^2 \mid x^2 + y^2 \leqq 1, x > 0\}$$
$$\{(x, y) \in \mathbf{R}^2 \mid 0 < x \leqq \sqrt{1 - y^2}\} \quad \text{など}$$

ここで、$\mathbf{R}^2 = \mathbf{R} \times \mathbf{R}$ は、**直積**（または、デカルト積という）を表す。一般に、集合 A と B の直積 $A \times B$ とは、$A \times B = \{(x, y) \mid x \in A, y \in B\}$ で表される新しい集合のことである。

第 8 章　初歩からの集合論

- 部分集合

集合 A のすべての要素が集合 B の要素になっているとき、A は B の **部分集合** であるという。記号では、

$$A \subset B \quad (\text{あるいは、} B \supset A)$$

と書く。A 自身も A の部分集合である。$A \subseteq B$ や $B \supseteq A$ と書くこともある。ま

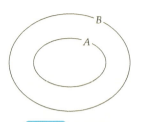

図 8.1　部分集合

た、$A \subset B$ であって、A と B とは異なる ($A \neq B$) ことを強調したい場合、$A \subsetneq B$ などと書く。このとき、A を B の **真部分集合** という。図 8.1 のように集合を丸などで囲んだ図で表すと視覚的に分かりやすい。これを **ベン図** という。イギリスの数学者ジョン・ベン (1834–1923) によって考え出されたが、ライプニッツやオイラー も同様の表現法を用いていたという。

包含記号 $\subset$ の意味を数学の論理記号 (次の章で詳しく学ぶ) で表すと次のようになる。

$$A \subset B \iff \forall x \, (x \in A \implies x \in B)$$

これは、次のように読む。

> 集合 A が集合 B の部分集合であること ($A \subset B$) は、次のことと同値 ($\iff$) である。すなわち、任意の x ($\forall x$) に対して、x が A の元 ($x \in A$) ならば ($\implies$)、その x は B の元 ($x \in B$) である。

ついでに、他のよく使われる記号や略語も紹介しておこう。

$\exists x \cdots$ ある x (x が存在)

s.t. $\cdots$ such that (英語で、以下のような)

i.e. $\cdots$ id est (ラテン語由来の英語の略語で、すなわち)

これらの論理記号は、例えば、次のように使われる。

$$(\forall \epsilon > 0)\, (\exists \delta > 0)\, (\forall x \in A)\, (|x - a| < \delta \implies |f(x) - f(a)| < \epsilon)$$

「関数 $f(x)$ が点 $x = a$ で連続である」ということの意味を正確に述べたものである。「任意の正数 ϵ に対して、正数 δ が存在して、集合 A に含まれるすべての x について、$|x - a| < \delta$ ならば $|f(x) - f(a)| < \epsilon$ が成り立つ」と読む。与えられた誤差 ϵ に応じて上手く位置のズレ δ を調節すると、関数の値の誤差を許容誤差 ϵ より必ず小さくできることが「関数が連続である」ということなのだ。

これを ϵ-δ 論法といって、微分積分学で用いる。

- 集合の相等

 集合 A の要素と集合 B の要素がすべて等しいとき、集合 A と集合 B は等しいといい、$A = B$ と書く。$A \subset B$ かつ $B \subset A$ のこと。

 不等式で $x < y$ のときは、$x = y$ の場合は含まれないが、包含記号で $A \subset B$ のときは、$A = B$ の場合も含まれることに注意しよう。

- 空集合

 要素をもたない集合を **空集合** という。記号では、∅ と書く。0 や ϕ などと書く流儀もある。空集合は、すべての集合の部分集合とする。空集合の部分集合は空集合のみである。

 例えば、2 乗すると 3 になる整数全体の集合 を A とする。

 2 乗すると 3 になる実数は $\pm\sqrt{3}$ だが、これらは整数ではない。

 したがって、$A = \emptyset$ である。

 注意すべきこととして、例えば、集合 $\{0, 1\}$ のすべての部分集合は、

 　　∅, $\{0\}$, $\{1\}$, $\{0, 1\}$ の 4 つ

 である。$\{0\}$ と $\{1\}$ の 2 つだけではない。空集合や自分自身も部分集合に含まれることを忘れてはならない。

- 共通部分 (intersection, cap) と和集合 (union, join, cup)

 共通部分 $\cdots$　$A \cap B = \{x \mid x \in A$ かつ $x \in B\}$

 和集合 $\cdots\cdots$　$A \cup B = \{x \mid x \in A$ または $x \in B\}$

 ベン図で描くと次のようになる。

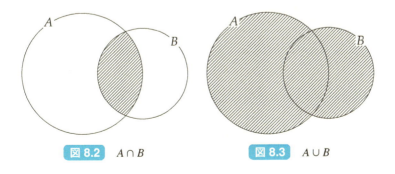

図 8.2　$A \cap B$　　　　図 8.3　$A \cup B$

第 8 章　初歩からの集合論

- 全体集合と補集合

  集合を考えるとき、あらかじめある集合 U を定め、その部分集合をとりあげることがある。このとき U を **全体集合** (universal set) という。

  全体集合 U の部分集合 A に対して A に属さない U の要素全体の集合を U に対する A の **補集合** とよび、$\overline{A}$ と表す。

  $$\overline{A} = \{x \mid x \in U,\ x \notin A\}$$

  （大学の数学の教科書では $\overline{A}$ を閉包の意味で使うことが多く、補集合は A^c などと書くことがある。）

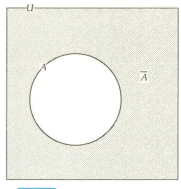

図 8.4　全体集合 U に対する集合 A の補集合 $\overline{A}$

- ド・モルガンの法則

  $\overline{A \cap B} = \overline{A} \cup \overline{B},$　　同様に、$\overline{A \cup B} = \overline{A} \cap \overline{B}$　が成り立つ。

  それぞれ、右辺と左辺のベン図を描いて比較してみればよい。

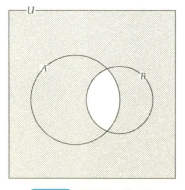

図 8.5　$\overline{A \cap B} = \overline{A} \cup \overline{B}$

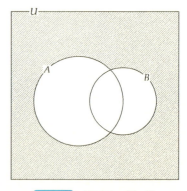

図 8.6　$\overline{A \cup B} = \overline{A} \cap \overline{B}$

ド・モルガン (1806–1871) は、インドでイングランド軍の将校の家庭に生まれたイギリスの数学者である。1828 年にロンドン大学の数学の教授職を得ている。確率論や論理学などに業績を残す。ロンドン数学会を創立したことでも知られる。また、様々な数学の教科書や数学教育に関する著作や論考を残している。

- 集合が 3 つ以上になっても同様

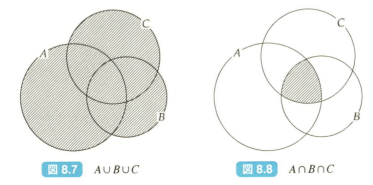

図 8.7 $A \cup B \cup C$　　　図 8.8 $A \cap B \cap C$

$(A \cup B) \cup C = A \cup (B \cup C)$ であるから、括弧を省略して $A \cup B \cup C$ と書くことが多い。一方、$(A \cup B) \cap C$ と $A \cup (B \cap C)$ などの場合では、ベン図を描いてみると分かるように表している集合が異なるので、括弧を省略してはならない。

- 有限集合と無限集合

要素の数が有限個である集合を **有限集合** という。有限集合ではない集合を **無限集合** という。例えば、6 のすべての約数の集合は有限集合であり、自然数全体の集合は無限集合である。

有限集合 A の要素の数を $n(A)$ と書く。$\#A$ と書くこともある。例えば、$A = \{1, 2, 3\}$ のとき、$n(A) = 3$ である。また、$B = \{2, 3, 5\}$ とすると、$n(A \cap B) = 2$、$n(A \cup B) = 4$ である。

一般に、$n(A) + n(B) = n(A \cap B) + n(A \cup B)$ が成り立つ。

すべての部分集合の数

有限集合 A の要素の数を $n(A) = m$ とする。A の部分集合を考えるとき、A の要素各々について、その部分集合の元になるか、ならないかの 2 通りを考えれば、空集合と A 自身を含めて A のすべての部分集合を尽くすことができる。したがって、

$$\text{有限集合 } A \text{ のすべての部分集合の数} = 2^m$$

となる。特に、空集合のすべての部分集合の数は $2^0 = 1$ である。

第 8 章 初歩からの集合論

有限集合と要素の数についての関係式

有限集合 A, B に対して、一般に次のことが成り立つ。これらは、ベン図を描いてみれば明らかであろう。

$$n(A) + n(B) = n(A \cap B) + n(A \cup B)$$
$$n(A \cap \overline{B}) = n(A) - n(A \cap B)$$
$$n(A \times B) = n(A) \cdot n(B)$$
$$A \cap B = \emptyset \Longrightarrow n(A \cup B) = n(A) + n(B)$$
$$A \subset B \Longrightarrow n(A \cap B) = n(A)$$
$$A \subset B \Longrightarrow n(A \cup B) = n(B)$$
$$A \subset B \Longrightarrow n(A) \leqq n(B)$$
$$A \subset B \Longrightarrow n(\overline{A} \cap B) = n(B) - n(A)$$
$$A \subset B \text{ かつ } n(A) = n(B) \Longrightarrow A = B$$

有限集合 A, B, C の要素の数について、次の関係式はよく使われる。

$$n(A \cup B \cup C) = n(A) + n(B) + n(C) - n(A \cap B) - n(B \cap C) - n(C \cap A)$$
$$+ n(A \cap B \cap C)$$

[例題 4]

100 以下で、3 の倍数でも 4 の倍数でもない自然数の数を求めよ。

100 以下の自然数の集合を U、100 以下で 3 の倍数である自然数の集合を A、100 以下で 4 の倍数である自然数の集合を B とすると、求める数は、$n(\overline{A \cup B})$ となる。$A = \{n \in U \mid \exists m \in \mathbf{N}, \text{s.t. } n = 3m\}$ であるから、$n(A) = (1 \leqq 3m \leqq 100$ を満たす自然数 m の数$)$ などとして求めることができる。$A \cap B = \{U$ に含まれる 12 の倍数$\}$ に注意して、

$$n(A) = \left[\frac{100}{3}\right] = 33, \quad n(B) = \left[\frac{100}{4}\right] = 25, \quad n(A \cap B) = \left[\frac{100}{12}\right] = 8$$

となる。ここで $[x]$ は x を超えない最大の整数を表し、ガウス記号という。上の公式を用いると、

$$n(A \cup B) = n(A) + n(B) - n(A \cap B) = 33 + 25 - 8 = 50$$

よって、求める答えは次のようになる。

$$n(\overline{A \cup B}) = n(U) - n(A \cup B) = 100 - 50 = 50$$

- 写像と 1 対 1 対応

  集合 A と B の対応関係 f において、$\forall a \in A$ に対して、$\exists b \in B$ が唯 1 つ定まるとき、f を A から B への **写像** といい、$b = f(a)$ と書く。f が写像であることを記号で $f : A \to B$ と書く。A の任意の部分集合 X に対して、$f(X) = \{f(x) \mid x \in X\}$ を写像 f による X の像という。$f(A) = B$ のとき、$f : A \to B$ を **全射** と呼ぶ。$x, y \in A$ に対して、$f(x) = f(y)$ ならば、$x = y$ であるとき、f を **単射** と呼ぶ。f が全射かつ単射であるとき、**全単射** と呼ぶ。すなわち、A から B への写像 f において、$\forall b \in B$ に対して、$b = f(a)$ となる $a \in A$ が唯 1 つ存在するとき、f を全単射（1 対 1 対応）という。f が全単射のとき、B から A への写像を定義できて、**逆写像** と呼び、f^{-1} と書く。

  有限集合 A、B に対して、A と B に 1 対 1 対応の写像が存在することと、$n(A) = n(B)$ であることとは同値である。

- ハトの巣論法

  $n + 1$ 匹のハトが n 個の巣箱のいずれかに入っているとき、2 匹以上のハトが入っている巣箱が少なくとも 1 つは存在する。これを **ハトの巣論法**（または、ハトの巣原理）という。$n + 1$ 人を n 個の部屋に入れる場合でも同じことだから、**部屋割り論法** ともいう。

  言い換えると、n 個の巣箱すべてに n 匹のハトが 1 匹ずつ入っていて、すべての巣箱が埋まっているとき、新たに $n + 1$ 匹目のハトを巣箱に入れようとすると、どれか 1 つの巣箱には 2 匹のハトが入ることになるというのだ。当たり前すぎるように思えるかもしれないが、よく使われる論法である。

  ただし、無限集合に対しては、このような直感的な議論は通用しない。（現実にはありえないが）部屋の数が自然数全体だけあるホテルカリフォルニアを考える。すべての部屋に 1 人ずつ宿泊客がいるとき、新たに客が 1 人訪れた。誰もホテルから追い出さずに新しい客を泊めるには、部屋の数が有限の普通のホテルであれば、相部屋にするしかなかろうが、このホテルカリフォルニアは違う。n 番目の部屋の宿泊客を $n + 1$ 番目の部屋に移動してもらえば、1 番目の部屋が空くので、そこへ新たな客を泊めることが出来る。歌の歌詞のように、誰も立ち去ることはない。なんとも摩訶不思議な話である。

第 8 章　初歩からの集合論

[例題 5]

　　適当な 8 日のうち、同じ曜日の日が少なくとも 1 組はある。

その 8 日がすべて異なる曜日だとすれば、曜日の数は 8 以上でなければならない。これは、曜日が月火水木金土日の 7 つであることと矛盾する。したがって、少なくとも 1 組は同じ曜日の日がある。

[例題 6]

　　有理数 $q = \frac{m}{n}$ ($m \in \mathbf{Z}, n \in \mathbf{N}$) は、有限小数か、循環無限小数である。

整数 m を自然数 n で割ったときの余り r は $r = 0, 1, 2, \cdots, n-1$ のいずれか。$n \neq 1$ として、q を小数に直す割り算のどこかで $r = 0$ になれば、有限小数になる。そうでない場合、r は $n-1$ 通りしかないから、最大で n 回の割り算を実行すると同じ余りが生じる。それ以降は同じ計算になるから、循環無限小数になる。

　　例えば、$\frac{2}{7} = 0.\dot{2}8571\dot{4}$ を筆算で計算してみよ。

[例題 7]

　　ヒトの髪の毛の数は大体 10 万本と言われる。愛知県春日井市の人口は平成 28 年 2 月 1 日現在で 311,164 人である。したがって、髪の毛の本数が全く同じ人が春日井市の中に少なくとも 1 組はいることになる。

これが、ハトの巣論法の威力である。髪の毛の数が 0 本の人同士であれば、見ればわかる（失礼！）だろうが、髪の毛の数が 98,765 本の人同士など見ただけでは全くわからない。いちいち 31 万人分も髪の毛の本数を数えていたら気が遠くなりそうだ。数えている途中でうっかり髪の毛が 1 本抜けたらどうするのか？しかし、ハトの巣論法を使えば、心配御無用。全く髪の毛の本数を数えることなく、論理の力だけで、上記のことが結論できるのだ。髪の豊富な人を考慮しても人口が 15 万人以上もあれば同じ議論が成り立つだろう。

　　数学を学ぶ意義の 1 つは、こういうことがパッとわかることなのである。

8.2 集合とその応用

問題 8.1

S社でスマートフォンの新製品を2種類開発した。（製品X、製品Y）市場投入するために300名に「デザインをよいと思うか(YES、NO)」「料金プランは妥当と思うか(YES、NO)」のアンケート調査をしたところ、下記の結果が得られた。無回答の人はいなかった。

	アンケート	YES	NO
製品X	デザイン	237人	63人
	料金プラン	186人	114人
製品Y	デザイン	152人	148人
	料金プラン	96人	204人

(1) 製品Xについて、どちらもNOと答えた人は46人であった。このとき、どちらもYESと答えた人は何人か。

ベン図で描くとわかりやすい。例えば、製品Xのデザインをよいと答えた人数を○の内側に描き、料金プランを妥当と答えた人数を同じように別の○の内側に描く。そうすると下図のようになる。

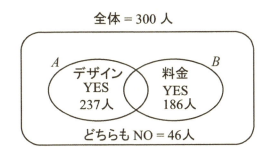

求めたいのは、どちらもYESと答えた人の数で、これはベン図の領域では両方の○が重なる部分に相当する。

どちらも NO と答えた人数は、○の外側の領域に相当し、46 人であるから、デザインか料金プランの少なくとも一方に YES と答えた人の数は

$$300 - 46 = 254 \text{ 人}$$

デザインと料金プランに YES と答えた人数を足すと $237 + 186 = 423$ 人となるが、どちらも YES と答えた人を二重に数えている。その二重に数えている分が求める人数だから、

$$\text{答え：} 423 - 254 = 169 \text{ 人}$$

この結果を記号で書くと次のようになる。（デザイン YES を A、料金プラン YES を B とする。製品 Y についても同様。）

$$\begin{aligned} n(A \cap B) &= n(A) + n(B) - n(A \cup B) \\ &= 237 + 186 - (300 - 46) = 169 \text{ 人} \end{aligned}$$

(2) アンケートの結果が (1) のようになったとき、製品 X について、デザインは YES、料金プランは NO と答えた人は何人か。

(1) の結果より、どちらも YES と答えた人は 169 人だから、求める人数はデザインを YES と答えた人数からこの 169 人分を引けばよい。

$$\text{答え：} 237 - 169 = 68 \text{ 人}$$

これを記号で書くと次のようになる。

$$\begin{aligned} n(A \cap \overline{B}) &= n(A) - n(A \cap B) \\ &= 237 - 169 = 68 \text{ 人} \end{aligned}$$

(3) 製品 Y について、どちらも NO と答えた人は 92 人であった。このとき、デザインは YES、料金プランは NO と答えた人は何人か。

ベン図を描いてみる。例えば、製品 Y のデザインに YES と答えた人数を○の内側に描き、逆に、料金プランには NO と答えた人数を別の○の内側に描く。そうすると下図のようになる。

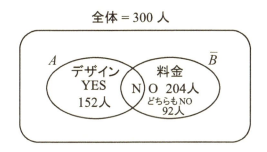

求めたいのは、デザインは YES、料金プランは NO と答えた人数で、ベン図では両方の○が重なる領域に相当する。したがって、料金プランは NO と答えた人数からどちらも NO と答えた人数を引けばよい。

答え：$204 - 92 = 112$ 人

これを記号で書くと次のようになる。

$$n(A \cap \overline{B}) = n(\overline{B}) - n(\overline{A} \cap \overline{B})$$
$$= 204 - 92 = 112 \text{ 人}$$

設問 (2) のみを求めたいのであれば、はじめから設問 (3) のベン図を描いて計算すればよかった。すなわち、$114 - 46 = 68$ 人である。当然、(2) の答えと等しくなる。しかし、効率よく答えを出そうとすると途中でワケが分からなくなる場合がある。単純な考え方でベン図を描いて、シンプルに 1 ステップずつベン図の各領域の数を確実に求めていった方が速いこともある。

第 8 章　初歩からの集合論

問題 8.2

ある人気ラーメン店で、ミソ野菜ラーメンを注文した人の数とギョーザを注文した人の数を調査した。その日のお客さんの数は 300 人で、ミソ野菜ラーメンを注文した人は 152 名、ギョーザを注文した人は 96 名であった。また、ミソ野菜ラーメンとギョーザのどちらも注文しなかった人は 92 名いた。このとき、ミソ野菜ラーメンの注文はしたがギョーザの注文はしなかった人は何名か。

答え 8.2

ギョーザを注文しなかった人の数は 300 − 96 = 204 名だから、
求める人数は 204 − 92 = 112 人

（実は、問題 8.1 (3) と数学的には全く同じ問題である。）

問題 8.3

12 の正の約数すべての集合を A とする。
(1) 集合 A を求めよ。
(2) 集合 A のすべての部分集合の数を求めよ。

答え 8.3

(1) 素因数分解すると、$12 = 2^2 \cdot 3$ であるから、集合 A は次のようになる。
$$A = \{1, 2, 3, 4, 6, 12\}$$
(2) $n(A) = 6$ より、集合 A のすべての部分集合の数は、$2^6 = 64$

8.2 集合とその応用

問題 8.4

100 人の学生に近隣の観光スポットについてアンケートをとった。(A)香嵐渓には 41 人、(B)御在所岳には 31 人、(C)赤目四十八滝には 25 人が訪れたことがあり、3 ヶ所のどこにも訪れたことのない学生は 37 人であった。また、香嵐渓と御在所岳の両方に訪れたことがある学生は 18 人、香嵐渓と赤目四十八滝の両方に訪れたことがある学生は 13 人、3 ヶ所すべて訪れたことのある学生は 12 人だった。

(1) 御在所岳に行ったことはないが香嵐渓と赤目四十八滝の両方に行ったことがある学生の数を求めよ。

(2) 赤目四十八滝に行ったことはないが香嵐渓と御在所岳の両方に行ったことがある学生の数を求めよ。

(3) 香嵐渓に行ったことはないが御在所岳と赤目四十八滝の両方に行ったことがある学生の数を求めよ。

答え 8.4

香嵐渓、御在所岳、赤目四十八滝に訪れたことがある学生の集合をそれぞれ A、B、C とし、アンケートをとった学生全体の集合を U とする。題意より、$n(U) = 100, n(A) = 41, n(B) = 31, n(C) = 25, n(A \cap B) = 18, n(A \cap C) = 13, n(A \cap B \cap C) = 12, n(\overline{A \cup B \cup C}) = n(\overline{A} \cap \overline{B} \cap \overline{C}) = 37$ である。よって、$n(A \cup B \cup C) = 100 - 37 = 63$ となる。p.164 に示した公式などを活用するとよい。

(1) $n(\overline{B} \cap A \cap C) = n(A \cap C) - n(A \cap B \cap C) = 13 - 12 = 1$

(2) $n(\overline{C} \cap A \cap B) = n(A \cap B) - n(A \cap B \cap C) = 18 - 12 = 6$

(3) $n(\overline{A} \cap B \cap C) = n(A) + n(B) + n(C) - n(A \cup B \cup C) - n(A \cap B) - n(A \cap C)$
$= 41 + 31 + 25 - 63 - 18 - 13 = 3$

公式等に頼らず、ベン図を描いて、それぞれの領域に対応する数を 1 つずつ計算していってもよい。(1)、(2) はすぐ分かると思う。(3) では、求める数を x、御在所岳に行ったことはあるが香嵐渓にも赤目四十八滝にも行ったことのない人の数を y、赤目四十八滝に行ったことはあるが香嵐渓にも御在所岳にも行ったことのない人の数を z とすると、$x + y + 18 = 31$, $x + z + 13 = 25$, $x + y + z + 41 = 63$ より、$x = 3$ などとしてもよい。

第 8 章　初歩からの集合論

問題 8.5

ある回転すし店で 100 人のお客さんに 25 品目のうち 1 品目だけ名前を書いてもらって、得票数が多い 7 品目について特別セールを行うことになった。品目 A がほかの品目の得票数と無関係に特別セールに選ばれるには、最低何票必要だろうか。

答え 8.5

品目 A の得票数を x とする。品目 A 以外の 7 品目が残りの票数 $100-x$ を分け合ったときに各々の票数すべてが $\frac{100-x}{7}$ を超えるということはない。したがって、

$$x > \frac{100-x}{7}$$

であれば、品目 A の得票数は上位 7 位の中に入る。これを解いて、$x > \frac{100}{8} = 12.5$ だから、最低 13 票集めれば、必ず品目 A が特別セールに選ばれる。

［別解］

票が最も少ない品目数に集中したときに、品目 A の得票数が上位 7 位に入っていれば題意を満たす。つまり、票が 8 品目に集中したときに、どれか 1 品目は必ず $\frac{100}{8}$ 以下の票数になるから、品目 A の得票数 x がこれより多ければよい。すなわち、$x > \frac{100}{8} = 12.5$ を得る。

よって、品目 A が必ず特別セールに選ばれる最低得票数は 13 票である。

問題 8.6

150 個のチョコレートと 60 個の小箱がある。1 つの小箱には、最大で 3 つのチョコレートを入れることができる。空き箱を作らずに、すべてのチョコレートを小箱に詰めるとき、チョコレート 3 個入りの小箱は最大何個、最小何個作ることができるか。

答え 8.6

空き箱は作らないので、60 個の小箱に最低 1 個ずつチョコレートが入る。これで残りは 90 個である。その 90 個を 2 個ずつ 45 箱に入れれば、3 個入りが 最大で 45 箱 出来る。3 個入りの小箱を最小にするには、残り 90 個のうち 60 個を 1 個ずつ小箱に詰めればよい。このとき、2 個入りの小箱が 60 個できて 30 個が余る。それらを小箱に 1 個ずつ詰めると 3 個入りの小箱の数は 最小で 30 個 になる。

以上の結果を数式で表してみよう。

3 個入りの小箱の数を x、2 個入りの数を y、1 個入りの数を z としよう。小箱の数は負にはならないから、$x, y, z \geq 0$ である。題意より、次式が成り立つ。

$$x + y + z = 60 \quad \cdots\cdots ①$$
$$3x + 2y + z = 150 \quad \cdots\cdots ②$$

① と ② より z を消去して、

$$2x + y = 90 \quad \cdots\cdots ③$$

また、① を変形して、$z = 60 - (x + y) \geq 0$ であり、$x, y \geq 0$ だから、

$$0 \leq x + y \leq 60 \quad \cdots\cdots ④$$

③ を変形して、$y = 90 - 2x \geq 0$ より、$x \leq 45$ であり、③ を ④ に代入して、$30 \leq x$ を得る。したがって、$30 \leq x \leq 45$ である。

3 個入りの小箱は最大 45 個、最小 30 個作ることができる。

問題 8.7

367 人以上の人がいれば、うるう年を含めても必ず 1 組は同じ誕生日の人がいることを示せ。

答え 8.7

現行のカレンダーで 1 年は、平年で 365 日、うるう年で 366 日である。したがって、うるう年を含めて 366 人に別々の誕生日を割り振ると、367 人目以降は同じ日に被ることになる。したがって、題意が言えた。このこと自体は、ハトの巣論法から明らかであろう。

ちなみに、誕生日になる確率がどの日も同様に確からしいと仮定して、n 人がいたときに少なくとも 1 組は同じ誕生日の人がいる確率 $P(n)$ を計算してみよう。1 年はうるう年を含めて 366 日とする。むろん、2/29 は 4 年に 1 度しかないのだから、誕生日になる確率がどの日も同様に確からしいとは言えないハズだが、そこは計算の簡単化のため大目にみてもらおう。求める確率 $P(n)$ は、n 人の誕生日がすべて異なる確率 $Q(n)$ を 1 から引けばよい。したがって、次の結果が得られる。1 年を 365 日としてもこの結果はほとんど変わらない。例えば、100 人いれば、ほぼ確実に、少なくとも 1 組は同じ誕生日の人がいる。

$$P(n) = 1 - Q(n) = 1 - \frac{366}{366} \cdot \frac{365}{366} \cdot \frac{364}{366} \cdots \frac{366-(n-2)}{366} \cdot \frac{366-(n-1)}{366}$$

$$Q(n) = \frac{366!}{366^n (366-n)!}$$

n	1	2	5	10	15	20	30
$P(n)$	0	0.003	0.027	0.117	0.252	0.411	0.705

n	40	50	60	70	100	367 以上
$P(n)$	0.891	0.970	0.994	0.999	0.9999997	1

8章 演習問題

[1] 集合に関係したカバーストーリーを作れ。

[2] ド・モルガンの法則 $\overline{A \cap B} = \overline{A} \cup \overline{B}$, $\overline{A \cup B} = \overline{A} \cap \overline{B}$ が成り立つことを確かめよ。

[3] 平面上で、原点からの距離が 1 より大きく、2 より小さい点のうち、y 座標が正であるすべての点の集合 A を記号で表せ。

[4] 6 の正の約数すべての集合を A とするとき、A のすべての部分集合の数はいくつか。

[5] 2 桁の自然数を全体集合 U とし、U の部分集合で、3 の倍数の集合を A、7 の倍数の集合を B とするとき、$A \cup B$ の要素の数を求めよ。

[6] ある菓子の試食会で、チョコ、または、クッキーのいずれかを試食した参加者 83 人を調べたところ、チョコを試食した人数は 67 名で、チョコとクッキーを両方とも試食した人数は 26 名だった。このとき、クッキーを試食した人数を求めよ。

[7] ある洋食店で、オムライスを注文した人の数と紅茶を注文した人の数を調査した。その日のお客さんの数は 120 人で、オムライスを注文した人は 87 名、紅茶を注文した人は 58 名であった。また、オムライスと紅茶のどちらも注文しなかった人は 26 名いた。このとき、オムライスの注文はしたが紅茶の注文はしなかった人は何名か。

[8] 13 人以上いれば、誕生月の同じ人が必ず 1 組以上いることを示せ。

[9] 100 人の学生がいてそれぞれの年齢を足すとちょうど 2 千歳になったとき、次のことが言えることを示せ。
(1) 20 歳以上の学生が少なくとも 1 人はいる。
(2) 20 歳以下の学生が少なくとも 1 人はいる。

[10] $\frac{1}{7}$ を循環無限小数で表せ。なぜ、有限小数や、循環しない無限小数にはならないのかその理由を考えよ。

第 9 章
素朴な記号論理学

9.1　数理論理学を学ぶ目的

　数学は、数や図形などの性質を論理立てて証明し、そうして得られた定理や公式を厳格に適用していく学問である。論理の連鎖にギャップがあって正しくない主張が1つでも入り込むと、証明は破綻するわけだし、適用範囲外の数値を公式に当てはめてしまうとおかしな結果が出てくる。このように、数学は論理学に立脚しているが、数学では論理的思考そのものも研究対象になる。これを数理論理学という。突き詰めれば、論理的思考を論理的に研究するという二重構造に行き当たることになる。前者を対象論理、後者をメタ論理というが、深くは立ち入らないことにする。

　この章では、高校までの数学で学んだ命題と論理について、便利な記号を導入し、その記号操作によって論理演算を行うやり方について学んでいく。これを **記号論理学** という。この手法は論理回路に応用でき、非常に有用である。スイッチのオン・オフで組み立てられた電気回路をスイッチ回路というが、例えば、図 9.1 の場合だと、スイッチ A または B がオンで、かつ、スイ

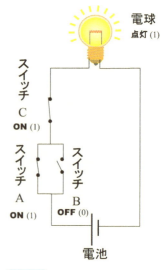

図 9.1　スイッチ回路の模式図

ッチ C がオンのとき、電球が点灯する。スイッチがオンの状態を 1、スイッチがオフの状態を 0、電球が点灯した状態を 1、消灯した状態を 0 とすれば、電球の点滅状態をこれから学ぶ論理式の形で表すことができるのだ。身の回りにあるコンピューター等のディジタル機器は、すべての機能がこのような 0 と 1 の 2 値による論理回路で構成されている。もちろん、数理論理学の基礎を身につけることができれば、日常生活においても、言葉のレトリックに惑わされることなく、論理的にモノを考えることに役立つ。[*1]

9.2 命題演算と真理値

まず、用語についてまとめておく。
- 命題

  正しいか、誤っているかを明確に判定できる事柄を述べた文章や式を **命題** という。命題が正しいとき、その命題は真である (T, true) といい、誤っているとき、その命題は偽である (F, false) という。

  例えば、「三角形の内角の和は 180° である」という文は、真の命題であり、「$1 + 2 + 4 + 8 = 16$」という計算式は、偽の命題である。

  「あの子はかわいいね」という文は、人によって感じ方が変わり得るので正しいか間違いか明確に判定できる文とは言えず、この章で扱う命題には含まれない。

  証明の結果として得られたものを、定理・命題・補題・系などというが、この命題とは意味合いが異なるので注意しよう。

  命題を表す記号として、p などを使うが、いろいろな命題を当てはめることができるので **命題変数** という。個々の命題の中身は問わずに、命題の演算や関係について、記号を用いて形式的に議論するのが、**記号論理学** である。

- 命題演算子と論理式

  前章で集合の和や共通部分について学んだ。すなわち、集合に対する演算を行って新しい集合を作る操作が $A \cup B$ や $A \cap B$ であった。同じように、命題変数 p と q についても、演算を考えることができ、

[*1] ただし、あまり論理を振りかざし過ぎると、ロンリー (lonely) になることもあるのでほどほどにしておこう。(笑)

新たな命題を作り出すことができる。この演算に使われるのが、これから述べる**命題演算子**（論理結合子ともいう）である。そして、命題演算子によって得られた複合的な命題を **論理式** という。もちろん、命題変数そのものも論理式である。

- 論理式と真理値

論理式の真偽を数値的に判定できるとわかりやすい。そこで各命題変数に対して、真のとき 1、偽のとき 0 を付与する。これを命題変数の **真理値** という。論理式は、そこに含まれるすべての命題変数の真理値を決めたとき、その真理値が 1 つに決まる。これを付値といい、すべての付値に対する論理式の真理値を表にまとめたものを **真理値表** という。これらの論理式は電子回路で表現することができる。それを論理回路といい、その論理演算の実現を論理ゲートという。論理ゲートを表す記号としては、これから述べる **MIL 記号** がよく使われる。

- さまざまな命題演算子と真理値表

基本的な命題演算子の記号と真理値表をまとめておく。
なお、対応する集合演算のベン図も示す。

(1) 論理和（または、OR）　……　$p \vee q$ と書く

　　p か q の少なくとも一方が成り立つこと

命題変数（入力）		論理式（出力）
p	q	$p \vee q$
0	0	0
0	1	1
1	0	1
1	1	1

OR の真理値表

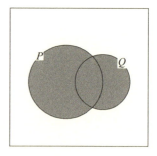

$P \cup Q$ のベン図

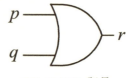

OR の MIL 記号

9.2 命題演算と真理値

(2) 論理積（かつ、AND）　……　$p \land q$ と書く

p と q のどちらも成り立つこと

命題変数 （入力）		論理式 （出力）
p	q	$p \land q$
0	0	0
0	1	0
1	0	0
1	1	1

ANDの真理値表

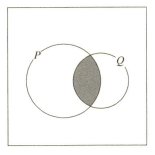

$P \cap Q$ のベン図

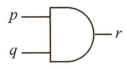

ANDのMIL記号

(3) 否定（でない、NOT）　……　$\lnot p$ と書く

p ではないこと

命題変数 （入力）	論理式 （出力）
p	$\lnot p$
0	1
1	0

NOTの真理値表

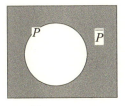

$\overline{P}$ のベン図

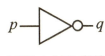

NOTのMIL記号

二重否定 $\lnot(\lnot p)$ は p と同値である。

ところで、集合で学んだド・モルガンの法則の命題演算子版があり、$\lnot(\lnot p \lor \lnot q)$ は、$p \land q$ のことになる。したがって、論理積 $\land$ は論理和 $\lor$ と否定 $\lnot$ で書くことができる。また、$\lnot(\lnot p \land \lnot q)$ は、$p \lor q$ のことであるから、論理和 $\lor$ は論理積 $\land$ と否定 $\lnot$ で書くことができる。つまり、$\lor$ と $\lnot$、乃至、$\land$ と $\lnot$ だけで、実は、事足りるのだ。

第9章 素朴な記号論理学

(4) **含意**（ならば、implication）　……　$p \to q$ と書く

p が成り立つときは、いつでも q が成り立つこと

p を **仮定**（あるいは、前提）といい、q を **結論**（あるいは、帰結）という。

（注）p が成り立たないときは、何も言っていないので、p が真ではないか、または、q が真のときに相当する。命題演算子を用いると、$p \to q$ は $\neg p \vee q$ と同値である。

命題変数 (入力)		論理式 (出力)	
p	q	$p \to q$	$\neg p \vee q$
0	0	1	1
0	1	1	1
1	0	0	0
1	1	1	1

$p \to q$ の真理値表と $\neg p \vee q$

(5) **同値**（等しい、equivalence）　……　$p \equiv q$ と書く

p の成否と q の成否が、常に同時に起こること

（注）これは、$p \to q$ かつ $q \to p$ のことであるから、命題演算子を用いて、$p \equiv q$ は $(p \to q) \wedge (q \to p)$ と書ける。また、その意味を考えれば、$p \equiv q$ とは、p と q がともに真、または、p と q がともに偽であるかのいずれかに相当する。このため、命題演算子を用いて、$p \equiv q$ は $(p \wedge q) \vee (\neg p \wedge \neg q)$ とも書ける。

命題変数 (入力)		論理式 (出力)		
p	q	$p \equiv q$	$(p \to q) \wedge (q \to p)$	$(p \wedge q) \vee (\neg p \wedge \neg q)$
0	0	1	1	1
0	1	0	0	0
1	0	0	0	0
1	1	1	1	1

$p \equiv q$ の真理値表と他の同等な論理式

9.2 命題演算と真理値

(6) 排他的論理和 (XOR) …… $p \oplus q$ と書く

p か、または、q のどちらか一方のみが成り立つこと

命題演算子を用いると、$p \oplus q$ は $\neg(p \equiv q)$ と同値である。また、$p \oplus q$ は、$(\neg p \wedge q) \vee (p \wedge \neg q)$ と書くこともできる。

命題変数 (入力)		論理式 (出力)		
p	q	$p \oplus q$	$\neg(p \equiv q)$	$(\neg p \wedge q) \vee (p \wedge \neg q)$
0	0	0	0	0
0	1	1	1	1
1	0	1	1	1
1	1	0	0	0

XOR の真理値表と他の同等な論理式

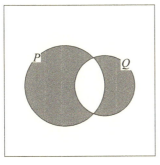

$(\overline{P} \cap Q) \cup (P \cap \overline{Q})$ のベン図

XOR の MIL 記号

(7) 否定論理和 (NOR) …… $p \downarrow q$ （パースの演算子）

p でも q でもないこと

命題演算子を用いると、$p \downarrow q$ は $\neg(p \vee q)$ を意味する。ところで、$p \downarrow p$ は $\neg(p \vee p)$ であるから、$\neg p$ と同値になる。また、$\neg(p \downarrow q)$ は $\neg(\neg(p \vee q)) \equiv p \vee q$ となる。よって、$p \vee q \equiv (p \downarrow q) \downarrow (p \downarrow q)$ が言える。ところで、論理積 $\wedge$ は論理和 $\vee$ と否定 $\neg$ で書くことができたから、命題演算子は NOR の演算子 $\downarrow$ の1つだけを用いて表すことができる。

命題変数 （入力）		論理式 （出力）	
p	q	$p \downarrow q$	$\neg(p \vee q)$
0	0	1	1
0	1	0	0
1	0	0	0
1	1	0	0

NOR の真理値表

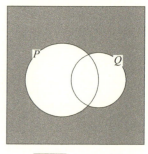

$\overline{P \cup Q}$ のベン図

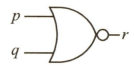

NOR の MIL 記号

(8) 否定論理積 (NAND) … $p \,|\, q$ （シェファーの縦棒演算子）
  p ではないか q ではないかの少なくとも一方が成り立つこと
  命題演算子を用いると、$p \,|\, q$ は $\neg(p \wedge q)$ と同値である。

命題変数 （入力）		論理式 （出力）	
p	q	$p \,|\, q$	$\neg(p \wedge q)$
0	0	1	1
0	1	1	1
1	0	1	1
1	1	0	0

NAND の真理値表

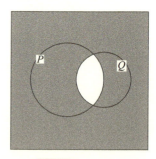

$\overline{P \cap Q}$ のベン図

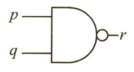

NAND の MIL 記号

ところで、$p\,|\,p$ は $\neg(p\wedge p)$ であるから、$\neg p$ と同値になる。また、$\neg(p\,|\,q)$ は $\neg(\neg(p\wedge q))\equiv p\wedge q$ となる。このことを用いると、$p\wedge q\equiv(p\,|\,q)\,|\,(p\,|\,q)$ が言える。ところで、論理和 $\vee$ は論理積 $\wedge$ と否定 $\neg$ で書くことができたから、命題演算子は NAND の演算子 $|$ の 1 つだけを用いて表すことができる。

以上、注意してきたように、(4) と (5) の命題演算子 $\rightarrow$ と $\equiv$ は (1)、(2)、(3) の命題演算子 $\vee$、$\wedge$、$\neg$ の組み合わせで書ける。さらに、ド・モルガンの法則 を使うと、論理和 $\vee$ と否定 $\neg$ の演算子 2 つ、あるいは、論理積 $\wedge$ と否定 $\neg$ の演算子 2 つを用いて、すべての命題演算子を表すことができる。$\neg(p\rightarrow\neg q)\equiv p\wedge q$ と $\neg p\rightarrow q\equiv p\vee q$ に注意すると、含意 $\rightarrow$ と否定 $\neg$ の演算子 2 つを用いて、すべての命題演算子を表すこともできる。さらに、(7) の NOR と (8) の NAND で注意したように、NOR の演算子 $\downarrow$ か、あるいは、NAND の演算子 $|$ の 1 つだけを用いて、すべての命題演算子を構成することができる。つまり、**NOR**、あるいは、**NAND** は、完全系を構成する。

- 記号の強弱

四則演算で、$2+3\times4$ は $2+(3\times4)$ のことであって、$(2+3)\times4$ のことではない。むろん、括弧の中を先に計算するというのも暗黙のルールの 1 つだ。このようにルールを定めておけば、括弧だらけになって、逆に式が見にくくなるという愚を避けることができる。

同じように、論理式 においても、記号の強弱（どの演算を先に行うか）について通常用いられるルールがある。

(i) 一番外側の括弧は省略する。

(ii) $(\neg A)$ は $\neg A$ と省略。$\neg$ は最強。例えば、$\neg(\neg p)$ を $\neg\neg p$ と書く。

(iii) $\wedge$ と $\vee$ は、$\wedge$ の方がやや強いか、または、同程度の強さとする。

(iv) その次に弱いのが $\rightarrow$ とする。例えば、$\neg\neg p\rightarrow q\vee\neg r\wedge s$ は、$\neg\neg p\rightarrow(q\vee(\neg r\wedge s))$ の意味である。

(v) $\equiv$ は最弱。例えば、$(p\rightarrow q)\equiv(\neg q\rightarrow\neg p)$ を $p\rightarrow q\equiv\neg q\rightarrow\neg p$ と書く。これは、$p\rightarrow(q\equiv\neg q)\rightarrow\neg p$ という意味ではない。

ともかく、誤解を避けるには、分かりやすさを最優先して、適度に**括弧を補って論理式を書く**方がよい。

第 9 章　素朴な記号論理学

● 逆・裏・対偶と真理値表

$p \to q$ に対して、逆・裏・対偶とは次の命題のことである。

$q \to p$ を、$p \to q$ の **逆**

$\neg p \to \neg q$ を、$p \to q$ の **裏**

$\neg q \to \neg p$ を、$p \to q$ の **対偶**

「逆は必ずしも真ならず」という言葉は知っているだろう。「p ならば、q である」からといって、必ずしも、その逆「q ならば、p である」は成り立たない。

論語に、弟子の司馬牛が孔子に「仁とは何か」と問うた有名な話がある。孔子が「仁者は言葉が出にくい者じゃ」と答えると、司馬牛は「言葉が出にくいだけで仁といえますか」と押し返した。孔子は「実行が難しいことを知っているから、言葉も出にくくなろうじゃないか」と答えたという。司馬牛は正に「逆が成り立つのか」と尋ねたわけだが、孔子の答えは「逆は必ずしも真ならず」ではなかった。また、別のところで、孔子は「徳のある人には、必ず善い言葉がある。しかし、善い言葉のある人が必ずしも徳のある人ではない。仁者は必ず勇者である。しかし、勇者は必ずしも仁者ではない」とも言っている。「逆は必ずしも真ならず」という論理学の基本は、少なくとも、直感的には古代から知られていたようだ。[*2]

ともかく、逆・裏・対偶の真理値表を書いて、これらのことを確認してみよう。論理式で書けば言葉のニュアンスに惑わされずに済む。

命題変数 （入力）		論理式 （出力）			
p	q	$p \to q$	$q \to p$	$\neg p \to \neg q$	$\neg q \to \neg p$
0	0	1	1	1	1
0	1	1	0	0	1
1	0	0	1	1	0
1	1	1	1	1	1

$p \to q$ とその逆・裏・対偶の真理値表

[*2] 例えば、穂積 重遠 著『新訳 論語』（講談社学術文庫、1981 年）顔淵 第十二、p.304 と 憲問 第十四、p.358

つまり、$p \to q$ とその逆 $q \to p$、また、$p \to q$ とその裏 $\neg p \to \neg q$ は、必ずしも真偽は一致しない。一方、$p \to q$ と対偶 $\neg q \to \neg p$ の真偽はいつでも一致する。そして、$p \to q$ の逆と裏は対偶の関係になっており、逆と裏の真偽はいつでも一致する。論理式で書けば、

$$p \to q \equiv \neg q \to \neg p, \quad q \to p \equiv \neg p \to \neg q$$

例えば、命題「$a < 0$ かつ $b < 0$ ならば、$a + b < 0$」は真だが、その逆の命題「$a + b < 0$ ならば、$a < 0$ かつ $b < 0$」は成り立たない。裏と対偶はどうなるか、各自確認して欲しい。

この結果より、次のことが言える。

　　　　ある命題を証明するときは、その対偶を証明してもよい

- 反例

$p \to q$ が成り立たない、すなわち、偽であることを示すには、真理値表からわかるように、p が真であるにも関わらず、q が偽である具体例を示せばよい。そのような例を **反例** という。例えば、

　　　「四辺の長さが等しい四角形は、正方形である」

という命題が偽であることを示すには、

　　　「正方形ではないひし形が存在する」

と言えばよい。「三辺の長さが等しい三角形は、正三角形である」という命題は真なので、「四角形でもそうだろう」と勝手に思い込んでいる人がたまにいるので、注意しよう。

このように、ある命題や主張に対して「それが成り立たない簡単な例はないだろうか」と考えるクセを身につけることは大切である。

- 恒真式、充足可能性

論理式に含まれる各命題変数がどのような値をとっても常に真となる論理式を **恒真式**（トートロジー）という。論理式に含まれる各命題変数の値をうまく選ぶと真になる場合は **充足可能** という。論理式に含まれる各命題変数の値をどのようにとっても常に偽となる場合は **充足不可能** という。すなわち、

$$A \text{ が充足不可能} \iff \neg A \text{ が恒真式}$$

また、常に真である命題と常に偽である命題を表す論理式があると都合がよい。そこで、命題定数として、⊤（常に真）、⊥（常に偽）を導入する。なお、これらの命題定数も論理式に含める。

第 9 章　素朴な記号論理学

- メタな推論記号

論理式をも対象として、推論を表すメタな記号があると都合がよい。例えば、$A \wedge B$ が真であれば、A は真である。このことは、真理値表から了解できよう。このとき、「$A \wedge B$」ならば「A である」と推論できる。これを、「ならば」を表すメタな推論記号 $\Longrightarrow$ を用いて、

$$A \wedge B \quad \Longrightarrow \quad A$$

と書くことにしよう。ここで、$(A \wedge B \to A) \equiv \top$ に注意する。つまり、$P \to Q$ が恒真式のとき、$P \Longrightarrow Q$ と書く。このとき、P は Q であるための **十分条件** といい、Q は P であるための **必要条件** という。また、右と左の主張や概念が同等・同値・等価であることを表す推論記号としては、既に使っているが、$\Longleftrightarrow$ を用いる。$P \Longrightarrow Q$ かつ $Q \Longrightarrow P$ のことである。このとき、P は Q であるための **必要十分条件**、または、Q は P であるための **必要十分条件** という。

例えば、方程式を解くことは、同値な式の変形に他ならない。

数理論理学や情報数学などの教科書では、異なる記号が用いられることもあるが、混乱を避けるため、ここでは使わないこととする。

- 集合演算と命題演算との対応関係

これまで述べてきた集合演算と命題演算とには対応関係がある。それらをまとめておく。なお、全体集合を X とする。

	または	かつ	でない	同値	ならば		
集合演算	$\cup$	$\cap$	$-$	$=$		$\subset$	$\emptyset$	X
命題演算	$\vee$	$\wedge$	$\neg$	$\equiv$	$\to$	$\bot$	$\top$

- 順序

部分集合を表す記号 $\subset$ は、不等号 $\leqq$ と同様に、次の性質を満たす。

(1) $A \subset A$ 　　　（反射律）

(2) $A \subset B$ かつ $B \subset A$ 　$\Longrightarrow$ 　$A = B$ 　　（反対称律）

(3) $A \subset B$ かつ $B \subset C$ 　$\Longrightarrow$ 　$A \subset C$ 　　（推移律）

この性質を抽象的に **順序の公理** という。これは、$A \subset B$ と $A \cup B = B$ が同値であることと関係している。命題演算子 $\to$ についても同様の関係が成り立つ。この場合も $P \to Q \Longleftrightarrow P \vee Q \equiv Q$ である。

(1) $P \to P$ 　　(2) $(P \to Q) \wedge (Q \to P) \Longrightarrow P \equiv Q$

(3) $(P \to Q) \wedge (Q \to R) \Longrightarrow P \to R$ 　　（仮言三段論法）

9.2 命題演算と真理値

● 基本的な恒真式と基本的な集合演算

$A、B、C$ を命題演算に関しては、任意の論理式、集合演算に関しては、任意の集合とする。また、全体集合を X とする。基本的な恒真式とそれに対応する基本的な集合演算を挙げると次のようになる。

	基本的な恒真式	基本的な集合演算
(1)	$A \wedge A \equiv A$	$A \cap A = A$
	$A \vee A \equiv A$	$A \cup A = A$
(2)	$(A \wedge B) \wedge C \equiv A \wedge (B \wedge C)$	$(A \cap B) \cap C = A \cap (B \cap C)$
	$(A \vee B) \vee C \equiv A \vee (B \vee C)$	$(A \cup B) \cup C = A \cup (B \cup C)$
(3)	$A \wedge B \equiv B \wedge A$	$A \cap B = B \cap A$
	$A \vee B \equiv B \vee A$	$A \cup B = B \cup A$
(4)	$A \wedge (A \vee B) \equiv A$	$A \cap (A \cup B) = A$
	$A \vee (A \wedge B) \equiv A$	$A \cup (A \cap B) = A$
(5)	$A \wedge (B \vee C) \equiv (A \wedge B) \vee (A \wedge C)$	$A \cap (B \cup C) = (A \cap B) \cup (A \cap C)$
	$A \vee (B \wedge C) \equiv (A \vee B) \wedge (A \vee C)$	$A \cup (B \cap C) = (A \cup B) \cap (A \cup C)$
(6)	$\neg\neg A \equiv \neg(\neg A) \equiv A$	$\overline{\overline{A}} = A$
(7)	$\neg(A \wedge B) \equiv \neg A \vee \neg B$	$\overline{A \cap B} = \overline{A} \cup \overline{B}$
	$\neg(A \vee B) \equiv \neg A \wedge \neg B$	$\overline{A \cup B} = \overline{A} \cap \overline{B}$
(8)	$A \to B \equiv \neg A \vee B \iff A \wedge B \equiv A$	$A \subset B \iff A \cap B = A$
	$\iff A \vee B \equiv B$	$\iff A \cup B = B$
(9)	$A \wedge \neg A \equiv \bot, \quad A \vee \neg A \equiv \top$	$A \cap \overline{A} = \emptyset, \quad A \cup \overline{A} = X$
(10)	$A \wedge \top \equiv A, \quad A \wedge \bot \equiv \bot$	$A \cap X = A, \quad A \cap \emptyset = \emptyset$
(11)	$A \vee \top \equiv \top, \quad A \vee \bot \equiv A$	$A \cup X = X, \quad A \cup \emptyset = A$
(12)	$\neg \bot \equiv \top, \quad \neg \top \equiv \bot$	$\overline{\emptyset} = X, \quad \overline{X} = \emptyset$

(1) を冪等律、(2) を結合律、(3) を交換律、(4) を吸収律、(5) を分配律、(6) を二重否定律、(7) をド・モルガンの法則、(9) を排中律という。(8) の $\iff$ は、真理値表、あるいは、ベン図を睨んでみると分かる。これらの演算規則を満たすものは、**ブール代数**と呼ばれる。

- 量化記号（限定子）∀ と ∃

 「すべての x について $P(x)$」を記号で $\forall x\, P(x)$ と書き、「ある x について $P(x)$」を記号で $\exists x\, P(x)$ と書くことは、8 章でも述べた。「すべて」を表す ∀ を全称記号といい、「ある」を表す ∃ を存在記号という。これらの記号を合わせて、量化記号（限定子）と呼ぶ。命題演算子と量化記号を組み合わせると、多種多様な命題を作ることができる。文章で書かれた数学の命題を、記号の組み合わせによる論理式で表現したり、逆に、記号で書かれた論理式を、文章による数学の命題として表現したりという訓練を積み重ねると、数学的な考え方が身についてくる。論理的な思考能力が鍛えられるのである。

- 量化記号を含む命題の否定

 「すべての x について $P(x)$」の否定は、「ある x については、$P(x)$ ではない」という **部分否定** になる。記号を用いると、

$$\neg(\forall x\, P(x)) \iff \exists x\, \neg P(x)$$

「ある x について $P(x)$」の否定は、「すべての x について、$P(x)$ ではない」という **全否定** になる。記号を用いると、

$$\neg(\exists x\, P(x)) \iff \forall x\, \neg P(x)$$

さらに、$P(x) \to Q(x) \equiv \neg P(x) \vee Q(x)$ に注意して、「すべての x について $P(x)$ ならば、$Q(x)$」の否定を記号で書くと、

$$\neg(\forall x\, (P(x) \to Q(x))) \iff \exists x\, (P(x) \wedge \neg Q(x))$$

同様に、「ある x について $P(x)$ ならば、$Q(x)$」の否定を記号では、

$$\neg(\exists x\, (P(x) \to Q(x))) \iff \forall x\, (P(x) \wedge \neg Q(x))$$

言うまでもないが、等号の否定は

$$\neg(P(x) = 0) \iff P(x) \neq 0$$

となるのは明らかだろう。不等式に関する命題の場合は、例えば、

$$\neg(P(x) > 0) \iff P(x) \leq 0$$

となる。こういった数学的解釈についても注意を払う必要がある。

9.3 論理式の練習問題

用語の説明が長くなった。この辺で、論理式を扱う練習を始めよう。文で書かれた命題を記号に置き換える作業は、ルールに則って進めればよい。論理式を分かりやすくするために括弧を補ったり、あるいは、より分かりやすい同値な別の表現に置き換えたりすることなどは、（数理論理学らしからぬが）感覚的なこともあるので、練習して身につけるしかない。

問題 9.1

次の文は命題と言えるかどうか考えよ。

(1) 5 は奇数である。
(2) $\sqrt{2} = 3$
(3) 祝日でも、大学では授業がありますか？
(4) なんて素敵な人なんだ！

答え 9.1

(1)（真の）命題　　(2)（偽の）命題　　(3)、(4) 命題ではない

命題は平叙文で書かれる。真の命題もあるし、偽の命題もある。疑問文や、感嘆文は、真偽を判定できないので命題ではない。

問題 9.2

命題変数 p, q, r と命題演算子 $\neg, \wedge, \vee, \rightarrow, \equiv$ を用いて書かれた次のものは、論理式と言えるかどうか考えよ。

(1) $p \neg \wedge q \vee r$　　(2) $\vee p \, (q \rightarrow r)$　　(3) $\neg(\neg p \vee q) \equiv r$

答え 9.2

(1) $\neg \wedge$ が意味不明だから、ダメ
(2) $\vee p$ が意味不明だから、ダメ。$\forall p$ と勘違いしてはならない。
(3) OK

意味不明にならぬよう、その論理式の意味を考えるクセを身につけよう。

問題 9.3

「成人している」ということと「お酒を飲んでもよい」ということとは同値であることを確認せよ。

答え 9.3

$p \to q$ かつ $q \to p$ を p と q は同値であるといい、$p \equiv q$ と書くのだった。乃至、同値とは、p と q の真偽が一致していることだった。

「成人している」を命題 p とし、「お酒を飲んでもよい」を命題 q とすると、「成人しているならば、お酒を飲んでもよい」は現行の日本の法律では正しく、「お酒を飲んでもよいのならば、その人は成人している」も現行の日本の法律では正しい。すなわち、$p \to q$ かつ $q \to p$ である。また、「成人していて、お酒を飲んでもよい」(p が真、かつ q が真)と、「未成年で、お酒を飲んでいけない」(p が偽、かつ q が偽)とは、どちらも、現行の日本の法律では正しい。もちろん、「成人していて、お酒を飲んでいけない」(p が真、かつ q が偽)と、「未成年で、飲酒 OK」(p が偽、かつ q が真)とは、どちらも、現行の日本の法律では正しくない。

もう一度、$p \equiv q$ の真理値表を挙げるので、よく確認して欲しい。

命題変数 (入力)		論理式 (出力)		
p	q	$p \equiv q$	$(p \to q) \land (q \to p)$	$(p \land q) \lor (\neg p \land \neg q)$
0	0	1	1	1
0	1	0	0	0
1	0	0	0	0
1	1	1	1	1

と、書いてはみたものの、「他の国ではどうなのか」とか「今の日本じゃなくて、縄文時代だったらどうなのか」とか言い出したらキリがない。「成人していれば、お酒を飲んでもよい」と言うのは日常会話としては正しいと(私は)思うが、その言葉を「じゃあ、未成年は何をしてもいいんだ」(p が偽のとき、$p \to q$ は真)と解釈するのは、あまりに非常識じゃァないだろうか。日常語に記号論理学を適用するときは少し注意が必要だろう。

9.3 論理式の練習問題

問題 9.4

$x \leq 0$ に対して、x の 4 次方程式 $x^4 = 16$ の解を求めよ。

答え 9.4

与式を同値変形する。

$$x^4 = 16 \iff x^4 - 2^4 = 0 \iff (x^2 - 2^2)(x^2 + 2^2) = 0$$
$$\iff (x-2)(x+2)(x^2 + 2^2) = 0$$

$x \leq 0$ であるから、求める解は $x = -2$ ∎

まず、方程式の解を求めることは、式の同値変形であることを確認して欲しい。そして、ここからが本題なのだが、日常語ほどではないにしろ、数学にも暗黙のルールがある。「$x \leq 0$ に対して」と言っているので、x は実数の範囲で考えて、0 以下であるというのが通常の了解の仕方である。複素数に対しては、実数で成り立つような普通の意味での順序が成り立たないので、「x は複素数の変数であり、かつ、$x \leq 0$ に対して」と解釈しては意味をなさないからだ。

もしも、単に「$x^4 = 16$ の解を求めよ」という問題文だと、文脈によって、解の書き方が異なることになる。

上の因数分解から、

実数の範囲での解は、 $x = 2$ または $x = -2$

複素数の範囲では、さらに因数分解ができて、

$$x^4 = 16 \iff (x-2)(x+2)(x^2 + 2^2) = 0$$
$$\iff (x-2)(x+2)(x-2i)(x+2i) = 0$$

これより、

複素数解は、 $x = 2$ または $x = -2$ または $x = 2i$ または $x = -2i$

これを $x = \pm 2, \pm 2i$ と略記することがあるが、この「$,$」（カンマ）も曲者で、文脈によって、「または」を意味したり、「かつ」を意味したりする。意味のある解釈が 1 通りしかないときは「かつ」や「または」を省略することがあるのだ。答案に「$x = \pm 2$ かつ $\pm 2i$」や「$x < -2$ かつ $x > 2$」などと書いてくる人がたまにいるが、それでは意味が通らない。

問題 9.5

「すべての実数 x に対して、$x > 1$ ならば $x^2 > 1$ である」という命題を記号を用いて書け。

答え 9.5

実数全体の集合を表す記号は $\boldsymbol{R}$ であるから、「すべての実数 x」は $\forall x \in \boldsymbol{R}$ と表される。「ならば」は命題演算子 $\to$ で書かれる。したがって、

$$\forall x \in \boldsymbol{R} \, ((x > 1) \ \to \ (x^2 > 1))$$

と書けばよいだろう。これは、真の命題である。

問題 9.6

「すべての実数 x に対して、$x > 1$ ならば $x^2 > 1$ である」という命題の否定を記号を用いて書け。

答え 9.6

上の結果から、機械的に記号操作をして、次の論理式を得る。

$$\neg(\forall x \in \boldsymbol{R} \, ((x > 1) \ \to \ (x^2 > 1)))$$
$$\iff \quad \exists x \in \boldsymbol{R} \, ((x > 1) \land (x^2 \leqq 1))$$

ここで、$\neg(\forall x P(x))$ は、$\exists x \neg P(x)$ と同値であることと、命題変数 p, q に対して、

$$\neg(p \to q) \quad \iff \quad \neg(\neg p \lor q) \quad \iff \quad p \land \neg q$$

を用いた。$x > 1$ であり、かつ、$x^2 \leqq 1$ という不等式が満たされることはないから、これは、偽の命題である。

命題変数 p の真理値が 1 であるとき、その否定 $\neg p$ の真理値は 0 になることを思い出そう。

9.3 論理式の練習問題

問題 9.7

「整数 n の 2 乗が偶数ならば、n は偶数である」という命題の対偶を書き、この命題を証明せよ。

答え 9.7

$p \to q$ の対偶は、$\neg q \to \neg p$ だから、この命題の対偶は「整数 n が偶数でないならば、n の 2 乗は偶数ではない」となる。整数は、偶数か奇数のいずれかであることに注意すれば、「整数 n が奇数ならば、n の 2 乗は奇数である」と表現してもよい。証明は、例えば、次のようにすればよい。

> 対偶を証明する。整数 n が奇数のとき、ある整数 k を用いて、$n = 2k - 1$ と書ける。$n^2 = (2k-1)^2 = 2(2k^2 - 2k) + 1$ であるから、n^2 は奇数である。よって、対偶が証明されたので、元の命題も成り立つ。■

このように、一見とっつきにくそうな証明問題は、対偶を考えてみると、スンナリと証明できることがある。

問題 9.8

論理式 $(\neg p \to (q \land \neg q)) \to p$ が恒真式であることを論理式の同値変形で示せ。(これを **背理法** という。)

答え 9.8

ある命題 p を証明するために、その命題が成り立たない ($\neg p$) と仮定して、何らかの命題 q の矛盾 ($q \land \neg q \equiv \bot$) を導き、命題 p を証明する方法が背理法だ。これも上記のように論理式で書くことができる。

まず、「q であり、かつ、q ではない」は常に偽だから、$q \land \neg q \equiv \bot$ に注意しよう。$\neg p \to \bot \equiv \neg\neg p \lor \bot$ だが、$\neg\neg p \equiv p$ だから、$p \lor \bot \equiv p$ が言える。あとは、$p \to p \equiv \top$ となることを用いればよい。

$(\neg p \to (q \land \neg q)) \to p \iff (\neg p \to \bot) \to p \iff (\neg\neg p \lor \bot) \to p \iff (p \lor \bot) \to p \iff p \to p \iff \neg p \lor p \equiv \top$

問題 9.9

$\sqrt{2}$ が無理数である（有理数ではない）ことを背理法で証明せよ。

答え 9.9

「$\sqrt{2}$ が無理数である」という命題を p とする。$\neg p$ は「$\sqrt{2}$ は有理数である」という命題になる。すなわち「互いに素な整数 $m, n (\neq 0)$ が存在して、$\sqrt{2} = \dfrac{m}{n}$」という命題に相当する。ここで命題 q を「$\gcd(m, n) = 1$」($m, n(\neq 0)$ は互いに素な整数) とする。さて、$(\sqrt{2})^2 = 2 = \dfrac{m^2}{n^2}$ より、$m^2 = 2n^2$ となる。すなわち、m の 2 乗は偶数だから、先に証明したことより、m は偶数である。よって、$\exists k \in \mathbb{Z}, m = 2k$ である。すると $m^2 = 4k^2 = 2n^2$ より、$n^2 = 2k^2$ となるから、やはり、$\exists \ell (\neq 0) \in \mathbb{Z}, n = 2\ell$ が言える。これより、$\gcd(m, n) \geqq 2 > 1$ であるから、$\neg q$ を導くことができた。$(\neg p \to (q \land \neg q)) \to p$ は恒真式で、$\neg p \to (q \land \neg q)$ が言えたから、p は真の命題である。すなわち、「$\sqrt{2}$ が無理数である」という命題が証明できた。∎

問題 9.10

命題「正数 a, b に対して、$a^2 + b^2 > 200$ ならば、$a > 10$ または $b > 10$ である」を証明せよ。

答え 9.10

この命題の否定「正数 a, b に対して、$a^2 + b^2 > 200$ かつ ($a \leqq 10$ かつ $b \leqq 10$)」が矛盾を導くことを示す。$0 < a \leqq 10$ かつ $0 < b \leqq 10$ のとき、$a^2 \leqq 100$ かつ $b^2 \leqq 100$ であるから、$a^2 + b^2 \leqq 200$ である。しかるに、$a^2 + b^2 > 200$ かつ $a^2 + b^2 \leqq 200$ は矛盾であるから、背理法により元の命題は証明された。∎

対偶「正数 a, b に対して、$a \leqq 10$ かつ $b \leqq 10$ ならば、$a^2 + b^2 \leqq 200$」を証明してもよい。

9章　演習問題

[1] 次の式や議論は、正しいか？

(1) $\dfrac{1}{2} \div \dfrac{2}{3} = \dfrac{1\times 6 \div 2}{2 \times 6 \div 3} = \dfrac{3}{4}$

(2) $10 + 10 = 20$ だから、$10°C$ の水に $10°C$ の水を加えると $20°C$ の水になる。

(3) 赤球と白球が1個ずつ入っている袋Aがある。袋Aの赤球の割合は $\dfrac{1}{2}$ である。また、赤球が2個、白球が1個入っている袋Bがある。袋Bの赤球の割合は $\dfrac{2}{3}$ である。そして、袋AとBを合わせると、球は全部で5個となり、そのうち赤球は3個だから、赤球の割合は $\dfrac{3}{5}$ である。したがって、$\dfrac{1}{2} + \dfrac{2}{3} = \dfrac{3}{5}$ が成り立つ。

[2] $A \wedge (A \to B) \to B$（モーダスポネンス）が恒真式であることを示せ。

[3] 「A ならば B、かつ、B ならば C」ならば「A ならば C」という推論（仮言三段論法）が恒真式であることを示せ。

$$(A \to B) \wedge (B \to C) \to (A \to C) \equiv \top$$

[4] 定義域を I とする関数 $f(x)$ が $x = a$ で連続であることを記号で、$\forall \epsilon > 0\ \exists \delta > 0\ \forall x \in I\ (|x - a| < \delta \to |f(x) - f(a)| < \epsilon)$ と表す。この否定が $x = a$ で不連続ということだが、その論理式を記号で表せ。

[5] 命題「有理数 p, q が $p + q\sqrt{2} = 0$ を満たすならば、$p = q = 0$ である」を証明せよ。

[6] 命題「実数 a, b, c に対して、$a^2 > bc$ かつ $ac > b^2$ ならば、$a \neq b$ である」を証明せよ。

[7] 無理数の無理数乗が有理数となるような実数は存在するか。

第10章
初等関数とその活用法

10.1 一次関数と分数関数（比例と反比例）

　高校までで習ってきたような関数を初等関数という。比例や反比例は、一次関数や分数関数の一種であり、放物線は、二次関数のことである。利息の計算などで指数関数を習った人も多いだろう。これらの関数は、古代バビロニアでも扱われていた。それだけ身近にあることの現れだろう。

　まず、一次関数と分数関数についておさらいしよう。そして、どういう応用があるのか例題を通して学んでいこう。

　傾きが a で y 切片が b である一次関数を式で書くと次のようになる。

$$y = ax + b$$

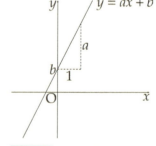

図 10.1　一次関数のグラフ

図 10.1 のように、グラフで描いてみるのが分かりやすい。一次関数のグラフは直線になる。傾きが a ということは、x 方向に 1 だけ進むと y 方向に a だけ変化するということで、y 切片が b ということは、y 軸との交点の y 座標が b ということである。$a > 0$ だと右肩上がり（増加）のグラフになり、$a < 0$ だと右肩下がり（減少）のグラフになる。例えば、120 リットルのお湯が入ってる浴槽に毎分 18 リットルのお湯を入れると、x 分後のお湯の量 y リットルの関係式は、$y = 18x + 120$ となる。

　分速 y km で x 分だけ自転車に乗って 10km の道のりを走る。このときの

x, y の関係式は $xy = 10$ である。これを x と y は反比例するという。$y = \frac{10}{x}$ となるので、反比例の式は分数関数になる。

一般には、次のようになる。

$$y = \frac{A}{x-a} + b$$

これは、$y = \frac{A}{x}$ を x 軸方向に a、y 軸方向に b だけ平行移動したものと考えればよい。グラフを図 10.2 に示す。$A > 0$ のときは、太線で示したように、グラフは右上と左下に描かれる。$A < 0$ のときは、破線で示したように、グラフは右下と左上に描かれる。どちらの場合でも、$x = a$ で発散し、$x \to \pm\infty$ で $y = b$ に近づく。これを **漸近線** という。

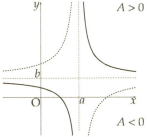

図 10.2 分数関数のグラフ

分数関数のグラフは、双曲線である。これは次のようにすればわかる。$st = A\ (A \neq 0)$ において、座標軸を $90°$ 回転させた、$s = X + Y$、$t = X - Y$ によって、(X, Y) を定めると、

$$st = (X + Y)(X - Y) = X^2 - Y^2 = A$$

となり、さらに、$X = \frac{x\sqrt{|A|}}{a}$、$Y = \frac{y\sqrt{|A|}}{b}$ と目盛りの縮尺を変更すると

$$\frac{x^2}{a^2} - \frac{y^2}{b^2} = \pm 1$$

（$A > 0$ のとき $+1$、$A < 0$ のとき -1）となって、双曲線の標準形を得る。

グラフの移動

関数 $y = f(x)$ のグラフを x 軸方向に a、y 軸方向に b だけ平行移動したグラフを表す関数は

$$y - b = f(x - a) \quad \to \quad y = f(x - a) + b$$

対称移動に関しては次の通り

x 軸に関して対称移動したグラフを表す関数： $y = -f(x)$

y 軸に関して対称移動したグラフを表す関数： $y = f(-x)$

原点に関して対称移動したグラフを表す関数： $y = -f(-x)$

第 10 章　初等関数とその活用法

問題 10.1.1

浴槽の内寸が 60cm（タテ）×80cm（ヨコ）×50cm（深さ）の直方体であるお風呂に残り湯が 67.2 リットル入っていた。毎分 12 リットルずつポンプで吸い出して、容量 60 リットルの洗濯機に残り湯を注ぐ。洗濯機が一杯になると自動的にポンプは停止する。浴槽の底からの水面の高さを h cm として、x 分後の h を求めよ。（有効数字は気にしなくてよい。）

答え 10.1.1

はじめの水面の高さを h_0 cm としよう。$x = 0$ のときの値だから、h_0 が縦軸の切片になる。1 リットル = 1000 cm³ に注意して、

$$60 \times 80 \times h_0 = 67.2 \times 10^3$$

が成り立つから、$h_0 = 14$ cm である。ポンプによって 1 分間で 12 リットルだけお湯が吸いだされるが、このとき水面からの高さは

$$\frac{12 \times 10^3}{60 \times 80} = \frac{5}{2} \text{ cm} \quad (= 2.5 \text{ cm})$$

だけ低くなる。容量 60 リットルの洗濯機が一杯になるまでの時間は $60 \div 12 = 5$ 分である。このとき、$67.2 - 60 = 7.2$ リットルだけ浴槽にお湯が残っている。このときの水面の高さは

$$\frac{7.2 \times 10^3}{60 \times 80} = 1.5 \text{ cm}$$

である。これらの結果より、x 分後の水面の高さ h (cm) の式とグラフは次のようになる。

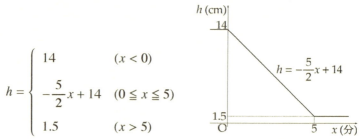

$$h = \begin{cases} 14 & (x < 0) \\ -\dfrac{5}{2}x + 14 & (0 \leqq x \leqq 5) \\ 1.5 & (x > 5) \end{cases}$$

問題 10.1.2

春日井市から御殿場まで片道 250km の道のりを燃費 x km/L のクルマで往復する。高速料金は片道 6000 円とし、ガソリン代は 1L あたり 120 円とする。このとき、高速代も含め、y 千円かかるとして、x と y の関係式を求め、グラフに描け。ただし、クルマの燃費は 10km/L〜20km/L とする。(L: リットル、付録 B.2 参照)

答え 10.1.2

題意より、$10 \leqq x \leqq 20$ (km/L) である。往復の道のりは 500km で、ガソリンの消費量を z (L) として、$xz = 500$ (km) が成り立つ。つまり、x と z は反比例する。

$$z = \frac{500}{x}$$

このとき、ガソリン代は $120z$ (円) であり、高速代は往復で 12000 円である。したがって、かかる費用 y (千円) は次のようになる。

$$y = \frac{500 \times 120 \times 10^{-3}}{x} + 12 = \frac{60}{x} + 12 \text{ (千円)}$$

これをグラフに描くと、下図のようになる。

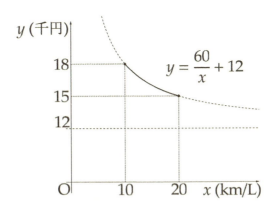

問題 10.1.3 （ロット・サイズの基本モデル）

ある商品は毎月 5000 個売れている。在庫が切れたときに発注すれば、すぐ商品が配達されるものとする。発注費は注文の個数に関わらず 1 回につき 1200 円である。毎回の注文個数を x として 1 ヵ月あたりの費用 E が最小になるように x を決めたい。ただし、手持ちの在庫には保管費として 1 個あたり毎月 300 円かかる。これは、平均すると常に $\frac{x}{2}$ だけ在庫がある勘定になることに注意せよ。

答え 10.1.3

これは、オペレーションズ・リサーチ (OR) における在庫管理問題の基本モデルである。マーケティングの現状に即しているか否かはともかく、定性的には常識と合致している。つまり、あまりに注文個数が少なすぎると発注回数が多くなって発注費がかさみ、逆に注文個数が多すぎると在庫費用が大きくなるのである。したがって、その中間のどこかに適切な注文個数があるだろうと考えられるのだ。

x 個注文したときに、在庫がなくなるまでの時間を T としよう。在庫が切れたとき、また x 個注文するが、直ちに商品が届くので、そのまま在庫になるとしてよい。すると在庫の量は、図 10.3 のように推移することになる。したがって、平均すると常に $\frac{x}{2}$ だけ在庫がある

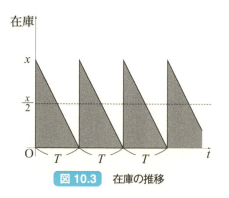

図 10.3　在庫の推移

としてよい。この結果より、1 ヵ月あたりの在庫費用 K（円）は次のようになる。

$$K = \frac{x}{2} \times 300 = 150x$$

1 ヵ月あたりの注文回数は $\frac{5000}{x}$ だから、発注費 P（円）は次のようになる。

$$P = \frac{5000}{x} \times 1200 = \frac{6 \times 10^6}{x}$$

この在庫費用と発注費の和が 1 ヵ月あたりにかかる費用 E（円）である。

$$E = 150x + \frac{6 \times 10^6}{x}$$

この E を **目的関数** といい、E を最小にする x を求めるのが問題の主旨である。E は比例と反比例の和になっていることに注意しよう。この問題では、x は自然数の値しかとらないが、しばらくは実数値をとるものとして計算を進める。

ここで、相加・相乗平均の関係式、$a, b > 0$ に対して、

$$a + b \geqq 2\sqrt{ab}$$

を思い出そう。等号が成立するのは $a = b$ のときに限るのであった。目的関数 E に、この関係式を適用すると、

$$E \geqq 2\sqrt{150x \cdot \frac{6 \times 10^6}{x}}$$
$$= 2\sqrt{9 \times 10^8} = 6 \times 10^4$$
$$= 6 \,(万円)$$

等号が成立するのは

$$150x = \frac{6 \times 10^6}{x} \quad より、$$
$$x^2 = \frac{6 \times 10^6}{150} = 4 \times 10^4$$

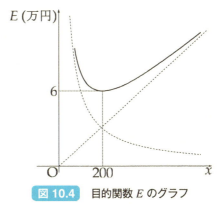

図 10.4 目的関数 E のグラフ

よって、求める注文個数（**経済的発注量 (EOQ)**、または、ウィルソンのロットサイズという）は次のようになる。

$$x = 200 \,(個)$$

さまざまな平均について

平均は、小中学校でも習うし、確率では **期待値** として登場する。しかし、一口に平均と言っても、実はさまざまな平均がある。

算術平均 （相加平均、mean）

$$\bar{x} = \frac{x_1 + x_2 + \cdots + x_n}{n}$$

[例題] ネジが 5 本あり、それぞれ長さを測ると、1.2cm、1.1cm、1.4cm、1.2cm、1.1cm だった。ネジの長さの平均値（算術平均）は

$$\bar{x} = \frac{1.2 + 1.1 + 1.4 + 1.2 + 1.1}{5} = 1.2 \text{ cm}$$

幾何平均 （相乗平均、geometric mean）

$$x_G = \sqrt[n]{x_1 x_2 \cdots x_n}$$

[例題] あるベンチャー企業の成長率は前年度比で、昨年度は 2.5%、今年度は 80% の伸び率だった。このとき年平均成長率は

$$\sqrt{(1 + 0.025) \times (1 + 0.8)} = \sqrt{\left(1 + \frac{1}{40}\right)\left(1 + \frac{4}{5}\right)} = \frac{3\sqrt{82}}{20} \simeq 1.358$$

より、約 35.8% である。($\frac{2.5 + 80}{2} = 41.25\%$ ではない！)

調和平均 (harmonic mean)

$$x_H = \frac{n}{\frac{1}{x_1} + \frac{1}{x_2} + \cdots + \frac{1}{x_n}}$$

[例題] ある道のりを往路は時速 60km、復路は時速 90km でクルマを走らせた場合の往復の平均の速さは、

$$\frac{2}{\frac{1}{60} + \frac{1}{90}} = \frac{360}{5} = 72 \text{ km/h} \qquad \frac{60 + 90}{2} = 75 \text{ km/h}$$

10.1 一次関数と分数関数（比例と反比例）

相加平均、相乗平均、調和平均の関係式とその応用

古代バビロニア数学でヘロンの方法を紹介した際に、相加・相乗平均の関係式を説明した。一般に、n ケの正数 $x_{1,2,\cdots,n}$ に対して

$$\text{相加平均} \geq \text{相乗平均} \geq \text{調和平均} \quad \text{が成立する}$$

すなわち、次式が成り立つ。

$$\frac{x_1 + x_2 + \cdots + x_n}{n} \geq \sqrt[n]{x_1 x_2 \cdots x_n} \geq \frac{n}{\frac{1}{x_1} + \frac{1}{x_2} + \cdots + \frac{1}{x_n}}$$

［例題］ランダムな価格変動がある商品、例えば、金や外貨を購入する際のリスク分散の方法に、**ドル・コスト平均法**(定額購入法) がある。これは、毎月一定額ずつ商品を購入する方法である。

例えば、ある金融商品の値段が、1 単位あたり毎月 100, 180, 250, 110, 300 (千円) と乱高下したとしよう。定量購入で毎月 10 単位ずつ購入した場合、1 単位あたりの購入額は**算術平均** になり、

$$\frac{1000 + 1800 + 2500 + 1100 + 3000 \,(千円)}{50 \,(単位)} = 188 \text{ 千円}/1 \text{ 単位}$$

一方、定額購入法で毎月 2000 (千円) ずつ購入した場合、単純計算で、1 単位あたりの購入額は**調和平均** になり、

$$\frac{5 \times 2000 \,(千円)}{\frac{2000}{100} + \frac{2000}{180} + \frac{2000}{250} + \frac{2000}{110} + \frac{2000}{300} \,(単位)} = 156.349 \text{ 千円}/1 \text{ 単位}$$

つまり、1 単位 あたり約 32 千円 だけ **定額購入法** の方がお得だ!

銀行や証券会社では、そうやって「儲かりまっせ！」と勧誘するわけだが、机上の計算のようにはいかないのが経済だ。ボラティリティー (volatility, 価格変動) の大きい商品では、リスク低減にドル・コスト平均法が有効になり得ると言っているに過ぎず、**必ず儲かるとか最善の方法だとかは言っていない。**

価格が右肩上がりなら、はじめの値段が安いときに仕込んだ方が得だし、右肩下がりなら、後で買うほど安上がりになる。何も買わないという選択肢もある。リーマンショックなどのような金融危機も起こり得るわけで、簡単に先が読めるならば誰も苦労はしない。ボロ儲けできるようなウマい話がそこいらに転がっているワケがないのだ。

10章　演習問題 1

[1] 比例、反比例、比例 + 反比例などに関するカバーストーリーを作れ。

[2] シュレッダーに 1.68 kg の細断された紙が入っている。これらがすべて A4 紙だったとして、いくら分になるか計算せよ。ただし、A4 紙は 1 枚 4.2 g で、2500 枚あたり 1750 円とする。

[3] 娘は 3 歳で、父親が 31 歳とする。父親の年齢が娘の年齢の倍になるのは何年後か。

[4] 240 L の浴槽に毎分 x (L) のお湯を入れたとき、浴槽が一杯になるまでの時間を y 分とする。x と y の関係式を書け。ただし、蛇口を全開にしたときの水量を 20 L/分とする。

[5] 男性 4 人で行うと 5 日かかり、女性 5 人で行うと 6 日かかる仕事がある。この仕事を男性 2 人、女性 3 人で行うと何日かかるか。

[6] L の道のりを、行きは速さ v_1 で、帰りは速さ v_2 で往復するとき、それぞれかかる時間 t_1 と t_2 を求め、平均の速さ $\bar{v}$ が調和平均になることを確かめよ。

[7] 行きは家から駅まで時速 10 km で走り、帰りは同じ道を通って時速 40 km のバスで駅から家まで戻った。このとき、家と駅との往復の平均の速さを求めよ。

[8] ある商品は、毎年 1500 個売れている。注文の個数に関わらず、商品を発注する度に 3000 円かかり、在庫の保管費用は 1 個につき毎年 900 円かかる。発注するとすぐ商品は届くので、在庫が切れたときに商品を発注すればよい。このときの経済的発注量 (EOQ) と、その際にかかる費用 E を求めよ。

10.2　2次関数

10.2.1　2次関数のグラフ

　x の2次式で表される関数を **2次関数** という。古代都市文明において2次関数が取り扱われていたことは既に述べた。

　例えば、1辺を x とする正方形の面積を y で表すことにすると、

$$y = x^2$$

というように2次関数になる。身近なところに現れるのが2次関数なのだ。基本的な2次関数

$$y = ax^2 \quad (a \neq 0)$$

のグラフを考えよう。この曲線を **放物線** という。空気抵抗を無視できる場合、空中に投げ出された物体の運動する軌跡が放物線である。図10.5 のように、$a > 0$ のとき、y の値は原点 O で減少から増加に変化し、$a < 0$ のとき、y の値は原点 O で増加から減少に変化する。これを、$a > 0$ のとき、放物線は **下に凸** といい、$a < 0$ のとき、放物線は **上に凸** という。$y = ax^2$ のグラフは y 軸に対して対称である。この対称の軸を **放物線の軸** といい、軸と放物線の交点（放物線の先っぽの点）を **放物線の頂点** という。

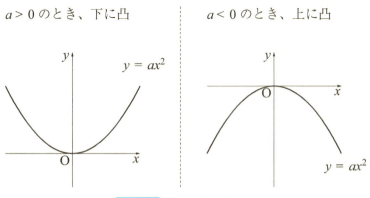

図 10.5　$y = ax^2$ のグラフ

一般には、定数 $a\,(\neq 0), b, c$ を用いて、2 次関数は
$$y = ax^2 + bx + c$$
と書き表すことができる。この式を変形して、bx の項を消去してみよう。

$$y = ax^2 + bx + c = a\left(x^2 + \frac{b}{a}x\right) + c = a\left[\left(x + \frac{b}{2a}\right)^2 - \left(\frac{b}{2a}\right)^2\right] + c$$
$$= a\left(x + \frac{b}{2a}\right)^2 - \frac{b^2}{4a} + c = a\left(x + \frac{b}{2a}\right)^2 - \frac{b^2 - 4ac}{4a}$$

これを **平方完成** という。これより、2 次関数 $y = ax^2 + bx + c$ のグラフは、$y = ax^2$ のグラフを x 軸方向に $-\frac{b}{2a}$、y 軸方向に $-\frac{b^2-4ac}{4a}$ だけ平行移動したものだとわかる。すなわち、放物線 $y = ax^2 + bx + c$ の軸と頂点は次のようになる。

$$\text{軸}: x = -\frac{b}{2a}, \qquad \text{頂点}: \text{点}\left(-\frac{b}{2a}, -\frac{b^2 - 4ac}{4a}\right)$$

グラフの形から、$y = ax^2 + bx + c$ に対して、最大値・最小値は次のようになる。

$a > 0$ のとき、　$x = -\dfrac{b}{2a}$ で最小値 $y = -\dfrac{b^2 - 4ac}{4a}$ をとる。最大値はない。

$a < 0$ のとき、　$x = -\dfrac{b}{2a}$ で最大値 $y = -\dfrac{b^2 - 4ac}{4a}$ をとる。最小値はない。

x の範囲が限定されているときは、そのグラフの形に応じて、最大値・最小値を考える必要がある。

問題 10.2.1

長さ 8 m の縄で長方形を作るとき、面積が最大となる各辺の長さとその最大値を求めよ。

答え 10.2.1

タテ・ヨコの辺を a, b (m) とすると、題意より、$2(a + b) = 8$ (m) が成り立つ。また、面積は $S = ab$ (m^2) である。ここで、b を消去すると、

$$S = a(4 - a) = -a^2 + 4a = -(a - 2)^2 + 4 \leqq 4$$

よって、1 辺が 2m の正方形のとき、面積は最大値 4m^2 となる。

10.2.2 2次方程式と解の公式

　一般に、2次式で書かれた方程式 $ax^2 + bx + c = 0$ $(a \neq 0)$ を 2 次方程式という。この解法を考えよう。例えば、$x^2 - 2 = 0$ という 2 次方程式は、2 を移項すると、$x^2 = 2$ になるから、$x = \pm\sqrt{2}$ と簡単に解くことができる。$y = x^2 - 2$ という放物線のグラフでは、$y = 0$ を与える x 座標の点が 2 次方程式 $x^2 - 2 = 0$ の解 $x = \pm\sqrt{2}$ に対応している。

　しかしながら、一般の 2 次方程式の解を考えるには、数の概念を拡張した方が都合がよい。例えば、$x^2 + 1 = 0$ という 2 次方程式を考えよう。放物線のグラフでは、$y = x^2 + 1$ において、$y = 0$ を与える点を探すことになるが、実数の範囲で $x^2 \geqq 0$ だから、$y \geqq 1$ となり、そのような点は実数のみを考えたのでは存在しない。「**実数の範囲では解なし**」が答えである。

　ここで数の概念をより広げて考えることとし、実数には存在しない新しい数を導入する。2 乗して -1 となる数

$$i : 虚数単位, \qquad i^2 = -1$$

を付け加えて、a, b を実数として、次の式で定められる**複素数**を考えよう。

$$z = a + bi \qquad (a, b \in \mathbf{R})$$

こうすると、$x^2 + 1 = 0$ という 2 次方程式を解くことができる。やはり、1 を移項して、$x^2 = -1$ より、$x = \pm i$ という複素数解が得られるのだ。

　さて、これまでの解き方でみてきたように、2 次式を平方完成するのがポイントである。2 次方程式 $ax^2 + bx + c = 0$ の左辺を平方完成して、

$$ax^2 + bx + c = a\left(x + \frac{b}{2a}\right)^2 - \frac{b^2 - 4ac}{4a} = 0 \quad \rightarrow \quad \left(x + \frac{b}{2a}\right)^2 = \frac{b^2 - 4ac}{4a^2}$$

これより、**2 次方程式の解の公式**は次のようになる。

$$x = \frac{-b \pm \sqrt{b^2 - 4ac}}{2a} \qquad (判別式: D = b^2 - 4ac)$$

$D > 0$ ならば 2 実解、$D = 0$ ならば重解、$D < 0$ ならば虚数解（複素数解）となる。この D を **判別式** という。

　なお、5 次以上の代数方程式に所謂解の公式は存在しない。

10.2.3 身近にある2次関数の応用例

2次関数や2次方程式は身近にたくさんの応用例がある。ここでは、その1つを紹介していこう。

「クルマは急に止まれない」とはよく言われる。実際、自動車の運転者が走行中に急ブレーキをかけて車を停止させるまでには、一定の距離が必要になる。運転者が急ブレーキをかけようと判断した地点から自動車が停止した地点までの距離を **停止距離** (L_S) というが、この停止距離は、**空走距離** (L_F) と **制動距離** (L_B) とに分けられる。実は、この停止距離 L_S は、自動車の速度 v の2次関数として表されることがわかる。

停止距離と2次関数

(停止距離) = (空走距離) + (制動距離)

$$L_S = \tau v + \kappa v^2$$

---

1. **空走距離**

   空走距離 (L_F) というのは、運転者が (i) 危険を感じて急ブレーキが必要と判断した時点から、(ii) アクセルペダルから足を動かし（反射時間 0.4〜0.5 秒）、(iii) ブレーキペダルに足を乗せ（踏替え時間 0.2 秒）、(iv) これを踏み込んでブレーキが効き始める（踏込み時間 0.1〜0.3 秒）時点までの距離である。この間の制動措置を取るまでに要する時間 τ を **反応時間（空走時間）** といい、個人差はあるが、平均的な反応時間は **0.75 秒** とされている。

   (空走距離) = (反応時間) × (車の速度)

   $$L_F = \tau v$$

2. **制動距離**

   制動距離 (L_B) というのは、ブレーキが効き始めてから停止するまでに自動車が進む距離である。雨天など路面が濡れている場合は、路面が乾いているときに比べてクルマの制動距離は伸びるので気をつける必要がある。

   簡単な物理モデルで制動距離を求めてみよう。

ブレーキ前後におけるクルマの運動エネルギーの減少が、タイヤと路面との摩擦力によってなされる仕事量に等しいから、車の質量を m (kg)、車の速度を秒速で測って v (m/s)、摩擦係数を μ、重力加速度を g (m/s^2)、制動距離を L_B (m) として

$$0 - \frac{1}{2}mv^2 = -mg\mu L_B \quad \text{すなわち、} \quad L_B = \frac{1}{2\mu g} \times v^2$$

が成り立つ。ただし、クルマの進行方向を正とした。停止後の速度は 0、摩擦力は負の向きであることに注意しよう。参考として、さまざまな状況下での摩擦係数の数値を図 10.6 に挙げておく。これより、$\kappa = \frac{1}{2\mu g}$ として、次式を得る。

（制動距離）＝（ある係数）×（車の速度の 2 乗）

$$L_B = \kappa v^2$$

そして、$L_s = L_F + L_B$ だから、停止距離は p.208 に示した v の 2 次関数になるのだ。

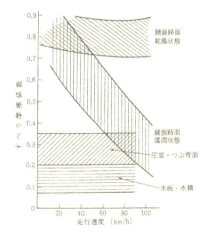

路面の種類	乾燥	湿潤
コンクリート舗装	1.0 ~ 0.5	0.9 ~ 0.4
アスファルト舗装	1.0 ~ 0.5	0.9 ~ 0.3
砂利道	0.6 ~ 0.4	—
鋼板等	0.8 ~ 0.4	0.5 ~ 0.2
積雪路面	—	0.5 ~ 0.2
氷路面	—	0.2 ~ 0.1

図 10.6　さまざまな路面の種類・状態に対する摩擦係数の範囲と速度依存性（市原薫、小野田光之 著『路面のすべりとその対策：道路・滑走路・床面・雪氷面』（技術書院、1997 年）（左）表 5.2、p.67　（右）図 5.1、p.68）

図 10.6 より、摩擦係数 μ を速度によらず一定としてよいのは、乾燥路面や雪氷路面の場合であって、湿潤路面では適当ではない。微積分や微分方程式をよくご存知の読者のために、時刻 t のときの速度を v として、摩擦係数 μ が $\mu = av + b$ というように v の 1 次関数で表される場合の制動距離を導出しておく。

　摩擦力は $F = -\mu mg$ だから、加速度が $\frac{d^2x}{dt^2} = \frac{dv}{dt}$ であることに注意して、運動方程式は次のようになる。

$$m\frac{dv}{dt} = -\mu mg = -(av+b)mg$$

したがって、この微分方程式は変数分離形である。

$$\frac{1}{av+b}\frac{dv}{dt} = -g$$

ブレーキが効き始めた時刻を $t = 0$、そのときの速度を $v(t=0) = v_0$ とする。積分を実行して、時刻 t のときの速度 v を求める。

$$\int_0^t \frac{1}{av+b}\frac{dv}{dt}dt = -\int_0^t g\,dt \quad \rightarrow \quad \frac{1}{a}\log\frac{av+b}{av_0+b} = -gt$$

したがって、

$$v = \frac{dx}{dt} = \left(v_0 + \frac{b}{a}\right)e^{-agt} - \frac{b}{a}$$

クルマが停止するまでの時間を T とすると、$v(t=T) = 0$ より、

$$T = \frac{1}{ag}\log\left(1 + \frac{av_0}{b}\right)$$

これらの結果より制動距離 (L_B) は次式で与えられる。

$$\begin{aligned}L_B &= \int_0^T \frac{dx}{dt}dt = \int_0^T \left[\left(v_0 + \frac{b}{a}\right)e^{-agt} - \frac{b}{a}\right]dt \\ &= -\frac{1}{ag}\left(v_0 + \frac{b}{a}\right)(e^{-agT} - 1) - \frac{b}{a}T = \frac{1}{ag}\left(v_0 + \frac{b}{a}\log\frac{b}{av_0+b}\right)\end{aligned}$$

では、具体的に停止距離、空走距離、制動距離を計算してみよう。

例えば、反応時間を 1 秒、摩擦係数を $\mu \simeq 0.55$ として、$v = 36$km/h の場合には、空走距離 (L_F)、制動距離 (L_B) はそれぞれ次のようになる。

$$L_F = 1 \text{ (s)} \times \frac{36 \times 10^3}{60^2} \text{ (m/s)} = 10 \text{ (m)}$$

$$L_B = \frac{1}{2 \times 0.55 \times 9.8 \text{ (m/s}^2)} \times \left(\frac{36 \times 10^3}{60^2} \text{ (m/s)}\right)^2 \simeq 9.3 \text{ (m)}$$

したがって、停止距離 (L_S) は、$L_S = L_F + L_B \simeq 19.3$m と計算できる。

横軸を速度 v (km/h)、縦軸を停止距離 (m) にとって、教習所で教わる値をグラフで表すと、図 10.7 になる。（低速で $\mu \simeq 0.55$、高速で $\mu \simeq 0.47$）停止距離は道路やタイヤの状態によっても変化するので注意しよう。

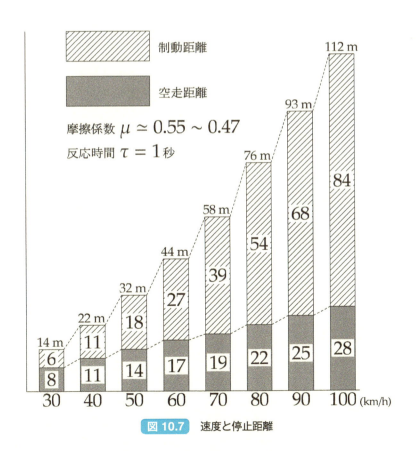

図 10.7　速度と停止距離

第 10 章　初等関数とその活用法

問題 10.2.2

時速 36 km でクルマを走らせていたところ、前方 15 m 先に子供が飛び出してきた。慌てて急ブレーキを踏んだが間に合うだろうか？
実は、この道路の制限速度は時速 20km であった。交通ルールを守り、時速 18 km で走っていたならば、衝突を回避できていたか？
反応時間を 1 秒とし、秒速で測ったときのクルマの速さを v (m/s) としたときの制動距離の概算 $L_B = 0.1v^2$ (m) を用いて計算せよ。

答え 10.2.2

まず、速度を時速から秒速に直す。

$$v = 36 \text{ km/h} = \frac{36000\text{m}}{3600\text{s}} = 10 \text{ m/s}$$

停止距離 L_s は、空走距離を $L_F = \tau v$、制動距離を $L_B = \kappa v^2$ として、$L_s = \tau v + \kappa v^2$ となるが、$\tau = 1, \kappa \simeq 0.1$ だから、

$$L_s = v + 0.1v^2 = 10 + 10 = 20 \text{ m}$$

したがって、時速 36 km で走っていた場合、子供をひいてしまう。

一方、時速 18km は 5m/s となるから、停止距離は、

$$L_s = v + 0.1v^2 = 5 + 2.5 = 7.5 \text{ m}$$

と計算できる。したがって、時速 18 km で走っていれば、15 m 先に子供が飛び出してきても十分に間に合う。

10章 演習問題 2

[1] 2次関数に関係したカバーストーリーを作れ。

[2] 次の 2 次方程式の解を求めよ。
  (1) $x^2 + 4x - 12 = 0$ (2) $x^2 + 6x + 2 = 0$ (3) $x^2 + x + 1 = 0$

[3] クルマの速さを v (m/s) とするとき、簡単のため、クルマの停止距離 L_s が $L_s = v + 0.1v^2$ (m) と書けるとしよう。($\tau = 1$ (s), $2\mu g = 10$ (m/s^2) に対応) このとき、次の問に答えよ。
  (1) 時速 64.8 km で走るクルマの停止距離を求めよ。
  (2) 停止距離 $L_s = \frac{75}{2}$ (m) となるクルマの速さは時速何 km か。

[4] ある商品 1 個の定価を 1000 円とする。定価販売のとき、毎月の販売数は 150 個だとする。定価を x % 値引き(値上げ)すると、販売数は $2x$ % だけ増加(減少)するものとする。このとき、総売上額が最大になる x を求めよ。

[5] 長辺 AB= 96m、短辺 BC= 32m とする長方形 ABCD のグラウンドがある。右図のように、頂点 D から一定の速度 2m/分 で頂点 A に向かって点 P を走らせる。それと同時に、AB の中点 O から点 Q を一定の速度 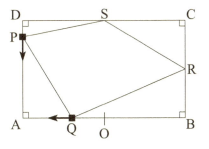 3m/分 で A に向かって走らせる。このとき、BC、CD の中点をそれぞれ R、S として、四角形 PQRS の面積が最大となるのはいつか。ただし、点 P を走らせた直後から、点 P、Q が頂点 A に到達する直前までの時間を考えることとする。

10.3 指数関数と対数関数

10.3.1 関数と逆関数

指数関数と対数関数の説明に入る前に、用語の復習をしておく。

関数 $y = f(x)$ に対して、x のとる値の範囲を **定義域** といい、y のとる値の範囲を **値域** という。1 つの x に対して、異なる 2 つ以上の y を対応させるようなものは、通常、関数とはいわない。逆に、1 つの y に対して、$f(x) = y$ となるような x が 1 つだけ定まるとき、この y に x を対応させる関係は関数になる。y の動く範囲を値域全体にとれば、x は定義域全体を動くことに注意しよう。この関数を **逆関数** といい、

$$y = f^{-1}(x) \iff x = f(y)$$

と書く。つまり、$y = f(x)$ において、x と y の役割が入れ替わったものが逆関数である。このとき、定義域と値域も入れ替わる。

例えば、$y = 2x - 1$ の逆関数は x と y を入れ替えて、$x = 2y - 1$ だから、整理すると、$y = \dfrac{x+1}{2}$ を得る。

関数 $y = f(x)$ と逆関数 $y = f^{-1}(x)$ のグラフは $y = x$ に対して線対称になることが次のようにしてわかる。

関数 $y = f(x)$ 上の点 $A(a, b)$ を考える。点 A が $y = x$ 上に存在すれば、線対称な点は A 自身になる。そこで、$a \neq b$ としよう。このとき対応する逆関数 $y = f^{-1}(x)$ 上の点 B は (b, a) となる。ここで AB の中点 C を考えると $C\left(\dfrac{a+b}{2}, \dfrac{a+b}{2}\right)$ だから、C は $y = x$ 上の点である。また、直線 AB の傾きは $\dfrac{a-b}{b-a} = -1$ だから $y = x$ と AB は直交する。よって、$y = f(x)$ と $y = f^{-1}(x)$ のグラフは $y = x$ に対して線対称である。∎

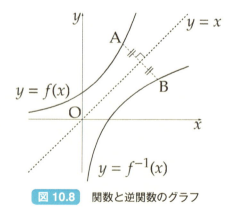

図 10.8 関数と逆関数のグラフ

10.3.2 指数関数と対数関数

1 ではない正数 a に対して、a を次々にかけあわせた $a, a^2, a^3 \cdots$ を a の累乗といい、a^n の n を **指数** という。$\frac{1}{a^n} = a^{-n}$ と書く。また、次のように考えると $a^0 = 1$ と定めるとよいことがわかる。

$$a^{n-n} = a^n \times a^{-n} = a^n \times \frac{1}{a^n} = 1 \quad \rightarrow \quad a^0 = 1$$

指数が有理数の場合は、m を整数、n を自然数として、

$$a^{\frac{m}{n}} = \sqrt[n]{a^m} = (\sqrt[n]{a})^m$$

とする。指数 p が無理数の場合でも小数表示で計算すると a^p はある値に近づくことがわかる。その値を a^p と定める。

このように考えると、$a > 0, a \neq 1$ である定数 a に対して **指数関数**

$$y = a^x$$

を考えることができる。指数関数の定義域は実数全体で、値域は正の実数全体になる。また、$a^x = a^{x'}$ となるのは、$x = x'$ のときに限る。$a > 1$ のときは、x が増加すると y も増加する。（**増加関数**）一方、$0 < a < 1$ のときは、x が増加すると y は減少する。（**減少関数**）グラフを図 10.9 に示す。

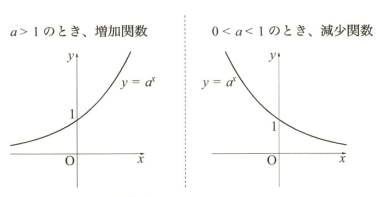

図 10.9 指数関数 $y = a^x$ のグラフ

指数関数は、次の指数法則を満たす。

指数法則

$$a^x a^y = a^{x+y}, \quad (a^x)^y = a^{xy}, \quad a^x \div a^y = a^{x-y}, \quad (ab)^x = a^x b^x, \quad a^0 = 1$$

指数関数の性質より、$y = f(x) = a^x$ に対して逆関数 $y = f^{-1}(x)$ を考えることができる。これを **対数関数** といい、次のように書く。

$$y = f^{-1}(x) = \log_a x \iff x = f(y) = a^y$$

これを a を底とする x の対数という。x をこの対数の真数という。対数関数では、指数関数の定義域と値域が入れ替わるから、$x > 0$ であり、y は実数全体をとる。例えば、$(\frac{1}{2})^{-3} = 8$ であるから、$\log_{\frac{1}{2}} 8 = -3$ である。

x と y を入れ替えて、さらにもう一度入れ替えると元に戻るから、$f(f^{-1}(x)) = f^{-1}(f(x)) = x$ である。したがって、

$$a^{\log_a x} = \log_a a^x = x$$

が成り立つ。よく使われるので覚えておこう。例えば、$2^{\log_2 3} = 3$ である。

関数と逆関数のグラフ性質より、$y = a^x$ と $y = \log_a x$ のグラフは $y = x$ に対して線対称になる。これを図 10.10 に示す。$a^0 = 1$ より、重要な性質として、対数関数は定点 $(1, 0)$ を通る。$a > 1$ のとき、対数関数は増加関数となり、$0 < a < 1$ のとき、減少関数となる。

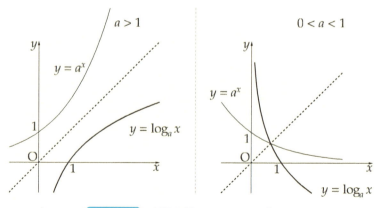

図 10.10 対数関数 $y = \log_a x$ のグラフ

10.3 指数関数と対数関数

指数法則から、対数関数の性質が導かれる。

指数関数と対数関数の性質

$$a^0 = 1 \quad \to \quad \log_a 1 = 0$$
$$a^1 = a \quad \to \quad \log_a a = 1$$
$$a^x a^y = a^{x+y} \quad \to \quad \log_a MN = \log_a M + \log_a N$$
$$(a^x)^p = a^{px} \quad \to \quad \log_a M^p = p \log_a M$$

また、

$$\log_a x \cdot \log_b a = \log_b(a^{\log_a x}) = \log_b x$$

より、次の底の変換公式を得る。

底の変換公式

$$\log_a x = \frac{\log_b x}{\log_b a}$$

例えば、

$$\log_2 3 \cdot \log_3 5 \cdot \log_5 8 = \log_2 3 \cdot \log_3 \left(5^{\log_5 8}\right) = \log_2 3 \cdot \log_3 8$$
$$= \log_2 \left(3^{\log_3 8}\right) = \log_2 8 = \log_2 2^3 = 3$$

底の変換公式を用いると、

$$\log_2 3 \cdot \log_3 5 \cdot \log_5 8 = \log_2 3 \cdot \log_3 5 \cdot \frac{\log_3 8}{\log_3 5}$$
$$= \log_2 3 \cdot \log_3 8 = \log_2 3 \cdot \frac{\log_2 8}{\log_2 3}$$
$$= \log_2 8 = 3$$

10 を底とする対数 $\log_{10} x$ を x の **常用対数** という。$1234 = 1.234 \times 10^3$ や $0.01234 = 1.234 \times 10^{-2}$ のように $x = a \times 10^n$ $(1 \leqq a < 10、n \in \mathbf{Z})$ と表すと、

$$\log_{10} x = \log_{10}(a \times 10^n) = n + \log_{10} a$$

となるから、常用対数を用いれば、x の 10 のべき乗の指数がわかる。

第 10 章 初等関数とその活用法

問題 10.3.1

あるガラス板に光線を通過させると光の強さは 4% だけ減少するという。光の強さがはじめの半分以下になるのは、このガラス板を何枚以上通過したときか。ただし、$\log_{10} 2 = 0.30103, \log_{10} 3 = 0.47712$ とする。

答え 10.3.1

はじめの光の強さを 1 とする。題意より、ガラス板を n 枚通過したとき光の強さが半分以下になったとすると、

$$\left(1 - \frac{4}{100}\right)^n = \left(\frac{96}{100}\right)^n \leqq \frac{1}{2}$$

$96 = 2^5 \cdot 3$ に注意して、両辺の常用対数をとって整理すると、

$$n \geqq \frac{\log_{10} 2}{2 - 5\log_{10} 2 - \log_{10} 3} \simeq 16.98$$

よって、17 枚以上通過したときである。

問題 10.3.2

10 枚に 1 枚の割合で当たる福引券がある。この福引券を何枚以上もつと、少なくとも 1 枚当たる確率が 9 割を超えるか？必要ならば $\log_{10} 3 = 0.47712$ を用いよ。

答え 10.3.2

1 枚につき当たる確率は $\frac{1}{10}$ であり、外れる確率は $\frac{9}{10}$ である。n 枚の福引券をもっていたときに、すべて外れる確率は $\left(\frac{9}{10}\right)^n$ であるから、少なくとも 1 枚が当たる確率が 9 割を超えるには

$$1 - \left(\frac{9}{10}\right)^n > \frac{9}{10}$$

が成り立てばよい。常用対数をとって整理すると、

$$n > \frac{1}{1 - 2\log_{10} 3} \simeq 21.85$$

よって、22 枚以上福引券をもっていればよい。

問題 10.3.3

元金を M として、年利率 r の複利で預金したとき、n 年後の金額を求めよ。

答え 10.3.3

1 年後には、$a_1 = (1+r)M$ になる。2 年後には、a_1 の金額に利息がつくので、$a_2 = (1+r)a_1 = (1+r)^2 M$ になる。同様の計算によって、n 年後には、次のようになる。

$$a_n = (1+r)^n M$$

問題 10.3.4

M 円を借りて、年利率 r の複利でローンを組む。毎年の返済額を一定額として n 年後に完済するには返済額をいくらにすればよいか。

答え 10.3.4

毎年の返済額を x 円とし、k 年後の返済残高を a_k 円とする。題意より、$a_0 = M$ である。$k+1$ 年後の返済残高は、借金に利息がつくので $a_{k+1} = (1+r)a_k - x$ となる。階差数列 $b_k = a_{k+1} - a_k$ を考えると、$b_{k+1} = (1+r)b_k$ となるから、$b_k = (1+r)^k b_0 = (1+r)^k (a_1 - a_0) = (1+r)^k (rM - x)$ が得られる。これより、次式が成り立つ。

$$a_k = a_0 + \sum_{\ell=0}^{k-1} b_\ell = M + (rM - x)\frac{(1+r)^k - 1}{(1+r) - 1}$$

n 年後に $a_n = 0$ となればよいから、返済額を次のようにすればよい。

$$x = \frac{r(1+r)^n}{(1+r)^n - 1} M$$

10章　演習問題 3

[1] 指数関数・対数関数に関係したカバーストーリーを作れ。

[2] 次の式を簡単にせよ。
(1) $32^2 \div 4^{-3} \times 8^{-5}$ 　(2) $\left(27^{\frac{1}{2}}\right)^{-\frac{4}{3}}$ 　(3) $\log_2 6 - \log_4 9$

[3] 次の数を小さい順に並べよ。
$$\sqrt[6]{8}, \quad 4^{-\frac{3}{4}}, \quad \sqrt[5]{8}$$

[4] $\log_a MN = \log_a M + \log_a N$ と $\log_a M^p = p \log_a M$ を証明せよ。

[5] $\log_2 3$ は無理数であることを証明せよ。

[6] 人間の感覚器官は対数で表されることが多い。音の大きさ（音圧）を表すデシベル (dB) という単位は、ヒトの聴覚で聞き取れる最も小さな音の強さ $A_0 = 2 \times 10^{-5}$ (Pa) を基準とした次の量で定義される。
$$音量 (dB) = 10 \log_{10} \frac{X}{A_0}$$
このとき、1dB だけ大きな音は何倍の音圧になるか。

[7] 200 万円を年利率 0.5% で 10 年間定期預金するとき、満期にはいくらになるか。ただし、$1.005^{10} \simeq 1.051$ とする。

[8] 300 万円のクルマを購入し、毎月の利息 0.6% の複利でローンを組んだ。毎月の返済額を一定にし、60 ヶ月で完済するには、毎月の支払額をいくらにすればよいか。ただし、$1.006^{60} \simeq 1.4318$ とする。

[9] 初年度・次年度・次々年度の年成長率をそれぞれ a%、b%、c% とするとき、年平均成長率は幾何平均と関係していることを確認せよ。[*1]

[10] $a_1, a_2, \cdots, a_n > 0$ に対して、$\dfrac{a_1 + a_2 + \cdots + a_n}{n} \geqq \sqrt[n]{a_1 a_2 \cdots a_n}$ を示せ。

[*1] 差を述べるときは、パーセントポイント（ポイント）を用いる。「予想投票率 50% から 10 ポイント増加して、投票率は 60% だった」などと表現する。（50% からの 10% 増加は、55% を意味する。）

10.4 一般角と三角関数

10.4.1 一般角

6.3 節で三角比について学んだ。ここでは、一般的な角度に対する正弦・余弦・正接について簡単に説明する。これらの関数をまとめて **三角関数** という。

大きさを制限せずに、正負の符号を含めて考えた角を **一般角** という。ただし、時計の針の回転と反対の向きを **正の向き**、同じ向きを **負の向き** とする。ここでは、1 まわり以上、角度が回転する場合も考える。例えば、$1234° = 154° + 3 \times 360°$ というような角度も考察の対象となる。

10.4.2 弧度法（ラジアン）

30° や 120° のように度 (°) を単位とする角の表し方を **60 分法**、または、**度数法** という。これに対して、中心角の切り取る弧の長さで角を測ることもできる。これを **弧度法** という。単位円（半径 1 の円）において、半径と同じ長さ 1 の弧に対する中心角の大きさを **1 ラジアン** とする。弧度法では、ふつう、単位のラジアンは省略される。[*2] 図 10.11 のように、単位円

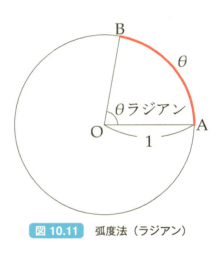

図 10.11 弧度法（ラジアン）

上の 2 点 A, B の弧の長さを θ とするとき、$\angle AOB = \theta$ ラジアンである。

全円周に対応する中心角は 360° で、単位円の全円周の長さは 2π だから、

$$360° = 2\pi \text{ ラジアン}$$

[*2] 度は degree、ラジアンは radian と書くので、電卓などではそれぞれ deg、rad などと表される。

が成り立つ。つまり、

$$1° = \frac{\pi}{180} \text{ ラジアン} \simeq 0.01745 \text{ ラジアン}, \qquad 1 \text{ ラジアン} = \frac{180°}{\pi} \simeq 57.3°$$

である。

半径 r の円に対して、中心角 θ の扇形の弧の長さ ℓ と面積 S は、弧度法で表すと、次のようになる。

$$\ell = 2\pi r \times \frac{\theta}{2\pi} = r\theta, \qquad S = \pi r^2 \times \frac{\theta}{2\pi} = \frac{1}{2}r^2\theta = \frac{1}{2}r\ell$$

10.4.3　一般角の三角関数

さて、一般角に対する三角関数を考えよう。

原点 O を中心とする半径 r の円に対して、x 軸の正の方向から測って、角 θ となる円周上の点を P(x, y) とする。このとき、

$$\frac{x}{r}, \quad \frac{y}{r}, \quad \frac{y}{x}$$

の値は半径 r とは無関係に角 θ の値だけで決まる。そこで次のように三角関数を定義する。

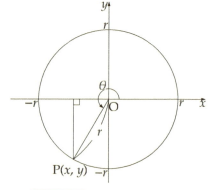

図 10.12　一般角の三角関数

$$\cos\theta = \frac{x}{r}, \qquad \sin\theta = \frac{y}{r}, \qquad \tan\theta = \frac{y}{x}$$

ただし、$x = 0$ となる θ に対して、正接 $\tan\theta$ は定義されない。

特に、単位円の円周上の点 P(x, y) に対しては、$r = 1$ であるから、

x 座標の値が余弦（コサイン）、y 座標の値が正弦（サイン）

となる。これより、三角関数がどの象限の角で正負になるかすぐわかる。

このように、一般角の三角関数を考える場合には、6.3 節の三角比で説明した直角三角形よりも、**円と結びつけてイメージする方がよい**。

10.4.4 三角関数のさまざまな公式

6.3 節の p.112 に示した三角比の相互関係は、一般角の三角関数に対しても成り立つ。

n を整数として、角 $\theta + 2n\pi$ の円周上の点は、角 θ のそれと同じ点になるから、次の関係式が成り立つ。

$$\cos(\theta + 2n\pi) = \cos\theta, \qquad \sin(\theta + 2n\pi) = \sin\theta$$

関数 $y = f(x)$ がある定数 c に対して、つねに $f(x + c) = f(x)$ となるとき、c を **周期** といい、$f(x)$ を **周期関数** という。c が周期のとき、$2c$ や $-3c$ なども周期となるが、通常、周期とは、正の周期のうちで最小のものを指す。$\cos\theta$ と $\sin\theta$ は、周期 2π の周期関数である。

角 θ の円周上の点 P(x, y) と x 軸に対して対称な点 Q$(x, -y)$ を考えると、Q に対応する角は $-\theta$ となるから、

$$\cos(-\theta) = \cos\theta, \quad \sin(-\theta) = -\sin\theta, \quad \tan(-\theta) = \frac{\sin(-\theta)}{\cos(-\theta)} = -\tan\theta$$

が成り立つ。同様に、点 P(x, y) の原点 O に対称な点 R$(-x, -y)$ を考えると、R に対応する角は $\theta + \pi$ となるから、

$$\cos(\theta + \pi) = -\cos\theta, \quad \sin(\theta + \pi) = -\sin\theta$$

$$\tan(\theta + \pi) = \frac{\sin(\theta + \pi)}{\cos(\theta + \pi)} = \frac{-\sin\theta}{-\cos\theta} = \tan\theta$$

が成り立つ。したがって、n を整数として、

$$\tan(\theta + n\pi) = \tan\theta$$

が成り立つから、$\tan\theta$ は、周期 π の周期関数である。

この他、

$$\sin\left(\theta + \frac{\pi}{2}\right) = \cos\theta, \quad \cos\left(\theta + \frac{\pi}{2}\right) = -\sin\theta, \quad \tan\left(\theta + \frac{\pi}{2}\right) = -\frac{1}{\tan\theta}$$

が成り立つことがわかる。$\theta \to -\theta$ と置き換えて、上に挙げた式を用いると、さらにいろいろな公式が得られる。

10.4.5 三角関数とオイラーの公式

三角関数は、複素数 を通して、指数関数と密接に関係している。これを**オイラーの公式** [*3] といい、数学だけではなく、物理や工学において、非常に有用である。この公式に現れる $e\ (\simeq 2.718\cdots)$ を**ネイピア数**（または、**自然対数の底**）といって、微分積分学では極めて重要な定数である。

> **オイラーの公式**
>
> $$e^{i\theta} = \cos\theta + i\sin\theta$$

物理の話で、「知っている式を 1 つ挙げてください」と質問したとき、アインシュタインの等式 $E = mc^2$ を口にする人は多いだろう。簡潔で美しく深い内容をもつ質量とエネルギーの等価性を表す式である。数学の話で、最も美しい等式は何かと問うたときには、オイラーの等式を挙げる人が多いようだ。「世界で最も美しい等式」といわれることもある。

> **オイラーの等式**
>
> $$e^{i\pi} + 1 = 0$$

オイラーの公式を認めれば、$\cos\pi + 1 = 0$、$\sin\pi = 0$ であるから、オイラーの等式が得られるのだが、まずは、美術品を鑑賞するようにこのオイラーの等式をじっくりと眺めてもらいたい。この等式では、代数学で基本的となる 0、1 が等式 (=) の右辺と左辺に現れる。また、**虚数単位** という摩訶不思議な数 i があり、基本的な定数である円周率 π とネイピア数 e が等式に含まれる。これほど見事かつ意味深な等式は他にはちょっと見当たらない。想像して欲しい。$e = 2.718\cdots$ の $\pi = 3.14\cdots$ 乗の数を、さらに i 乗して 1 を加えると 0 になるというのである。この等式を初めて目にして直ちにその意味を理解できたならば、その人は相当にスゴイと思う。

ここでは、いくつか具体例を挙げて、オイラーの公式がいかに有用であるかをみていく。前節で学んだ**指数法則** を思い出そう。

[*3] 証明については、例えば、『解析入門 I』（杉浦光夫 著、東京大学出版会、1980 年）などを参照すればよい。オイラーに関する本は数多い。例えば、『オイラーの贈物：人類の至宝 $e^{i\pi} = -1$ を学ぶ（新装版）』（吉田武 著、東海大学出版会、2010 年）を挙げておく。

10.4 一般角と三角関数

まず、オイラーの公式を使って、

$$e^{-i\theta} = \cos(-\theta) + i\sin(-\theta) = \cos\theta - i\sin\theta$$

であるから、$e^{i\theta}$ と $e^{-i\theta}$ を足し引きして、三角関数は

$$\cos\theta = \frac{e^{i\theta} + e^{-i\theta}}{2}, \qquad \sin\theta = \frac{e^{i\theta} - e^{-i\theta}}{2i}$$

という形に書き直すことができることに注意しよう。これを覚えておくといろいろと役に立つことがある。

では、具体的な計算をしてみよう。$a^0 = 1$ と $a^p a^q = a^{p+q}$ を思い出そう。すると、

$$e^{i\theta} \cdot e^{-i\theta} = e^{i\theta - i\theta} = e^0 = 1$$

が成り立つことになるが、オイラーの公式より、

$$e^{i\theta} \cdot e^{-i\theta} = (\cos\theta + i\sin\theta)(\cos\theta - i\sin\theta) = \cos^2\theta + \sin^2\theta$$

であるから、結局、三角関数ではおなじみの

$$\cos^2\theta + \sin^2\theta = 1$$

を得ることができる。6.3 節の三角比の説明では、この関係式をピュタゴラスの定理から導出したのだった。

次に、三角関数の加法定理は、やはり $a^p a^q = a^{p+q}$ を用いて、

$$\cos(\alpha+\beta) + i\sin(\alpha+\beta) = e^{i(\alpha+\beta)}$$
$$= e^{i\alpha} e^{i\beta} = (\cos\alpha + i\sin\alpha)(\cos\beta + i\sin\beta)$$
$$= (\cos\alpha\cos\beta - \sin\alpha\sin\beta) + i(\cos\alpha\sin\beta + \sin\alpha\cos\beta)$$

の実数部分と虚数部分を比較することで得られる。

$$\sin(\alpha+\beta) = \sin\alpha\cos\beta + \cos\alpha\sin\beta$$
$$\cos(\alpha+\beta) = \cos\alpha\cos\beta - \sin\alpha\sin\beta$$
$$\tan(\alpha+\beta) = \frac{\sin(\alpha+\beta)}{\cos(\alpha+\beta)} = \frac{\tan\alpha + \tan\beta}{1 - \tan\alpha\tan\beta}$$

三角関数の加法定理を用いると、次の **倍角・半角の公式** を導出できる。

$$\sin 2\theta = 2\sin\theta\cos\theta$$

$$\cos 2\theta = \cos^2\theta - \sin^2\theta = 2\cos^2\theta - 1 = 1 - 2\sin^2\theta$$

$$\sin^2\frac{\theta}{2} = \frac{1-\cos\theta}{2}$$

$$\cos^2\frac{\theta}{2} = \frac{1+\cos\theta}{2}$$

三角関数の和を積に直す公式や、積を和に直す公式は、三角関数を指数関数で書き直すと見通しよく導くことができる。例えば、

$$2\cos\frac{\alpha+\beta}{2}\cos\frac{\alpha-\beta}{2} = 2\cdot\frac{e^{i\frac{\alpha+\beta}{2}}+e^{-i\frac{\alpha+\beta}{2}}}{2}\frac{e^{i\frac{\alpha-\beta}{2}}+e^{-i\frac{\alpha-\beta}{2}}}{2}$$

$$= \frac{e^{i\alpha}+e^{i\beta}+e^{-i\beta}+e^{-i\alpha}}{2} = \cos\alpha+\cos\beta$$

などと計算してみるとよい。これらをまとめると次のようになる。

$$\sin\alpha + \sin\beta = 2\sin\frac{\alpha+\beta}{2}\cos\frac{\alpha-\beta}{2}$$

$$\sin\alpha - \sin\beta = 2\cos\frac{\alpha+\beta}{2}\sin\frac{\alpha-\beta}{2}$$

$$\cos\alpha + \cos\beta = 2\cos\frac{\alpha+\beta}{2}\cos\frac{\alpha-\beta}{2}$$

$$\cos\alpha - \cos\beta = -2\sin\frac{\alpha+\beta}{2}\sin\frac{\alpha-\beta}{2}$$

$$\sin\alpha\sin\beta = -\frac{1}{2}\left[\cos(\alpha+\beta) - \cos(\alpha-\beta)\right]$$

$$\cos\alpha\cos\beta = \frac{1}{2}\left[\cos(\alpha+\beta) + \cos(\alpha-\beta)\right]$$

$$\sin\alpha\cos\beta = \frac{1}{2}\left[\sin(\alpha+\beta) + \sin(\alpha-\beta)\right]$$

$$\cos\alpha\sin\beta = \frac{1}{2}\left[\sin(\alpha+\beta) - \sin(\alpha-\beta)\right]$$

ド・モアブルの定理 $(\cos\theta + i\sin\theta)^n = (e^{i\theta})^n = e^{in\theta} = \cos n\theta + i\sin n\theta$ も簡単に得ることができる。

10.4 一般角と三角関数

問題 10.4.1

$n \geq 2$ である自然数 n に対して、次式を示せ。

$$\sum_{k=1}^{n} \cos\left(x + \frac{2k\pi}{n}\right) = 0, \qquad \sum_{k=1}^{n} \sin\left(x + \frac{2k\pi}{n}\right) = 0$$

答え 10.4.1

オイラーの公式より、

$$\cos\left(x + \frac{2k\pi}{n}\right) + i \sin\left(x + \frac{2k\pi}{n}\right) = e^{i\left(x + \frac{2k\pi}{n}\right)}$$

に注意すると、

$$S = \sum_{k=1}^{n} e^{i\left(x + \frac{2k\pi}{n}\right)} = \sum_{k=1}^{n-1} e^{i\left(x + \frac{2k\pi}{n}\right)} + e^{i\left(x + \frac{2n\pi}{n}\right)} = \sum_{k=0}^{n-1} e^{i\left(x + \frac{2k\pi}{n}\right)} = 0$$

を示せれば、その実部と虚部が示すべき等式になっている。ここで、$e^{i(x+2\pi)} = e^{ix} e^{2i\pi} = e^{ix}$ を用いた。($\xi = e^{i\frac{2\pi}{n}}$ は 1 の n 乗根の 1 つ)

まず、n を自然数とするとき、

$$1 - r^n = (1 - r)(1 + r + r^2 + \cdots + r^{n-1})$$

であるから、$r \neq 1$ として、

$$\sum_{k=0}^{n-1} r^k = 1 + r + r^2 + \cdots + r^{n-1} = \frac{1 - r^n}{1 - r}$$

が成り立つ。したがって、

$$S = e^{ix} \sum_{k=0}^{n-1} e^{i\frac{2k\pi}{n}} = e^{ix} \sum_{k=0}^{n-1} \left(e^{i\frac{2\pi}{n}}\right)^k = e^{ix} \frac{1 - e^{i\frac{2n\pi}{n}}}{1 - e^{i\frac{2\pi}{n}}}$$

$e^{iz\pi} = 1$ となるのは、z が 2 で割り切れる整数の場合に限るから、$n \geq 2$ のとき、$e^{i\frac{2\pi}{n}} \neq 1$ である。そして、$e^{2i\pi} = 1$ であるから、

$$S = e^{ix} \frac{1 - e^{2i\pi}}{1 - e^{i\frac{2\pi}{n}}} = 0$$

が言えた。これより、題意が証明できた。

問題 10.4.2

$n \geqq 2$ の自然数 n に対して、次式を示せ。(三角関数の 2 乗和の公式)

$$\sum_{k=1}^{2n} \sin^2\left(x + \frac{k\pi}{n}\right) = \sum_{k=1}^{2n} \cos^2\left(x + \frac{k\pi}{n}\right) = n$$

答え 10.4.2

倍角の公式より、

$$\sin^2\left(x + \frac{k\pi}{n}\right) = \frac{1}{2}\left[1 - \cos\left(2x + \frac{2k\pi}{n}\right)\right]$$

$$\cos^2\left(x + \frac{k\pi}{n}\right) = \frac{1}{2}\left[1 + \cos\left(2x + \frac{2k\pi}{n}\right)\right]$$

したがって、

$$\sum_{k=1}^{2n} \sin^2\left(x + \frac{k\pi}{n}\right) = \sum_{k=1}^{2n} \frac{1}{2}\left[1 - \cos\left(2x + \frac{2k\pi}{n}\right)\right]$$

$$= n - \frac{1}{2}\sum_{k=1}^{2n} \cos\left(2x + \frac{2k\pi}{n}\right)$$

$$= n - \frac{1}{2}\left[\sum_{k=1}^{n} \cos\left(2x + \frac{2k\pi}{n}\right) + \sum_{k=n+1}^{2n} \cos\left(2x + \frac{2k\pi}{n}\right)\right]$$

$$= n - \frac{1}{2}\left[\sum_{k=1}^{n} \cos\left(2x + \frac{2k\pi}{n}\right) + \sum_{\ell=1}^{n} \cos\left(2x + \frac{2(n+\ell)\pi}{n}\right)\right]$$

$$= n - \frac{1}{2}\left[\sum_{k=1}^{n} \cos\left(2x + \frac{2k\pi}{n}\right) + \sum_{\ell=1}^{n} \cos\left(2x + \frac{2\ell\pi}{n}\right)\right]$$

$$= n - \frac{1}{2}(0 + 0) = n$$

ここで前問の結果を使った。同様にして、

$$\sum_{k=1}^{2n} \cos^2\left(x + \frac{k\pi}{n}\right) = \sum_{k=1}^{2n} \frac{1}{2}\left[1 + \cos\left(2x + \frac{2k\pi}{n}\right)\right]$$

$$= n + \frac{1}{2}\sum_{k=1}^{2n} \cos\left(2x + \frac{2k\pi}{n}\right) = n$$

が言える。

10.4 一般角と三角関数

問題 10.4.3

$n \geq 2$ の自然数 n に対して、$I_n = \sin\dfrac{\pi}{n} \sin\dfrac{2\pi}{n} \cdots \sin\dfrac{(n-1)\pi}{n} = \dfrac{n}{2^{n-1}}$ を示せ。（正弦関数の有限乗積の公式）

答え 10.4.3

オイラーの公式より、

$$\sin\frac{k\pi}{n} = \frac{e^{i\frac{k\pi}{n}} - e^{-i\frac{k\pi}{n}}}{2i} = e^{i\frac{k\pi}{n}}\frac{1 - e^{-i\frac{2k\pi}{n}}}{2i} = \frac{e^{i\frac{k\pi}{n}}}{2i}(1 - \alpha^k)$$

に注意しよう。ここで、$\alpha = e^{-i\frac{2\pi}{n}}$ とおいた。この α を用いると、

$$I_n = \frac{e^{i\frac{\pi}{n}} e^{i\frac{2\pi}{n}} \cdots e^{i\frac{(n-1)\pi}{n}}}{(2i)^{n-1}}(1-\alpha)(1-\alpha^2)\cdots(1-\alpha^{n-1})$$

となる。分子に現れる指数関数の積は、

$$e^{i\frac{\pi}{n}} e^{i\frac{2\pi}{n}} \cdots e^{i\frac{(n-1)\pi}{n}} = e^{i\sum_{k=1}^{n-1}\frac{k\pi}{n}} = e^{i\frac{n(n-1)\pi}{2n}} = e^{i\frac{(n-1)\pi}{2}} = i^{n-1}$$

である。ここで、三角数 の公式 $\sum_{k=1}^{n-1} k = \dfrac{n(n-1)}{2}$ と、オイラーの公式 $e^{i\frac{\pi}{2}} = \cos\frac{\pi}{2} + i\sin\frac{\pi}{2} = i$ を用いた。さて、$x^n - 1 = 0$ （円分方程式という）の解は、複素数 の範囲で $x = 1, \alpha, \alpha^2, \cdots, \alpha^{n-1}$ の n 個になる。（α は 1 の n 乗根の 1 つであることに注意せよ。）したがって、因数定理より、次のように因数分解できる。

$$x^n - 1 = (x-1)(x-\alpha)(x-\alpha^2)\cdots(x-\alpha^{n-1})$$

ところで、$x^n - 1 = (x-1)(x^{n-1} + x^{n-2} + \cdots + x + 1)$ だから、

$$(x-\alpha)(x-\alpha^2)\cdots(x-\alpha^{n-1}) = 1 + x + x^2 + \cdots + x^{n-1}$$

が成り立つ。$x = 1$ を代入すると、$(1-\alpha)(1-\alpha^2)\cdots(1-\alpha^{n-1}) = n$ となるので、題意の式が得られる。

$$I_n = \frac{i^{n-1}}{(2i)^{n-1}}(1-\alpha)(1-\alpha^2)\cdots(1-\alpha^{n-1}) = \frac{n}{2^{n-1}}$$

問題 10.4.4

$n \geq 2$ である自然数 n に対して、

$$J_n = \cos\frac{\pi}{n} \cos\frac{2\pi}{n} \cdots \cos\frac{(n-1)\pi}{n} = \begin{cases} 0 & (n = 2m \text{ のとき}) \\ \dfrac{(-1)^m}{2^{2m}} & (n = 2m+1 \text{ のとき}) \end{cases}$$

を示せ。(余弦関数の有限乗積の公式)

答え 10.4.4

$n = 2m$ のとき、$\cos\frac{k\pi}{n}$ $(k = 1, 2, \cdots, n-1)$ は、$k = \frac{n}{2} = m$ に対して、$\cos\frac{\pi}{2} = 0$ となるから、$J_n = 0$ が言える。

$n = 2m+1$ のときは、前問と同様に計算を進めるとよい。オイラーの公式より、

$$\cos\frac{k\pi}{2m+1} = \frac{e^{i\frac{k\pi}{2m+1}} + e^{-i\frac{k\pi}{2m+1}}}{2} = \frac{e^{i\frac{k\pi}{2m+1}}}{2}(1 + \alpha^k)$$

が成り立つ。ここで、$\alpha = e^{-i\frac{2\pi}{2m+1}}$ とおいた。この α を用いると、

$$J_n = \frac{e^{i\frac{\pi}{2m+1}} e^{i\frac{2\pi}{2m+1}} \cdots e^{i\frac{2m\pi}{2m+1}}}{2^{2m}} (1+\alpha)(1+\alpha^2)\cdots(1+\alpha^{2m})$$

となる。分子に現れる指数関数の積は、前問と同様で、

$$e^{i\frac{\pi}{2m+1}} e^{i\frac{2\pi}{2m+1}} \cdots e^{i\frac{2m\pi}{2m+1}} = e^{i\sum_{k=1}^{2m}\frac{k\pi}{2m+1}} = e^{i\frac{2m(2m+1)\pi}{2(2m+1)}} = e^{im\pi} = (-1)^m$$

である。ここで、オイラーの公式 $e^{im\pi} = \cos m\pi + i\sin m\pi = (-1)^m$ を用いた。前問と同様に円分方程式を使うと、

$$(x-\alpha)(x-\alpha^2)\cdots(x-\alpha^{2m}) = 1 + x + x^2 + \cdots + x^{2m-1} + x^{2m}$$

が言える。ここで $x \to -x$ とすれば、左辺において $-x - \alpha^k = -(x + \alpha^k)$ より現れる -1 のべき乗の因子は $(-1)^{2m} = 1^m = 1$ だから、

$$(x+\alpha)(x+\alpha^2)\cdots(x+\alpha^{2m}) = 1 - x + x^2 + \cdots - x^{2m-1} + x^{2m}$$

が成り立つ。$x = 1$ を代入すると、右辺は $1 - 1 + 1 \cdots - 1 + 1 = 1$ であるから、題意の式が得られる。

$$J_{2m+1} = \frac{(-1)^m}{2^{2m}}(1+\alpha)(1+\alpha^2)\cdots(1+\alpha^{2m}) = \frac{(-1)^m}{2^{2m}}$$

問題 10.4.1、問題 10.4.3、問題 10.4.4 では 1 の n 乗根が活躍した。

ここで、あらためて 1 の n 乗根について、簡単に説明しておく。
$$x^n = 1$$
を満たす複素数解を **1 の n 乗根** という。オイラーの公式より、$1 = e^{2k\pi i}$ であるから、1 の n 乗根は n 個あって、次のように書ける。

$$\omega_k = e^{i\frac{2k\pi}{n}} = \cos\frac{2k\pi}{n} + i\sin\frac{2k\pi}{n} \qquad (k = 0, 1, 2, \cdots, n-1)$$

代数学の基本定理 より、$x^n = 1$ の解はこれですべてである。オイラーの公式より、$\xi = e^{i\frac{2\pi}{n}}$ として、$\omega_k = \xi^k$ と書けることに注意しよう。これより、
$$(x - \xi)(x - \xi^2)\cdots(x - \xi^{n-1}) = 1 + x + x^2 + \cdots + x^{n-1} \qquad \cdots\cdots\cdots ①$$
が成り立つ。また、複素平面（ガウス平面）で ω_0–ω_1–ω_2–$\cdots$–ω_{n-1} を結ぶと正 n 角形ができる。この対称性より、$\alpha = \overline{\xi} = e^{-i\frac{2\pi}{n}}$ として、α^k も $x^n = 1$ の解を表していることが分かる。したがって、α に対しても、① と同じ等式が成り立つ。この結果は、問題 10.4.3、問題 10.4.4 で使った。

問題 10.4.1 は、幾何学的に考えると、実は、ほぼ自明である。ω_0–ω_1–ω_2–$\cdots$–ω_{n-1} を結んだ正 n 角形の重心は原点である。その正 n 角形を原点を中心に x だけ回転しても、重心の位置は変わらない。これより、直ちに問題 10.4.1 の結果が言える。① に $x = \xi$ を代入して、$\sum_{k=0}^{n-1} \xi^k = 0$ でもよい。

問題 10.4.2–10.4.4 の結果で $n = 9$ とすれば、$\sin 60° = \frac{\sqrt{3}}{2}$ 等を使って、
$$\sin^2 20° + \sin^2 40° + \sin^2 80° = \cos^2 20° + \cos^2 40° + \cos^2 80° = \frac{3}{2}$$
$$\sin 20° \sin 40° \sin 80° = \frac{\sqrt{3}}{8}, \qquad \cos 20° \cos 40° \cos 80° = \frac{1}{8}$$
を得る。特に、最後の式はご存知の方も多いだろう。[*4]

最後はかけ足で、オイラーの公式の効用を眺めてきたが、複素平面 を用いた方が本当は見通しがよい。オイラーの公式は複素関数の関数等式とみる方がよいのだ。実数の世界から複素数 の世界へと足を踏み入れることで、広大で幽玄な世界に羽ばたくことができるのである。

[*4] 有名な『ファインマンさんの愉快な人生 1』（ジェームズ・グリック 著、大貫昌子 訳、岩波書店、1995 年）の p.97 にある式。むろん、これらの式を示すだけなら、三角関数の 2 乗和の公式や有限乗積の公式を持ち出すのは牛刀だろう。

10章 演習問題 4

[1] 三角関数についてのカバーストーリーを作れ。

[2] オイラーの公式について調べよ。

[3] 三角関数の加法定理を確かめよ。

[4] 三角関数の和を積に直す公式、積を和に直す公式を確かめよ。

[5] 次の三角関数の合成を示せ。
$$a\sin x + b\cos x = \sqrt{a^2+b^2}\sin(x+\theta) \quad (\tan\theta = \frac{b}{a}, a \neq 0)$$

[6] 3倍角の公式を導出せよ。
(1) $\sin 3\theta = \sin\theta(2\cos 2\theta + 1) = 3\sin\theta - 4\sin^3\theta$
(2) $\cos 3\theta = \cos\theta(2\cos 2\theta - 1) = 4\cos^3\theta - 3\cos\theta$

[7] 次の値を求めよ。
(1) $\cos 75°$ (2) $\tan 22.5°$ (3) $\sin 54°$ (4) $\tan 7.5°$

[8] 次の式を簡単にせよ。
(1) $\dfrac{\cos^2\theta}{1+\sin\theta} + \dfrac{\cos^2\theta}{1-\sin\theta}$
(2) $2(\sin^6\theta + \cos^6\theta) - 3(\sin^4\theta + \cos^4\theta)$

[9] $\sin\theta + \cos\theta = \frac{1}{2}$ のとき、$\sin\theta\cos\theta$ の値と $\sin^3\theta + \cos^3\theta$ の値を求めよ。

[10] $\tan 12° \tan 23° \tan 34° \tan 45° \tan 56° \tan 67° \tan 78°$ の値を求めよ。

付録 A　ギリシア文字

　数学では、2次方程式の解を α、β などと書くように、ギリシア文字を使うことがよくある。そのギリシア文字を書くときの筆順だが、「筆順は、随意に、正確で美しく書ける、また自分で書きやすい順で筆記してよいであろう」(田中利光 著『新ギリシア語入門』(大修館書店、1994 年) p.4) とあるように、あまり拘る必要はないと思う。しかし、あまりにも書き方が滅茶苦茶では美しく書くどころか判別さえできないことがある。そこで目安となる筆順を図 A.2 にまとめておく。気になったときに参考にするとよいだろう。くどいようだが、筆順にはいくつかの流儀があって「図 A.2 のよう書かねばならぬ」と言っているわけではないのでくれぐれも注意して頂きたい。

　いくつか注意点を挙げておく。

　スペースの関係上、併記しなかったが、いくつかの文字は図 A.2 とは異なる筆順で書くことがある。γ は右からではなく、左から書き始める流儀もある。λ は左に払う部分から書き始め、次に右に払う筆順もある。

　異体字をもつ場合もある。紙幅の関係上、図 A.2 では省略した。θ は ϑ と書くこともある。他には、σ と ς、ϕ と φ、ψ と $\underline{\psi}$ が挙げられる。

　いくつかの文字は読み方に複数通りある。これは図 A.2 に併記した。θ をシータやテータと読むなどである。また、英語では、ψ をサイとも読む。

　ギリシア語の大文字は A や B などのように、ラテン文字と同じ場合があることも知っておくとよいだろう。用例としては、$\overset{\text{ベータ}}{B}$ 関数がある。ちなみに、B 関数とは $B(x, y) = \int_0^1 t^{x-1}(1-t)^{y-1}dt, \ (x > 0, y > 0)$ で定義される特殊関数のことである。

　いくつか紛らわしい文字がある。ノートや答案を書くときには特に注意が必要だ。いくつか挙げると、$\overset{\text{いち}}{1}$ と $\overset{\text{エル}}{l}$ と $\overset{\text{アイ}}{I}$ と $\overset{\text{縦棒}}{|}$、$\overset{\text{に}}{2}$ と $\overset{\text{ゼット}}{z}$、$\overset{\text{ろく}}{6}$ と $\overset{\text{ビー}}{b}$ と $\overset{\text{シグマ}}{\sigma}$、$\overset{\text{きゅう}}{9}$ と $\overset{\text{ジー}}{g}$ と $\overset{\text{ワイ}}{y}$ と $\overset{\text{キュー}}{q}$、$\overset{\text{ゼロ}}{0}$ と $\overset{\text{オー}}{o}$、$\overset{\text{かける}}{\times}$ と $\overset{\text{エックス}}{X}$、$\overset{\text{エー}}{a}$ と $\overset{\text{アルファ}}{\alpha}$、$\overset{\text{アール}}{r}$ と $\overset{\text{ガンマ}}{\gamma}$、$\overset{\text{ケイ}}{k}$ と $\overset{\text{カッパ}}{\kappa}$、$\overset{\text{はいる}}{\in}$ と $\overset{\text{ラムダ}}{\lambda}$、$\overset{\text{エックス}}{x}$ と $\overset{\text{カイ}}{\chi}$、$\overset{\text{ユー}}{u}$ と $\overset{\text{ブイ}}{v}$ と $\overset{\text{ニュー}}{\nu}$ と $\overset{\text{ウプシロン}}{\upsilon}$、$\overset{\text{ダブリュー}}{w}$ と $\overset{\text{オメガ}}{\omega}$ などである。$\overset{\text{エル}}{1}$ を ℓ と書くなど、たかが板書でも色々と工夫しているので、そこを見て学ぶことも講義の一環である。

　答案などで、判読に苦しむことがある字をいくつか挙げておく。τ は縦

付録A　ギリシア文字

線が上にはみ出すと t と紛らわしい。δ の上がヨコにねていると σ と紛らわしい。v と r が同じような字になっている学生がたまにいる。筆記体では k と h が紛らわしいことがある。偏微分を講義中に、

$$f_x(x,y) = \lim_{k \to 0} \frac{f(x+k,y) - f(x,y)}{k}$$
$$f_y(x,y) = \lim_{h \to 0} \frac{f(x,y+h) - f(x,y)}{h}$$

と板書すると、聞き流している学生は $f_x(x,y) = \lim_{k \to 0} \frac{f(x+h,y) - f(x,y)}{k}$ などとノートに書いていることがよくある。明らかに偏微分の意味がわかっていないのである。これも少なくないが、$\sum_{i=1}^{n} \cdots$ や $\sum_{j=1}^{n} \cdots$ と板書すると、i と j を間違えて意味をなさない式をノートに書いている学生もよくいる。講義を聴き流さずに理解しながらノートをとって欲しい。そういう日頃の努力が答案には如実に現れる。

具体的な例として、図 A.1 に σ を書く際の注意点を挙げておく。拙筆で恐縮だが、シグマを書くときは最後にヨコに寝かし気味に書くと σ の雰囲気が出る。悪い例1のように、最後をタテに伸ばしてしまうと数字の6と紛らわしい。悪い例2のように、o のような字を書く学生が毎年少なからずいることに驚く。恐らく、筆順が o と同じになっているのではないだろうか。筆順に拘る必要はないとはじめに述べたが、判読できないようでは論外であろう。文脈から判読するよりない字を答案に書かれるとこちらも困るし、その学生自身も後々困ることがあるだろう。しっかりと字を書く練習をして欲しい。ノートをとるときも、単に板書を写すというのではなく、いろいろと説明しているわけだから、その説明を聞き流すのではなく、しっかりと受け止めた上でノートして欲しい。

拙筆	悪い例1	悪い例2
最後はヨコに寝かし気味に	タテに伸び過ぎで6に見える	o の筆記体と区別できない

図 A.1　σ(シグマ) を書く際の注意点

アクセント記号も知っておくとよい。$\hat{A}$（ハット）、$\tilde{A}$（チルダ）は A の類似物や派生物によく使う。同様に、a'（プライム）、a''（ダブルプライム）もよく使う。（日本では、ダッシュ、ツーダッシュと読む人が多いようだ。）ただし、$f'(x)$ は微分を意味するから時と場合には注意が必要だ。

付録A　ギリシア文字

図 A.2　ギリシア文字と筆順の目安

付録 B　命数法と SI の接頭語

B.1　命数法

数を数えるとき、いくつかをひとまとめにして、十・百・千・万などと簡単な言葉で組織的に命名する方法を**命数法**という。表 B.1 に示す。

一・十・百・千・万等々の命数法は、江戸時代の 1627 年（寛永 4）に吉田 光由が書いた塵劫記に掲載されている。（図 B.1 を参照。）中国の数学を日本に適応するよう平易に改めた算術やそろばんの入門書で、明治末まで同類の版本が約 300 種刊行されるほどの人気だった。江戸期の和算ブームの火付け役である。

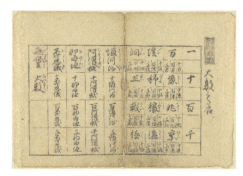

図 B.1　『塵劫記』

名称	読み	10 のべき乗	名称	読み	10 のべき乗
一	いち	10^0	溝	こう	10^{32}
十	じゅう	10^1	澗	かん	10^{36}
百	ひゃく	10^2	正	せい	10^{40}
千	せん	10^3	載	さい	10^{44}
万	まん	10^4	極	ごく	10^{48}
億	おく	10^8	恒河沙	ごうがしゃ	10^{52}
兆	ちょう	10^{12}	阿僧祇	あそうぎ	10^{56}
京	けい	10^{16}	那由他	なゆた	10^{60}
垓	がい	10^{20}	不可思議	ふかしぎ	10^{64}
秭	し	10^{24}	無量大数	むりょうたいすう	10^{68}
穣	じょう	10^{28}			

表 B.1　大きな数の名称

広辞苑第5版によると、小数の名称は表B.2のようになる。最後の2つは「虚」「空」「清」「浄」と分けてそれぞれ1つの単位とする場合もあるようだ。刹那などは、日常でも使うことがあるだろう。野球の打率などでは、3割2分1厘のように表すが、これは、3.21割の意味である。

名称	読み	10のべき乗	名称	読み	10のべき乗
分	ぶ	10^{-1}	漠	ばく	10^{-12}
厘	りん	10^{-2}	模糊	もこ	10^{-13}
毛(毫)	もう	10^{-3}	逡巡	しゅんじゅん	10^{-14}
絲(糸)	し	10^{-4}	須臾	しゅゆ	10^{-15}
忽	こつ	10^{-5}	瞬息	しゅんそく	10^{-16}
微	び	10^{-6}	弾指	だんし	10^{-17}
繊	せん	10^{-7}	刹那	せつな	10^{-18}
沙	しゃ	10^{-8}	六徳	りっとく	10^{-19}
塵	じん	10^{-9}	虚空	こくう	10^{-20}
埃	あい	10^{-10}	清浄	せいじょう	10^{-21}
渺	びょう	10^{-11}			

表 B.2 小さな数の名称

B.2 国際単位系 (SI) と10のべき乗の接頭語

B.2.1 国際単位系 (SI)

国際単位系は、フランス語で Le Système international d'unités といい、その頭文字をとって SI という。英語では The international system of units である。国際単位系という名称と SI という略称は、1960年の第11回 国際度量衡総会で採択された。

B.2.2 SI 基本単位

実用単位系 SI は、それ以前の MKSA 単位系を拡張したものであり、SI 単位と SI 接頭語から成る。SI 単位はさらに基本単位・組立単位から成る。単位系を決めるために選ぶ基本量の単位を **基本単位** といい、SI では、長

さ（メートル）・質量（キログラム）・時間（秒）・電流（アンペア）・熱力学温度（ケルビン）・光度（カンデラ）・物質量（モル）の7つを基本単位にとっている。これらを **SI 基本単位** という。1954年の第10回国際度量衡総会 (CGPM) で六つの基本単位が採用され、第14回 CGPM（1971年）で物質量の単位「モル」が基本単位に追加された。

物理量	記号	名称	物理量	記号	名称
長さ	m	meter（メートル）	熱力学温度	K	kelvin（ケルビン）
質量	kg	kilogram（キログラム）	物質量	mol	mole（モル）
時間	s	second（秒）	光度	cd	candela（カンデラ）
電流	A	ampere（アンペア）			

表 B.3　SI 基本単位

　基本単位を掛けたり割ったりして導かれる単位を **組立単位** といい、SI 基本単位を組み合わせて作ることができる単位を **SI 組立単位** という。例えば、速さ m/s や質量密度 kg/m^3 などである。力 $kg\, m/s^2$ = N（ニュートン）などのように、固有の名称と記号をもつ SI 組立単位もある。また、角度の 1°（度）や容積の 1L（リットル）のように SI には属さないが、SI と併用される単位がある。なお、SI でリットルは筆記体斜体の ℓ ではなく、L または l と書くが、1（いち）との混乱を避け、大文字の L が推奨される。

　10 のべき乗に対する SI 接頭語は以下のようになる。ナノテクノロジーやギガバイトなど、これらの接頭語は日常でもよく使われる。

10^n	記号	名称	10^n	記号	名称
10^{15}	P	peta（ペタ）	10^{-15}	f	femto（フェムト）
10^{12}	T	tera（テラ）	10^{-12}	p	pico（ピコ）
10^{9}	G	giga（ギガ）	10^{-9}	n	nano（ナノ）
10^{6}	M	mega（メガ）	10^{-6}	μ	micro（マイクロ）
10^{3}	k	kilo（キロ）	10^{-3}	m	milli（ミリ）
10^{2}	h	hecto（ヘクト）	10^{-2}	c	centi（センチ）
10^{1}	da	deca（デカ）	10^{-1}	d	deci（デシ）

表 B.4　10 のべき乗に対する SI 接頭語

付録C 特別な角度の三角関数の値

度	ラジアン	$\sin\theta$	$\cos\theta$	$\tan\theta$
0°	0	0	1	0
15°	$\dfrac{\pi}{12}$	$\dfrac{\sqrt{6}-\sqrt{2}}{4}$	$\dfrac{\sqrt{6}+\sqrt{2}}{4}$	$2-\sqrt{3}$
18°	$\dfrac{\pi}{10}$	$\dfrac{\sqrt{5}-1}{4}$	$\dfrac{\sqrt{10+2\sqrt{5}}}{4}$	$\sqrt{\dfrac{5-2\sqrt{5}}{5}}$
22.5°	$\dfrac{\pi}{8}$	$\dfrac{\sqrt{2-\sqrt{2}}}{2}$	$\dfrac{\sqrt{2+\sqrt{2}}}{2}$	$\sqrt{2}-1$
30°	$\dfrac{\pi}{6}$	$\dfrac{1}{2}$	$\dfrac{\sqrt{3}}{2}$	$\dfrac{1}{\sqrt{3}}$
36°	$\dfrac{\pi}{5}$	$\dfrac{\sqrt{10-2\sqrt{5}}}{4}$	$\dfrac{\sqrt{5}+1}{4}$	$\sqrt{5-2\sqrt{5}}$
45°	$\dfrac{\pi}{4}$	$\dfrac{1}{\sqrt{2}}$	$\dfrac{1}{\sqrt{2}}$	1
54°	$\dfrac{3\pi}{10}$	$\dfrac{\sqrt{5}+1}{4}$	$\dfrac{\sqrt{10-2\sqrt{5}}}{4}$	$\sqrt{\dfrac{5+2\sqrt{5}}{5}}$
60°	$\dfrac{\pi}{3}$	$\dfrac{\sqrt{3}}{2}$	$\dfrac{1}{2}$	$\sqrt{3}$
67.5°	$\dfrac{3\pi}{8}$	$\dfrac{\sqrt{2+\sqrt{2}}}{2}$	$\dfrac{\sqrt{2-\sqrt{2}}}{2}$	$\sqrt{2}+1$
72°	$\dfrac{2\pi}{5}$	$\dfrac{\sqrt{10+2\sqrt{5}}}{4}$	$\dfrac{\sqrt{5}-1}{4}$	$\sqrt{5+2\sqrt{5}}$
75°	$\dfrac{5\pi}{12}$	$\dfrac{\sqrt{6}+\sqrt{2}}{4}$	$\dfrac{\sqrt{6}-\sqrt{2}}{4}$	$2+\sqrt{3}$
90°	$\dfrac{\pi}{2}$	1	0	$\pm\infty$

他に、簡単にかける三角関数の値は、例えば

$$\tan 7.5° = \tan\frac{\pi}{24} = \sqrt{2}+\sqrt{6}-\sqrt{3}-2$$

● 問題の略解

【解答 1–3】

[1] 斎藤憲 著『ユークリッド『原論』とは何か』(岩波書店、2008年) などを参考にせよ。
[2] ハル・ヘルマン 著、三宅克哉 訳『数学10大論争』(紀伊國屋書店、2009年) などを参考にせよ。
[3] $\dfrac{2}{2p-1} = \dfrac{1}{p} + \dfrac{1}{p(2p-1)}$, $\dfrac{1}{q} = \dfrac{1}{q+1} + \dfrac{1}{q(q+1)}$
[4] $\left(\dfrac{9}{4}\right)^2 - (\sqrt{5})^2 = \dfrac{1}{16} > 0$ より、$\dfrac{9}{4} > \sqrt{5}$ である。したがって、$a_1 > a_2 > \cdots > \sqrt{5}$

$a_2 = \dfrac{1}{2}\left(a_1 + \dfrac{5}{a_1}\right) = \dfrac{161}{72} \doteqdot 2.2361$, $a_2 - \sqrt{5} \simeq 4.3 \times 10^{-5}$

[5] 図から、真ん中の正方形と長方形4つ分の面積の和が1辺 $a+b$ の正方形の面積に等しいから、$(a+b)^2 = (a-b)^2 + 4ab$ が成り立つ。$(a+b)^2 - 4ab = (a-b)^2 \geqq 0$ より、$a+b \geqq 2\sqrt{ab}$ が言えるから、相加平均・相乗平均の関係式が成り立つ。等号は $(a-b)^2 = 0$ より、$a = b$ のときのみ成立。さらに、$\dfrac{1}{a}, \dfrac{1}{b}$ に適用すると、$\dfrac{\frac{1}{a}+\frac{1}{b}}{2} \geqq \sqrt{\dfrac{1}{ab}}$ であるから、この逆数をとると、題意の不等式が成り立つ。

【解答 4】

[1] 略
[2] $\dfrac{10 \cdot (10+1)}{2} - \dfrac{4 \cdot (4+1)}{2} = 45$ 俵
[3] $\dfrac{8 \cdot (8+1) \cdot (8+2)}{6} = 120$ 個
[4] $n(n+1)(n+2)(n+3) + 1 = (n^2 + 3n + 1)^2$
[5] $(n+1)^3 - n^3 = 3n^2 + 3n + 1 = 6 \times \dfrac{n(n+1)}{2} + 1 = 6t_n + 1$
[6] $\displaystyle\sum_{n=1}^{\infty} \dfrac{1}{\frac{n(n+1)}{2}} = 2 \lim_{N\to\infty} \sum_{n=1}^{N} \left[\dfrac{1}{n} - \dfrac{1}{n+1}\right] = 2\left(1 - \lim_{N\to\infty} \dfrac{1}{N+1}\right) = 2$
[7] a 月 b 日を誕生日とすると、$((5a+6) \times 4 + 9) \times 5 + b - 165 = 100a + 165 + b - 165 = 100a + b$
つまり、誕生日の月日が並ぶ。ただし、日が1桁のときは、01, 02… などの数が並ぶ。
[8] まず 64 個の商品を作る。削りカスを集めて $64 \div 4 = 16$ より、16 個の延棒を作ることができる。その延棒から商品を作ると、削りカスから $16 \div 4 = 4$ 個の延棒を作ることができ、さらに商品を作ると、また4個分削りカスが溜まるので、もう1個延棒を作って商品に加工できる。よって、$64 + 16 + 4 + 1 = 85$ 個の商品を作ることができる。

【解答 5】

[1] 略
[2] 2、3、5、7、11、13、17、19、23、29、31、37、41、43、47、53、59、61、67、71、73、79、83、89、97   (全部で 25 個)
[3] $247 = 13 \cdot 19$ (合成数)、379 (素数)、$391 = 17 \cdot 23$ (合成数)、$437 = 19 \cdot 23$ (合成数)
$15^2 = 225 < 247 < 16^2 = 256$ より、247 が素数かどうか判定するには、15 以下の素数

問題の略解

で割ってみればよい。2、3、5、7、11 で割り切れないのは明らかだから、具体的に実行すべき割り算は、$247 \div 13 = 19$ だけである。他についても同様。

[4] $84 = 2^2 \cdot 3 \cdot 7$,　　　$777 = 3 \cdot 7 \cdot 37$,　　　$1001 = 7 \cdot 11 \cdot 13$

[5] $\gcd(476, 442) = 34$,　　　$\gcd(462, 378) = 42$,　　　$\gcd(179452, 136068) = 1792$

[6] 30 円分のチケットを x 枚、20 円分のチケットを y 枚使って 410 円分を支払うので、$30x + 20y = 410$ が成り立つ。したがって、$3x + 2y = 41$ の整数解 (x, y) を求めればよい。$-3 + 2 \times 2 = 1$ に注意すると、一般解 $x = -41 + 2n, y = 82 - 3n$ を得る。題意より、$0 \leq x \leq 10, 0 \leq y \leq 15$ だから、$\frac{41}{2} \leq n \leq \frac{51}{2}$ かつ $\frac{67}{3} \leq n \leq \frac{82}{3}$ が成り立つ。よって、$n = 23, 24, 25$ を得る。したがって、30 円分のチケットと 20 円分のチケットをそれぞれ、5 枚と 13 枚、乃至、7 枚と 10 枚、乃至、9 枚と 7 枚だけ支払えばよい。

[7] 一般に、$a^n - 1 = (a - 1)(a^{n-1} + a^{n-2} + \cdots + a + 1)$ が成り立つ。ここで $k = 10n$ とおき、$a = 2^{10}$ として上の式を用いれば、$2^k - 1 = (2^{10} - 1)(2^{10(n-1)} + 2^{10(n-2)} + \cdots + 2^{10} + 1)$ ところで、$2^{10} - 1 = 1023 = 3 \cdot 341 = 3 \cdot 11 \cdot 31$ だから、与式は 31 で割り切れる。

[8] 約数の個数は、$T = (1 + n_1)(1 + n_2) \cdots (1 + n_k)$
すべての約数の和は、
$S = (1 + p_1 + p_1^2 + \cdots + p_1^{n_1})(1 + p_2 + p_2^2 + \cdots + p_2^{n_2}) \cdots (1 + p_k + p_k^2 + \cdots + p_k^{n_k})$
$= \dfrac{p_1^{n_1+1} - 1}{p_1 - 1} \dfrac{p_2^{n_2+1} - 1}{p_2 - 1} \cdots \dfrac{p_k^{n_k+1} - 1}{p_k - 1}$

[9] 素因数分解を $N = p_1^{n_1} p_2^{n_2} \cdots p_k^{n_k}$ とする。約数の数は $T = (1 + n_1)(1 + n_2) \cdots (1 + n_k)$ となるが、これが奇数になるには、$n_1, n_2, \cdots, n_k$ がすべて偶数でなければならない。したがって、$n_1 = 2\ell_1, n_2 = 2\ell_2, \cdots, n_k = 2\ell_k$ と書けるから、$N = p_1^{2\ell_1} p_2^{2\ell_2} \cdots p_k^{2\ell_k} = (p_1^{\ell_1} \cdots p_k^{\ell_k})^2$ となって、N は四角数である。逆に、N が四角数ならば $N = (p_1^{\ell_1} p_2^{\ell_2} \cdots p_k^{\ell_k})^2$ と書けるから、正の約数の数は $T = (2\ell_1 + 1)(2\ell_2 + 1) \cdots (2\ell_k + 1)$ 個で、奇数になる。

[10] 例えば、$3, 7, 11, 19, 23, \cdots$ が 4 で割ったとき、3 余る素数である。これらは $4n - 1$ と書ける。これらを有限個 $p_1, p_2, \cdots, p_k$ $(p_1 < p_2 < \cdots < p_k)$ として、$N = 4 p_1 p_2 \cdots p_k - 1$ という 4 で割ったとき 3 余る数 N を考える。もし、N が素数ならば、N は p_k より大きな 4 で割ったとき 3 余る素数である。これは矛盾。N が合成数であるとき、その素因数には 4 で割ったとき 3 余る素数が含まれる。なぜなら、素因数がすべて 4 で割ったとき 1 余る素数の積だと仮定すると、N はやはり 4 で割ったとき 1 余る数になるが、これは矛盾。そこで、N の 4 で割ったとき 3 余る素因数の 1 つを q としたとき、N は $p_1, p_2, \cdots, p_k$ では割り切れないことから、$p_k < q$ でなければならない。これは矛盾。いずれにせよ矛盾を生じるので、背理法により、4 で割ったとき、3 余る素数は無限個存在することが言えた。

【解答 6】

[1] 略

[2] $(3, 4, 5)$,　　$(5, 12, 13)$,　　$(8, 15, 17)$　　など

[3] 面積を比較するとよい。内接円の半径 r は、$r = \frac{12}{3 + 4 + 5} = 1$

[4] AB$= x$ として余弦定理より、$x^2 = 100^2 + 160^2 - 2 \cdot 100 \cdot 160 \cdot \cos 60° = 20^2(5^2 + 8^2 - 40) = 20^2 \cdot 7^2$ だから、AB$= 140$m

[5] 正方形の 1 辺の長さを $2L$ とする。このとき、AE$= L$ である。また、AF+FE は元々は正方形の辺 AB なので $2L$ となる。AF$= x$ とすれば、△AFE にピタゴラスの定理を適用して、$x^2 + L^2 = (2L - x)^2$ が得られる。これより、$4x = 3L$ がいえるから、$x : L = 3 : 4$ となる。したがって、直角三角形 AFE に対して AF : AE : FE $= 3 : 4 : 5$ が言える。直角三角形 DEG と直角三角形 AFE は相似だから、DE : DG : EG $= 3 : 4 : 5$ もわかる。DG$= \frac{4}{3}$DE$= \frac{4}{3}L = \frac{2}{3}$CD より、CG:GD $= 1 : 2$ とわかる。

問題の略解

[6] $a+b = 8n \pm 1$ の形になることを示せばよい。s, t を互いに素で偶奇が異なる整数として、$a = 2st, b = s^2 - t^2$ とする。$s = 2k, t = 2\ell - 1$ のとき、$a+b = 8k\ell - 4k + 4k^2 - (4\ell^2 - 4\ell + 1) = 8k\ell + 8\frac{k(k-1)}{2} - 8\frac{\ell(\ell-1)}{2} - 1$ であるから、三角数は整数なので、$a+b = 8n-1$ の形になる。$s = 2\ell - 1, t = 2k$ のときは、$a+b = 8k\ell - 4k - 4k^2 + 4\ell^2 - 4\ell + 1 = 8k\ell - 8\frac{k(k+1)}{2} + 8\frac{\ell(\ell-1)}{2} + 1$ より、$a+b = 8n+1$ の形になる。

[7] (x, y, z) をピュタゴラスの三つ組とする。$n = 2k+1$ のときは、$s = k+1, t = k$ とすれば、s, t は互いに素で偶奇は異なる。そして、$x = s^2 - t^2 = 2k + 1 = n$ となる。他の辺は、$y = 2st = 2k(k+1) = \frac{n^2 - 1}{2}, z = s^2 + t^2 = 2k(k+1) + 1 = \frac{n^2 + 1}{2}$ である。$n = 4k$ のときは、$s = 2k, t = 1$ にとれば、s, t は互いに素で偶奇は異なり、$x = 2st = 4k = n$ となる。他の辺は、$y = s^2 - t^2 = 4k^2 - 1 = \frac{n^2}{4} - 1, z = s^2 + t^2 = 4k^2 + 1 = \frac{n^2}{4} + 1$ である。$n = 4k+2 = 2(2k+1)$ のときは、$s = k+1, t = k$ として、$x = 2(s^2 - t^2) = 2(2k+1) = n, y = 4st = 4k(k+1) = \frac{n^2}{4} - 1, z = 2(s^2 + t^2) = 4k(k+1) + 2 = \frac{n^2}{4} + 1$ を得る。n が奇数か4の倍数のときは、題意を満たす既約ピュタゴラス三角形が存在するが、$n = 6$ などのように、n が4で割ったとき2余る偶数の場合は、既約とはならない。

【解答 7】

[1] 略

[2] 略

[3] a と b の中点は、開区間 (a, b) の間に存在する。そこで、$c = \frac{a+b}{2}$ とすればよい。

この性質を「$\boldsymbol{Q}$ は稠密順序集合である」という。任意の有理数のいくらでも近くに別の有理数が存在していることを示している。実数 $\boldsymbol{R}$ も、同じ性質をもつ。

[4] ガウス記号を用いて、$[ma] = n-1$ としたとき、整数 n は $n-1 \leqq ma < n$ を満たす。したがって、$ma < n \leqq ma + 1 < mb$ が成り立つ。そこで、$m > 0$ で割ると、$a < \frac{n}{m} < b$ を得るので、$p = \frac{n}{m}$ とすればよい。この性質を「$\boldsymbol{Q}$ は $\boldsymbol{R}$ において稠密である」という。

[5] (1) 略 (2) 略 (3) $(p + q\sqrt{2}) \div (r + s\sqrt{2}) = \frac{(p + q\sqrt{2})(r - s\sqrt{2})}{r^2 - 2s^2} = \frac{(pr - 2qs) + (-ps + qr)\sqrt{2}}{r^2 - 2s^2}$ などに注意すればよい

[6] $\sqrt{6} = [2; 2, 4, 2, 4, 2, 4, \cdots]$

[7] $\alpha = 3 + \cfrac{1}{2 + \cfrac{1}{1 + \cfrac{1}{\alpha}}} = \frac{10\alpha + 7}{3\alpha + 2}$ より、$\alpha > 3$ を考慮して、$\alpha = \frac{4 + \sqrt{37}}{3}$

[8] この結果はよく知られている。右辺の正則ではない連分数の純周期的な部分を x とすると、$x = \sqrt{a^2 + b} - a$ を示せばよい。x は $x = \cfrac{b}{2a + x}$ を満たすが、$x > 0$ より、$x^2 + 2ax - b = 0$ の解のうち、$x = -a + \sqrt{a^2 + b}$ が得られる。■
$a = b = 1$ とすれば、直ちに $\sqrt{2} = [1; 2, 2, 2, \cdots]$ を得る。$a = 2, b = 1$ とすれば、$\sqrt{5} = [2, 4, 4, 4, \cdots]$ である。$a = 1, b = 2$ として、分子の 2 を払うと、$\sqrt{3} = [1; 1, 2, 1, 2, \cdots]$

【解答 8】

[1] 略
[2] 略
[3] $A = \{(x, y) \in \boldsymbol{R}^2 \mid 1 < x^2 + y^2 < 2, y > 0\}$ など
[4] $A = \{1, 2, 3, 6\}$ より、$n(A) = 4$ となるから、A のすべての部分集合の数は $2^4 = 16$
[5] $U = \{10, 11, \cdots, 99\}, A = \{12, 15, \cdots, 99\}, B = \{14, 21, \cdots, 98\}$ に注意する。

$n(A \cup B) = n(A) + n(B) - n(A \cap B) = 30 + 13 - 4 = 39$

[6] クッキーのみを試食した人は、$83 - 67 = 16$ 人だから、求める人数は、$16 + 26 = 42$ 人

[7] 紅茶を注文しなかった人の数は $120 - 58 = 62$ 名だから、求める人数は $62 - 26 = 36$ 人

[8] 現行の日本のカレンダーで 1 年は 12 ヶ月なので、12 人に別々の誕生月を割り振ると、13 人目以降は必ず誕生月が被ることになる。したがって、題意が言えた。

[9] 背理法で示す。すべての学生が 20 歳より若ければ、和は $100 \times 19 = 1900$ 歳以下である。また、すべての学生が 20 歳を超えていれば、和は $100 \times 21 = 2100$ 歳以上である。いずれの場合も、2 千歳と矛盾するので、背理法により、(1) 20 歳以上の学生が少なくとも 1 人はいること、(2) 20 歳以下の学生が少なくとも 1 人はいることが言える。

[10] $\frac{1}{7} = 0.\dot{1}4285\dot{7}$

$\frac{1}{7}$ が小数第 n 位までの有限小数で書けると仮定し、小数第 k 位を a_k とおく。すると、$\frac{1}{7} = 0.a_1 a_2 \cdots a_n$ と小数表示できるから、$10^n = 7 \times a_1 a_2 \cdots a_n$ が成り立つ。ところが、$10^n = 2^n \cdot 5^n$ は 7 を素因数にもたないので、これは矛盾である。したがって、$\frac{1}{7}$ は十進法で有限小数にはならない。整数を 7 で割った 0 でない余りは 6 つしかないから、$\frac{1}{7}$ を小数に直す計算中、7 回目までの割り算で、必ず同じ余りが生ずる。それ以降は同じ計算の繰り返しになる。したがって、循環無限小数になる。

【解答 9】

[1] (1) lcm(2,3) = 6 を $\frac{1}{2}$ の分子・分母にかけて、$6 \div 2$ と $6 \div 3$ を実行してから、分子と分母をそれぞれ計算して、答えを導くという計算法だが、これは正しい。(2) 水道の水を 2 回に分けてコップに注いでみよ。答えは分かったハズだ。温度は系の状態によって決まる量であり、加算されない。これを**示強数**という。一方、水の体積は加算される。これを**示量数**という。(3) $\frac{1}{2} + \frac{2}{3} = \frac{7}{6} \neq \frac{1+2}{2+3}$ であるから正しくない。「袋 A と B を合わせること」と「袋 A と B の赤球の割合を加えること」とは、意味が全く違う。例えば、袋 A を 2 つ用意して中身を混ぜ合わせても、**赤球の割合は変わらないことに注意せよ**。

[2] $A \wedge (A \to B) \to B \iff \neg(A \wedge (\neg A \vee B)) \vee B \iff (\neg A \vee \neg(\neg A \vee B)) \vee B$
$\iff \neg A \vee (B \vee \neg(\neg A \vee B)) \iff (\neg A \vee B) \vee \neg(\neg A \vee B) \iff \top$

[3] $(A \to B) \wedge (B \to C) \to (A \to C) \iff \neg((\neg A \vee B) \wedge (\neg B \vee C)) \vee (\neg A \vee C)$
$\iff \neg(\neg A \vee B) \vee \neg(\neg B \vee C) \vee (\neg A \vee C) \iff (A \wedge \neg B) \vee (B \wedge \neg C) \vee \neg A \vee C$
$\iff ((A \wedge \neg B) \vee \neg A) \vee ((B \wedge \neg C) \vee C) \iff (\top \wedge (\neg B \vee \neg A)) \vee ((B \vee C) \wedge \top)$
$\iff (\neg B \vee \neg A) \vee (B \vee C) \iff \neg A \vee (\neg B \vee B) \vee C \iff (\neg A \vee C) \vee \top \equiv \top$

[4] 次のように、機械的に記号操作をすればよい。

$\neg(\forall \epsilon > 0 \ \exists \delta > 0 \ \forall x \in I \ (|x - a| < \delta \to |f(x) - f(a)| < \epsilon))$
$\iff \exists \epsilon > 0 \ \forall \delta > 0 \ \exists x \in I \ (|x - a| < \delta \wedge |f(x) - f(a)| \geq \epsilon)$

[5] 背理法で証明する。命題の否定は「有理数 p, q は $p + q\sqrt{2} = 0$ を満たし、かつ、($p \neq 0$ または $q \neq 0$)」である。これが矛盾であることを示せばよい。まず、$q \neq 0$ のとき、$\sqrt{2} = \frac{-p}{q}$ となるから、$\sqrt{2}$ が無理数であることと矛盾する。$q = 0$ のときは、$p + q\sqrt{2} = 0$ から、$p = 0$ となるので、$p \neq 0$ または $q \neq 0$ と矛盾する。■

[6] 背理法で証明する。この命題の否定は $a, b, c \in \mathbf{R}$, $(a^2 > bc) \wedge (ac > b^2) \wedge (a = b)$ であるから、$a = b$ に対して、$a^2 > bc$ かつ $ac > b^2$ が成り立つとして、矛盾を導けばよい。$a = b$ のとき、この不等式より $a^2 > bc = ac > b^2 = a^2$ となるが、$a^2 > a^2$ は矛盾。よって、背理法により元の命題は証明された。■

[7] $x = \sqrt{2}^{\sqrt{2}}$ とする。x が有理数であれば、x がそれ。x が無理数であれば、$x^{\sqrt{2}} = \sqrt{2}^{\sqrt{2} \times \sqrt{2}} = \sqrt{2}^2 = 2$ となるから、$x^{\sqrt{2}}$ がそれ。

問題の略解

【解答 10.1】

[1] 略

[2] A4 紙を x 枚として、値段は $y = \frac{1750}{2500}x = 0.7x$ 円になる。重さが 1.68 (kg)=1680 (g) のとき、$x = \frac{1680}{4.2} = 400$（枚）であるから、$y = 0.7 \times 400 = 280$ 円がゴミになっている。

[3] x 年後に倍になるものとすると、$2(3+x) = 31+x$ が成り立つ。よって、$x = 25$ 年後

[4] $y = \frac{240}{x}$ $(0 < x \leqq 20)$

[5] いわゆる仕事算の問題である。仕事の量を 1 としよう。男性 1 人 1 日あたり行うことのできる仕事の量は、$\frac{1}{4 \times 5} = \frac{1}{20}$ であり、女性 1 人 1 日あたり行うことのできる仕事の量は、$\frac{1}{5 \times 6} = \frac{1}{30}$ である。したがって、男性 2 人、女性 3 人で仕事を行うと 1 日あたり $\frac{2}{20} + \frac{3}{30} = \frac{1}{5}$ だけ出来る。これより、仕事が完成するのに 5 日かかる。

[6] $t_1 = \frac{L}{v_1}, \quad t_2 = \frac{L}{v_2}, \quad \bar{v} = \frac{2L}{t_1 + t_2} = \frac{2}{\frac{1}{v_1} + \frac{1}{v_2}}$

[7] 往復の道のりが等しいので、平均の速さは調和平均となる。$\frac{2}{\frac{1}{10} + \frac{1}{40}} = 16$ km/h

[8] $E = \frac{1500}{x} \times 3000 + \frac{x}{2} \times 900$ より、EOQ は $x = 100$ で、そのとき $E = 90000$ 円

【解答 10.2】

[1] 略

[2] (1) $x = -6$ または $x = 2$ (2) $x = -3 \pm \sqrt{7}$ (3) $x = \frac{-1 \pm \sqrt{3}i}{2}$

[3] (1) $v = \frac{64800}{3600} = 18$m/s より、$L_s = v + 0.1v^2 = 50.4$m (2) $L_s = v + \frac{1}{10}v^2 = \frac{75}{2}$ より、$v^2 + 10v - 3 \times 5^3 = (v+25)(v-15) = 0$ となるが、$v > 0$ だから、$v = 15$m/s, すなわち、時速 54km である。

[4] 総売上額を y 円とする。題意より、$y = 1000(1 - \frac{x}{100}) \times 150(1 + \frac{2x}{100}) = 30(5000 + 50x - x^2)$ である。平方完成すると、$y = 30(-(x-25)^2 + 5625)$ だから、$x = 25\%$ 割引のとき、総売上額は最大で 168,750 円になる。

[5] 一般に、AB= a, BC= b, P の速度 v_1, Q の速度 v_2 とする。四角形 PQRS の面積 S は、四角形 ABCD の面積から端の 4 つの直角三角形の面積を引けば求めることができるから、時刻 t での面積 S は、次のようになる。$S = ab - \frac{1}{2}\left[\frac{av_1t}{2} + (b-v_1t)(\frac{a}{2} - v_2t) + (\frac{a}{2} + v_2t)\frac{b}{2} + \frac{ab}{4}\right]$
整理して、$S = -\frac{v_1v_2}{2}t^2 + \frac{v_2b}{4}t + \frac{ab}{2} = -\frac{v_1v_2}{2}\left(t - \frac{b}{4v_1}\right)^2 + \frac{ab}{2} + \frac{b^2v_2}{32v_1}$ となるから、$t = \frac{b}{4v_1}$ のとき、面積 S は最大となる。この問題では、$t = \frac{32}{4 \times 2} = 4$ 分後である。($S = 1584$ m^2)
16 分後に P, Q は頂点 A に到達するが、その前の時刻だから題意を満たす。

【解答 10.3】

[1] 略

[2] (1) $2^{10} \times 2^6 \times 2^{-15} = 2$ (2) $3^{\frac{3}{2} \times (-\frac{4}{3})} = 3^{-2} = \frac{1}{9}$ (3) $\log_2 6 - \frac{\log_2 9}{\log_2 4} = \log_2 2 = 1$

[3] $\sqrt[6]{8} = 2^{\frac{3}{6}} = 2^{\frac{1}{2}}, 4^{-\frac{3}{4}} = 2^{-\frac{3}{2}}, \sqrt[9]{8} = 2^{\frac{3}{9}}$ に注意する。指数の小さい順に並べればよいから、$4^{-\frac{3}{4}} < \sqrt[9]{8} < \sqrt[6]{8}$

[4] 略

[5] 背理法で証明する。$\log_2 3 = \frac{p}{q}$ と書けたとする。$3 > 1$ であるから、$\log_2 3 > 0$ であり、p, q は互いに素な自然数としてよい。対数の定義より、$2^{\frac{p}{q}} = 3$ が成立するので、$2^p = 3^q$ である。ところが、3 のべき乗は 2 で割り切れないから、矛盾を生ずる。したがって、背理法より、$\log_2 3$ は無理数であることが証明できた。■

問題の略解

[6] $10\log_{10}\frac{X}{A_0} - 10\log_{10}\frac{Y}{A_0} = 10\log_{10}\frac{X}{Y} = 1$ より、$\frac{X}{Y} = 10^{\frac{1}{10}} \simeq 1.2589$

[7] $x = (1+0.005)^{10} \times 200 \simeq 210.2$ 万円

[8] $x = \frac{0.006(1+0.006)^{60}}{(1+0.006)^{60}-1} \times 300 = \frac{0.006 \times 1.4318}{0.4318} \times 300 \simeq 5.97$ 万円

[9] 成長率は複利計算になる。次々年度までで $(1+\frac{a}{100})(1+\frac{b}{100})(1+\frac{c}{100})$ だけ成長しているが、年平均成長率を $x\%$ とすると、$(1+\frac{x}{100})(1+\frac{x}{100})(1+\frac{x}{100}) = (1+\frac{x}{100})^3$ だけ成長している勘定になるので、$x = 100\sqrt[3]{(1+\frac{a}{100})(1+\frac{b}{100})(1+\frac{c}{100})} - 100$ (%) となる。

[10] まず、$n=2$ のとき、$(a_1+a_2)^2 = (a_1-a_2)^2 + 4a_1a_2 \geq 4a_1a_2$ を用いると、$\frac{a_1+a_2}{2} \geq \sqrt{a_1a_2}$ が言えるから成立。等号は、$a_1 = a_2$ のときに限り成り立つ。

これを 2 回用いると、$\frac{\frac{a_{11}+a_{12}}{2}+\frac{a_{21}+a_{22}}{2}}{2} \geq \sqrt{\sqrt{a_{11}a_{12}}\sqrt{a_{21}a_{22}}}$ より、$\frac{a_{11}+a_{12}+a_{21}+a_{22}}{4} \geq \sqrt[4]{a_{11}a_{12}a_{21}a_{22}}$ が言える。一般に m 回用いると、$\frac{a_1+a_2+\cdots+a_{2^m}}{2^m} \geq \sqrt[2^m]{a_1a_2\cdots a_{2^m}}$ (★) が言える。あとは、$2^{m-1} < n < 2^m$ について成り立つことが言えれば、証明は完成する。$n = 2^m - k$ ($k = 1, 2, \cdots, 2^{m-1} - 1$) としよう。(★) において、$x = \frac{a_1+a_2+\cdots+a_n}{n}$, $a_{n+1} = a_{n+2} = \cdots = a_{2^m} = x$ とおく。すると、$\frac{nx+kx}{2^m} \geq \sqrt[2^m]{a_1a_2\cdots a_n x^k}$ を得る。整理すると、$x \geq \sqrt[2^m]{a_1a_2\cdots a_n} \cdot x^{\frac{k}{2^m}}$ だから、$x = \frac{a_1+a_2+\cdots+a_n}{n} \geq \sqrt[n]{a_1a_2\cdots a_n}$ を得る。 ∎

【解答 10.4】

[1] 略

[2] 例えば、示野 信一 著『複素数とはなにか：虚数の誕生からオイラーの公式まで』（講談社ブルーバックス、2012 年）などを参照するとよい。

[3] 略

[4] 略

[5] $\sin\theta = \frac{b}{\sqrt{a^2+b^2}}$, $\cos\theta = \frac{a}{\sqrt{a^2+b^2}}$ に注意して、右辺を正弦関数の加法定理を使って書き直すと左辺になる。

[6] (1) $\sin 3\theta = \sin(\theta + 2\theta) = \sin\theta\cos 2\theta + \sin 2\theta\cos\theta = \sin\theta\cos 2\theta + \sin\theta(\cos 2\theta + 1) = \sin\theta(2\cos 2\theta + 1) = \sin\theta(2(1-2\sin^2\theta) + 1) = 3\sin\theta - 4\sin^3\theta$

(2) $\cos 3\theta = \cos(\theta + 2\theta) = \cos\theta\cos 2\theta - \sin 2\theta\sin\theta = \cos\theta\cos 2\theta - 2\cos\theta\sin^2\theta = \cos\theta(2\cos 2\theta - 1) = \cos\theta(2(2\cos^2\theta - 1) - 1) = 4\cos^3\theta - 3\cos\theta$

[7] (1) $\cos 75° = \cos(45° + 30°) = \frac{\sqrt{2}}{2}\frac{\sqrt{3}}{2} - \frac{\sqrt{2}}{2}\frac{1}{2} = \frac{\sqrt{6}-\sqrt{2}}{4}$

(2) $x = \tan 22.5° > 0$ とする。正接の倍角の公式より、$\tan 45° = \frac{2x}{1-x^2} = 1$ が成り立つから、$x > 0$ に注意して、$x = \sqrt{2} - 1$

(3) $\sin 54° = \cos(90° - 54°) = \cos 36°$ に注意する。$\alpha = 36°$ とし、$x = \sin 54° = \cos\alpha > 0$ とおく。一般に $\sin 3\theta = \sin\theta(2\cos 2\theta + 1) = 2\sin\frac{3\theta}{2}\cos\frac{3\theta}{2}$ (★) が成り立つが、$\cos\frac{3\alpha}{2} = \cos 54° = \sin 36°$, $\cos 2\alpha = 2\cos^2\alpha - 1 = 2x^2 - 1$ であるから、(★) に $\theta = \alpha$ を代入し、$\sin\alpha \neq 0$ で辺々割ると、$2(2x^2 - 1) + 1 = 2x$ を得る。$x > 0$ より、$x = \frac{\sqrt{5}+1}{4}$

幾何学的には、正 5 角形と関係しており、幾何学的に解くこともできる。

(4) $\tan 15° = \frac{\sin 15°}{\cos 15°} = \frac{\sqrt{6}-\sqrt{2}}{\sqrt{6}+\sqrt{2}} = 2 - \sqrt{3}$ に注意する。正接の加法定理を用いると次のように簡単な形になる。$\tan 7.5° = \tan(22.5° - 15°) = \frac{(\sqrt{2}-1)-(2-\sqrt{3})}{1+(\sqrt{2}-1)(2-\sqrt{3})} = \frac{\sqrt{2}+\sqrt{3}-3}{2\sqrt{2}-1-\sqrt{6}+\sqrt{3}} = \frac{(\sqrt{2}+\sqrt{3}-3)(2\sqrt{2}-1+\sqrt{6}-\sqrt{3})}{2\sqrt{2}} = \sqrt{2} - \sqrt{3} + \sqrt{6} - 2 = (\sqrt{2}-1)(\sqrt{3}-\sqrt{2})$

[8] (1) $\frac{2\cos^2\theta}{(1-\sin^2\theta)} = 2$ (2) $2(\sin^2\theta + \cos^2\theta)(\sin^4\theta - \sin^2\theta\cos^2\theta + \cos^4\theta) - 3(\sin^4\theta + \cos^4\theta) = -\sin^4\theta - 2\sin^2\theta\cos^2\theta - \cos^4\theta = -(\sin^2\theta + \cos^2\theta)^2 = -1$

[9] $(\sin\theta + \cos\theta)^2 = 1 + 2\sin\theta\cos\theta = \frac{1}{4}$ より、$\sin\theta\cos\theta = -\frac{3}{8}$
$\sin^3\theta + \cos^3\theta = (\sin\theta + \cos\theta)(\sin^2\theta - \sin\theta\cos\theta + \cos^2\theta) = \frac{1}{2} \cdot (1 + \frac{3}{8}) = \frac{11}{16}$

[10] $\tan 12° \tan 78° = \tan 12° \tan(90° - 12°) = 1$ などに注意すると、
$\tan 12° \tan 23° \tan 34° \tan 45° \tan 56° \tan 67° \tan 78° = \tan 45° = 1$

● 参考文献

　講義の準備、そして、この本の執筆にあたって、数多くの文献を参考にさせていただいた。それらの著者のみなさまには大変感謝している。ここに、そのいくつかを挙げる。本文中にも紙幅の許す限り引用した。しかし、残念ながらすべてを網羅することは出来ない。本当に申し訳なく思う。「明らかに自分の著作を参照しているのになぜ本文中にも参考文献にも載せていないのか」とお叱りを受けそうで怖いところもあるのだが、どうかご了承いただきたい。コメントを少しばかり添えるので、参考にしてもらえるとありがたい。

[1] ヴィクター J. カッツ 著、中根 美知代 他 翻訳
　　『カッツ数学の歴史』共立出版、2005 年 6 月
　　　　大部な数学史の教科書で、辞書がわりに使わせていただいた。

[2] 中村 滋 著
　　『数学史の小窓』日本評論社、2015 年 1 月

[3] 中村 滋、室井 和男 著
　　『数学史：数学 5000 年の歩み』共立出版、2014 年 11 月
　　　　[1] より手軽に数学史を概観できる本として [2]、[3] を挙げる。本書第 I 部の参考書。

[4] ジョージ・G・ジョーゼフ著、垣田 高夫、大町 比佐栄 訳
　　『非ヨーロッパ起源の数学：もう一つの数学史』
　　講談社ブルーバックス、1996 年 5 月
　　　　古代インド・古代中国・古代アメリカの数学について参考にさせていただいた。

[5] ユークリッド 著、中村幸四郎 ほか訳・解説
　　『ユークリッド原論 —追補版—』共立出版、2011 年 5 月
　　　　本書の少なからぬ箇所で触れた『原論』は、この邦訳を参照している。

[6] 高木 貞治 著
　　『初等整数論講義 —第 2 版—』共立出版、1971 年 10 月

[7] James J. Tattersall 原著；小松尚夫 訳
　　『初等整数論 9 章』森北出版、2008 年 9 月
　　　　本書第 II 部で扱った初等整数論の主な参考書が [6]、[7] になる。

[8] 堤 裕之 編著、畔津 憲司、岡谷 良二 著
　　『教養としての数学』ナカニシヤ出版、2013 年 3 月
　　　　本書第 III 部は、『数学活用』という高校の教科書や、所謂「文系の数学」と呼ばれる数多くの教科書を参考にした。紙幅の関係上、[8] しか挙げられないのが残念だ。

● あとがき

　和算に「無用の用」という言葉がある。和算家の藤田貞資(1734–1807)が『精要算法』の序文に「今の算数に用の用あり。無用の用あり。無用の無用あり」と高らかに宣言しているのは有名だ。「芸に遊ぶ」と否定的に捉える向きもあるが、「無用の用」とは、喫緊の実用に供するわけではないが、無用の長物なのではなく、学ぶに足る面白い事柄と私は受け取っている。元々、この言葉は『荘子』にあり、「君の理論は現実には何の役にも立たないね」という恵施に対して荘子が「今2人が立っている足下の大地のみを残して、周囲を黄泉の国まで掘り下げてしまったら、残した部分の大地は何の役に立つだろうか」と切り返し、「無用なるものこそ真に有用である」と説いた故事による。「無用の用」こそが豊かさなのであり、そういったものの中にブレークスルーの礎が潜んでいるのではないかと私は思う。

　昨今の社会的風潮では、「役に立つもの」が善で、「役に立たないもの」は悪という。学生諸君にとっての「用の用」とは、「就職試験に出そうなトコ」「期末試験に出そうなトコ」「何はともあれ単位をください！」かもしれない。それは承知の助だから、本書でもSPIなどの頻出問題を取り上げた。（単位取得は各自の頑張り次第ですゾ。）しかし、「一見役に立つように見えないもの」こそが大事で、それを学ぶ場が大学だ。数学的センスとは、単なる直感ではない。身につけた教養から滲み出て来る直観力なのだ。

　「数学なんて何の役に立つのか」と思うようになったら、大概それは「スーガク、マッタクワカラン、オモシロクナイ」病に罹っている。対症療法としては「身の回りの便利なものを1つ挙げて下さい」「それは数学なしに実現可能ですか」と少し考えてみるとよい。実のところ、数学に限らず、素粒子論や宇宙論などのピュアアカデミズムに対しては「何の役に立つのか」論が甚だ多い。そこで最後に、アメリカのフェルミ国立加速器研究所の初代所長を務めたロバート・ウィルソンの逸話を紹介しよう。冷戦時代、アメリカ上院議員ジョン・パストーリの「この施設が国家安全保障にどう貢献するのか」という詰問にウィルソンは次のように語ったという。「直接的には国防に何の関係もありません。しかし、わが国を尊敬に値するもの、守るべき価値のあるものにしてくれます」

索 引

あ

アイゼンスタイン三角形 ……………… 135
アカデメイア ………………………… 36, 37, 43
アポロニオス (Apollōnios) ………………… 38
アリストテレス (Aristotle) ………………… 36
アルキメデス (Archimēdēs) ………… 38, 39, 156
1 対 1 対応 (one-to-one correspondence) · 165
1 の n 乗根 …………………… 227, 229, 231
インド・アラビア式記数法 ………………… 22
エウクレイデス (Eucleidés) → ユークリッド
エジプト ……………………………………… 8, 19
　—数学 …………………………………… 15, 20
エラトステネス (Eratosthenes) ……………… 38
　—の篩 ……………………………………… 38, 86
円周率 …… 13, 20, 26, 39, 44, 45, 110, 155, 224
オイラー (Euler) …… 38, 45, 88, 137, 149, 160
　—の公式 ………………………………… 224, 231
　—予想 …………………………………………… 129
黄金比 (golden ratio) ……………………… 153
大湯環状列石 ………………………………… 32
オリエント ……………………………………… 10
オルメカ文明 ………………………………… 28

か

ガウス記号 …………… 46, 83, 153, 164, 242
カバーストーリー (cover story) …………… 64
完新世 …………………………………………… 7
漢数字 ………………………………………… 23
Q.E.D ………………………………………… 34
九章算術 …………………………………… 26, 27
共通部分 (intersection [cap]) ……………… 161
虚数単位 (imaginary unit) · 130, 147, 207, 224
ギリシア数学 …………………… 15, 20, 33, 38, 43
空集合 (empty set) ………………………… 161
矩形数 (pronic number) ……………… 52, 54, 55
グノーモーン ………………………………… 57
組合せ (combination) ……………… 56, 64, 65
位取り十進法 …………………………… 22, 23
グレゴリウス暦 ……………………… → グレゴリオ暦
グレゴリオ暦 ……………………… 19, 29, 83
経済的発注量 (EOQ) ………………………… 201
元 (element) ………………………………… 158
原始ピュタゴラス三つ組 …………… 121, 129, 143
原論 34, 41, 42, 84, 85, 89, 100, 108, 137, 148
句股弦（鈎股弦）の法 → ピュタゴラスの定理
格子点 (lattice point) ……………………… 98
降順 (descending sort) …………………… 53
更新世 ………………………………………… 4, 6, 7

合成数 (composite number) ………… 84, 130
合同式 (congruence) …………………… 83, 125
公倍数 (common multiple) ………………… 77
公約数 (common divisor [measure]) ………… 78

さ

最小公倍数 (least common multiple, L.C.M.)
　77
最大公約数 (greatest common divisor
　[measure], G.C.D. [G.C.M.]) ……………… 78
サポテカ文明 ………………………………… 28
算額 …………………………………………… 100
三角錐数 (triangular [trigonal] pyramidal
　number) ……………………………………… 59
三角数 (triangular number) …… 51–64, 128, 134,
　138, 229
三角比 (trigonometric ratio) ……… 40, 112, 221
算術の基本定理 (Fundamental Theorem of
　Arithmetic) ………………………………… 85
三平方の定理 ………… → ピュタゴラスの定理
算用数字 ………………………………… 22, 23
四角錐数 (pyramidal number) ……………… 59
四角数 (square number) 52, 107, 127, 128, 134
指数法則 (exponential law) ………… 216, 224
自然数 (natural number) ………… 50–52, 119
自然対数の底 (e) …………………… 110, 224
七五三の三角形 ……………………………… 136
実数 (real number) 41, 106, 145, 191, 207, 231
四面体数 (tetrahedral number) …… → 三角錐数
写像 (mapping) ……………………………… 165
集合 (set) …………………………………… 158
周髀算経 ……………………………………… 26
十分条件 (sufficient condition) …………… 186
縄文海進 ………………………………………… 7
昇順 (ascending sort) ……………………… 53
証明 (proof) ……………………… 33, 35, 116, 176
縄文文化 ……………………………………… 32
真部分集合 (proper subset) ……………… 160
真理値 (truth value) ………………………… 178
真理値表 (truth table) ……………………… 178
水月湖 ………………………………………… 32
数列 (sequence) ……………………… 15, 59, 88
図形数 (figurate number) …………… 35, 50, 145
ゼロの発見 …………………………………… 23
全体集合 (universal [total] set) …………… 162
素因数分解 (prime factor decomposition) ·· 13,
　85, 86, 107
相加平均 (arithmetic mean) ··· 15, 17, 202, 203

さ

相乗平均 (geometric mean) ……… 17, 202, 203
素数 (prime number)………… 13, 77, 79, 84, 88
祖沖之 ……………………………………… 26, 155
孫子算経 …………………………………………… 26

た

代数学の基本定理 (fundamental theorem of
 algebra)……………………………46, 147, 231
太陽暦 ………………………………………………… 19
多角数 (polygonal number) ……………→ 図形数
チャビン文明 ……………………………………… 31
中国の剰余定理………………………………… 26
長方数 (oblong number) ………………→ 矩形数
調和平均 (harmonic mean) ……… 17, 202, 203
直積 (direct product)…………………………… 159
通約不能 ……………………………………… 149–151
ツェラーの公式 ………………………………… 83
ディオパントス (Diophantos) ……… 40, 94, 126
ディオパントス方程式 ……………→ 不定方程式
定額購入法 ……………………→ ドル・コスト平均法
テオティワカン文明 …………………………… 30
綴術 …………………………………………………… 26
等差数列 (arithmetic progression) ………… 12
等比数列 (geometric progression) ………… 12
都市革命 ………………………………………… 8, 9
土版 ………………………………………………… 32
ド・モルガンの法則 (de Morgan's rules)· 162,
 179, 183, 187
ドル・コスト平均法 ……………………………… 203

な

ナゴヤ三角形 ……………………………… 136, 144
ニコマコス (Nikomachos) ………… 40, 63, 137
ネイピア数 …………………………→ 自然対数の底
ノイゲバウアー (Neugebauer) ……………… 11
農耕革命 ……………………………………… 7, 9

は

パーセントポイント（ポイント、percentage
 points）………………………………………220
パピルス ……………………………… 11, 19, 41, 42
バビロニア ………………………………………… 11
 ─数学 ……………………………… 11–15, 19, 20
反例 (counterexample) ……………………129, 185
非通約量 ………………………………………15, 36
必要十分条件 (necessary and sufficient
 condition)……………………………………186
必要条件 (necessary condition) …………… 186
比の値 …………………………………………… 148
ヒプシサーマル期 ……………………………… 7
ピュタゴラス (Pythagoras)…………………… 35
 ─三角形 ……………… 121, 127, 133, 140, 143
 ─の定理 ……… 6, 21, 26, 27, 35, 41, 100, 150
 ─の三つ組 ……………… 13, 119–121, 127
 ─派 ……………………………… 35, 41, 54, 120
ピラミッド数 ………………………………→ 四角錐数
琵琶湖 ……………………………………………… 32
フィボナッチ数列 (Fibonacci sequence) …… 44,
 93, 156
不可説不可説転 ………………………………… 22
複素数 (complex number) ……44, 46, 147, 191,
 207, 224, 229, 231
複素平面 (complex plane) ………… 46, 147, 231
不定方程式 (indeterminate equation) ·· 94, 119
部分集合 (subset) ……………………………… 160
プラトン (Plato)………………………………… 36
平方数 ………………………………………→ 四角数
ヘロン (Hērōn) ………………………………… 40
 ─の方法 ………………………………15, 17, 203
ベン図 (Venn diagram) ……… 160–163, 167, 178
法 (modulus [modulo]) ……………………… 125
補集合 (complementary set) ……………… 162

ま

マヤ文明 ………………………………………… 29
密率 ………………………………………… 26, 155
MIL 記号 (military standard) …… 178, 181, 182
無理数 (irrational number)·· 15, 20, 36, 42, 45,
 106, 111, 145, 146, 148, 149, 153, 154, 156
命題 (proposition) ……………………… 176–178
メソポタミア ………………………………… 8, 10
目的関数 (objective function) ……………… 201

や

約率 ………………………………………… 26, 155
ユークリッド (Euclid) ……… 34, 35, 37, 38, 41
 ─互除法 (Euclidean algorithm) ……… 42, 77,
 89–97, 148
有理数 (rational number) ……12, 106, 107, 145,
 146, 148, 149, 153, 154, 156, 166
ユリウス暦 …………………………………… 19, 83
要素 (element) ………………………………… 158

ら

立方数 (cubic number)……………… 53, 61–63
劉徽 ………………………………………………… 26
連分数 (continued fraction)……… 149, 152–156
ローマ数字 ……………………………………… 23
論証数学 …………………………………… 33, 34
論理記号 (logical symbol) ………………… 160
論理式 (well-formed formula) ··· 177, 178, 183

わ

和集合 (union [cup])…………………………… 161

著者紹介

橋本 道雄(はしもと みちお)

1994年 京都大学理学部 卒業
1998年 名古屋大学大学院 理学研究科 博士後期課程
　　　 素粒子宇宙物理学専攻 修了
現在 中部大学工学部 准教授
専攻 素粒子論
博士（理学）
ていねいでおもしろい解説は大好評！

NDC410　254p　21cm

おもしろいほど数学(すうがく)センスが身(み)につく本(ほん)

　　　2016年9月6日　　第1刷発行
　　　2019年2月1日　　第3刷発行

著　者　橋本 道雄(はしもと みちお)
発行者　渡瀬昌彦
発行所　株式会社　講談社
　　　　〒112-8001　東京都文京区音羽2-12-21
　　　　　　販売　(03)5395-4415
　　　　　　業務　(03)5395-3615
編　集　株式会社　講談社サイエンティフィク
　　　　代表　矢吹俊吉
　　　　〒162-0825　東京都新宿区神楽坂2-14　ノービィビル
　　　　　　編集　(03)3235-3701
本文データ製作　藤原印刷株式会社
カバー・表紙印刷　豊国印刷株式会社
本文印刷・製本　株式会社講談社

落丁本・乱丁本は購入書店名を明記の上，講談社業務宛にお送りください．送料小社負担でお取替えいたします．なお，この本の内容についてのお問い合わせは講談社サイエンティフィク宛にお願いいたします．定価はカバーに表示してあります．

© Michio Hashimoto, 2016

本書のコピー，スキャン，デジタル化等の無断複製は著作権法上での例外を除き禁じられています．本書を代行業者等の第三者に依頼してスキャンやデジタル化することはたとえ個人や家庭内の利用でも著作権法違反です．

JCOPY ＜(社)出版者著作権管理機構　委託出版物＞

複写される場合は，その都度事前に(社)出版者著作権管理機構（電話 03-3513-6969, FAX 03-3513-6979, e-mail : info@jcopy.or.jp）の許諾を得てください．

Printed in Japan
ISBN978-4-06-156560-9

講談社の自然科学書

ゼロから学ぶ微分積分	小島寛之／著	本体 2,500 円
ゼロから学ぶ線形代数	小島寛之／著	本体 2,500 円
超ひも理論をパパに習ってみた 天才物理学者・浪速阪教授の70分講義	橋本幸士／著	本体 1,500 円
「ファインマン物理学」を読む 量子力学と相対性理論を中心として	竹内薫／著	本体 2,100 円
「ファインマン物理学」を読む 電磁気学を中心として	竹内薫／著	本体 2,100 円
「ファインマン物理学」を読む 力学と熱力学を中心として	竹内薫／著	本体 2,100 円
今度こそわかる 場の理論	西野友年／著	本体 2,900 円
今度こそわかる くりこみ理論	園田英徳／著	本体 2,800 円
今度こそわかる 素粒子の標準模型	園田英徳／著	本体 2,900 円
今度こそわかる ファインマン経路積分	和田純夫／著	本体 3,000 円
今度こそわかる マクスウェル方程式	岸野正剛／著	本体 2,800 円
明解 量子重力理論入門	吉田伸夫／著	本体 3,000 円
明解 量子宇宙論入門	吉田伸夫／著	本体 3,800 円
完全独習 量子力学	林光男／著	本体 3,800 円
完全独習 電磁気学	林光男／著	本体 3,800 円
完全独習 現代の宇宙論	福江純／著	本体 3,800 円
完全独習 現代の宇宙物理学	福江純／著	本体 4,200 円
完全独習 相対性理論	吉田伸夫／著	本体 3,600 円
ひとりで学べる 一般相対性理論	唐木田健一／著	本体 3,200 円
量子力学 I	猪木慶治・川合光／著	本体 4,660 円
量子力学 II	猪木慶治・川合光／著	本体 4,660 円
イラストで学ぶ 機械学習	杉山将／著	本体 2,800 円
イラストで学ぶ 人工知能概論	谷口忠大／著	本体 2,600 円
機械学習プロフェッショナルシリーズ	編集／杉山将	
機械学習のための確率と統計	杉山将／著	本体 2,400 円
深層学習	岡谷貴之／著	本体 2,800 円
オンライン機械学習	岡野原大輔ほか／著	本体 2,800 円
トピックモデル	岩田具治／著	本体 2,800 円
サポートベクトルマシン	竹内一郎・烏山昌幸／著	本体 2,800 円
確率的最適化	鈴木大慈／著	本体 2,800 円
統計的学習理論	金森敬文／著	本体 2,800 円
異常検知と変化検知	井手剛・杉山将／著	本体 2,800 円

※表示価格は本体価格（税別）です。消費税が別に加算されます。　「2017年11月現在」

講談社サイエンティフィク　http://www.kspub.co.jp/